电力电缆头
制作与故障测寻

DIANLI DIANLANTOU
ZHIZUO YU GUZHANG CEXUN

第三版
The Third Edition

 黄 威 夏新民 等编

U0392915

化学工业出版社
·北京·

图书在版编目（CIP）数据

电力电缆头制作与故障测寻/黄威等编. —3 版 . 北京：
化学工业出版社，2017.5（2024.11重印）

ISBN 978-7-122-29268-1

Ⅰ．①电…　Ⅱ．①黄…　Ⅲ．①电力电缆-制作②电力
电缆-故障检测　Ⅳ．①TM247②TM757

中国版本图书馆 CIP 数据核字（2017）第 048162 号

责任编辑：高墨荣
责任校对：王　静　　　　　　　　　　　装帧设计：刘丽华

出版发行：化学工业出版社（北京市东城区青年湖南街 13 号　邮政编码 100011）
印　　装：北京科印技术咨询服务有限公司数码印刷分部
850mm×1168mm　1/32　印张 10¼　字数 276 千字
2024 年 11 月北京第 3 版第 7 次印刷

购书咨询：010-64518888　　　　　　　售后服务：010-64518899
网　　址：http://www.cip.com.cn
凡购买本书，如有缺损质量问题，本社销售中心负责调换。

前　　言

　　电力电缆是电力配电系统中用量最大的电气材料之一。各类电缆的生产制造、新品种的开发使用越来越多的同时，因各种原因引起的电缆故障也日趋增多。对电气工程维修技术人员而言不但要掌握电力电缆构造方面的基本知识，而且要通过不断地积累实践经验，学会采用先进技术和电气安装工艺进行电缆接头制作和电缆故障判断及测寻的方法。

　　本书从电缆构造入手，全面系统地讲述了 35kV 及以下电力电缆构造的基本知识，电力电缆头制作工艺及电缆故障判断测寻技术等内容。本书第一版 2008 年出版，第二版 2012 年出版，本书出版后深受读者欢迎，帮助电力电缆维修人员提高了理论水平和实际操作技能。本次为修订版，该版在第二版的基础上删除了过时内容，增加了电力电缆制作新技术和新材料的应用，并汇编了电缆故障实测案例。

　　本书适合各类电气工程安装中电缆安装单位的技术、管理人员、施工技术工人使用；同时还适合已敷设各类电缆线路的厂矿、企业电气维护人员、运行操作人员、故障检测与修理人员学习。

　　本书由黄威、夏新民、黄一平、黄禹编写。全书共 8 章，其中第 1、2 章由黄一平编写，第 3 章由夏新民编写，第 4、5、7、8 章由黄威编写，第 6 章由黄禹编写。全书由夏新民统稿。本书在编写过程中，得到了刘学红、王艳红、张敏的大力支持，在此表示衷心的感谢。

　　由于水平有限，书中不妥之处在所难免，敬请广大读者批评指正。

编　者

目　录

第1章 电力电缆的典型结构

1.1 概述

电力电缆在电力系统中是用来传送和分配电能的专用导体。电力电缆主要的结构部件为导线、绝缘层和护层，除1～3kV级产品外，均需有屏蔽层。线路中还必须配置各种中间连接盒和终端等附件。

电缆及其附件必须满足下列要求。

① 能长期承受电网的工作电压和运行中经常遇到的各种过电压，如操作过电压、大气过电压和故障过电压。

② 能可靠地传送需要传输的功率。

③ 具有较好的机械强度、弯曲性能和防腐蚀性能。

④ 有较长的使用寿命。

电力电缆品种很多。中低压电缆（一般指35kV及以下）有黏性浸渍纸绝缘电缆、不滴流浸渍纸绝缘电缆、聚氯乙烯绝缘电缆、聚乙烯绝缘电缆、交联聚乙烯绝缘电缆、天然橡胶绝缘电缆、丁基橡胶绝缘电缆、乙丙橡胶绝缘电缆等；高压电缆（一般为110kV以上）有自容式充油电缆、钢管充油电缆、聚乙烯绝缘电缆、交联聚乙烯绝缘电缆等。

电缆附件应具有和电缆本体相同的工作性能。但由于电缆附件的电场分布较电缆复杂，且现场施工工艺条件差，因此往往成为电缆线路中的薄弱环节，必须在设计、制造、安装施工和使用维护中充分重视。

迅速发展的电力工业，要求电力电缆的工作电压愈来愈高，传输容量日益增大。目前投入运行的电力电缆的最高电压是700kV，最大传输容量达2000MV·A。

　　提高电力电缆传输容量的方法有：对电缆采用人工冷却、研制新结构的电缆品种等。人工冷却系统结构不太复杂，效果显著。新结构的电缆品种有压缩气体绝缘电缆、低温电缆和超导电缆等。

1.2　电力电缆的品种及型号（表1-1）

表1-1　电力电缆的品种及型号

绝缘类型	电缆名称	电压等级/kV	允许最高工作温度/℃
油浸纸绝缘电缆	黏性浸渍纸绝缘电缆 统包型 分相屏蔽型	1～35	1～3kV　　80 6kV　　65 10kV　　60 20～35kV　　50
	不滴流浸渍纸绝缘电缆 统包型 分相屏蔽型	1～35	65～80
	自容式充油电缆	110～750	80～85
	钢管充油电缆	110～750	80～85
	自容式充气电缆	110～220	80
	钢管充气电缆	35～110	75
塑料绝缘电缆	聚氯乙烯绝缘电缆	1～10	65
	聚乙烯绝缘电缆	6～220	70
	交联聚乙烯绝缘电缆	6～220	10kV及以下　　90 20kV及以下　　80
橡胶绝缘电缆	天然橡胶绝缘电缆	0.5～6	65
	乙丙橡胶绝缘	1～35	80～85
	丁基橡胶绝缘	1～35	80
气体绝缘电缆	压缩气体绝缘电缆	220～500	90
新型电缆	低温电缆 超导电缆		

1.3　电力电缆的基本组成

　　电力电缆的基本结构主要包括电缆线芯、绝缘层和护层三个部分。

1.3.1　线芯

（1）线芯材料及性能

① 制作线芯常用的材料有铜和铝。

② 铜和铝的性能（表 1-2）。

表 1-2　铜和铝的性能

名称		铜	铝
熔点/℃		1084.5	658
密度(20℃)/(g/cm^3)		8.9	2.7
电阻率(20℃)/(10^{-8}Ω/m)	软态	1.748	2.83
	硬态	1.790	2.90
电阻温度系数(20℃)/(10^{-3}℃)	软态	3.95	4.10
	硬态	3.85	4.03
抗拉强度/(kgf/mm^2)①	软态	20～24	7～9.5
	硬态	35～45	15～18
伸长率/%	软态	30～50	20～40
	硬态	＞0.5	＞0.5
硬度/(kgf/mm^2)①	软态	40～45	
	硬态	80～120	35～45

① 1kgf/mm^2=9.8MPa。

（2）导体规格

电缆由于用途不同，输送容量不同，因而导电线芯的构造分成许多种。线芯有大小、形状和数量不同等区别。

① 导线结构应满足力学性能要求，并力求通用化、系列化。

② 导线截面在 0.012～1000mm^2 按优先数系合理分挡，每一品种选取用其中一段范围。某些传送弱电流的电线电缆（如信号电缆、钻探电缆），仅有一种导线截面，按最大工作电流和机械强度确定。

③ 导电线芯的大小是按横断面积（即截面）来衡量，以 mm^2 作单位。各国标准不同，我国目前规定中低压电缆截面有 2.5mm^2、4mm^2、6mm^2、10mm^2、16mm^2、25mm^2、35mm^2、50mm^2、70mm^2、

$95mm^2$、$120mm^2$、$150mm^2$、$185mm^2$、$240mm^2$、$300mm^2$、$400mm^2$、$500mm^2$、$625mm^2$ 和 $800mm^2$ 等规格。

④ 电缆的线芯数有单芯、双芯、三芯和四芯四种。线芯的形状有圆形、半圆形、椭圆形和扇形等。圆形导线具有稳定性好、表面电场均匀、制造工艺简单等优点，所以高压电缆的线芯多数为圆形，但其又分为压紧和非压紧两种。此外还有应用于充油的"中空导体"等不同结构形式。

⑤ 导线绞合。由多根单线组成导电线芯时须进行绞合，绞合方式有正规绞合、束绞和复绞三种。

a. 正规绞合外形较圆整，结构较稳定。其结构是在中心层（1根或 2、3、4、5 根单线）上依次绞合第 1 层、第 2 层……每层比前一层多 6 根单线，绞向与前一层相反。各层单线根数和绞完该层后单线的总根数，可按表 1-3 中所列公式计算。表中 m 为绞合层数（中心不作为层数）。

表 1-3　绞合层单线根数计算公式

中心根数 n_0	第 m 层的单线根数 n_m	包括 m 层在内的单线总根数 N
1	$n_m = 6m$	$N = 1 + 3m(m+1)$
2～5	$n_m = n_0 + 6m$	$N = (n_0 + 3m)(m+1)$

绞合节距的选择与导线的柔软度、稳定性、外径及生产速度有关。一般，单线根数多，直径小，要求导线较柔软的，采用较短的绞合节距。节距比是绞合节距对被绞合后导线外径的比值，是常用的结构参数。

b. 束绞的单线排列方式与正规绞合相同，因系多层一次同向绞合，故绞合后分层不明显，外形不太圆整和稳定。束绞的特点是生产率高，柔软性好，设备较简单。中、小截面的移动式电线电缆和特别柔软的大截面电缆，大多采用束绞的方式。

c. 复绞是将已绞合好的股线（一般为 7、19 根单线，可采用束绞或正规绞合）按正规绞合方式再进行绞合。复绞的绞向可与股线绞向同向（较柔软）或反向。单线根数多的中、大截面导线多采用复绞。

1.3.2　绝缘层

（1）绝缘材料

电气设备用电缆的绝缘层大多采用橡塑材料，选择绝缘材料须考虑如下因素。

① 电性能。对于 1kV 及以下的电线电缆，主要是绝缘电阻和耐电压强度；对 6kV 及以上的电缆，除上述两项外，还有表面放电、介质损耗、耐电晕等性能。在选用材料时应对橡塑材料、配合剂的基本性能及含水率、杂质、均匀性提出相应的指标，同时应考虑材料制备和绝缘工艺中的控制要求。

② 热性能。主要是长期和短期允许工作温度、热变形、热老化等。用于高温条件（如 100℃以上）的材料，热性能的要求更为突出，选择材料时应对材料的分子结构与热老化特性的关系及配合剂对改善热性能的作用效果进行分析。

③ 力学性能。主要是抗拉强度、伸长率、柔软性、弹性、抗撕性等。这些性能对没有护层的和使用时频繁移动的电缆更为重要。

④ 防护性能。对于仅有绝缘层的产品，要求绝缘材料具有一定的耐气候性和其他防护性能（如耐油、不延燃等）。

（2）绝缘线芯成缆

将多根绝缘线芯绞合在一起称为成缆。成缆时，应将填芯、加强芯等进行合理排列。外径相同的绝缘线芯，成缆方式与导线正规绞合相似。

某些小截面的 2、3 芯电线，可将绝缘线芯平行排列，一次挤出，便于安装，也利于组成绝缘、护套生产流水线。

成缆时，线芯间、线芯与护套间的空隙须用纤维、橡胶条、泡沫塑料管（或条）等填充，使其结构紧密、稳固。小截面的多芯电缆可不加填充，使其结构紧密、稳固。移动使用的电线电缆，要求导线、各绝缘芯和护层间互不粘连。有的品种允许在绝缘与护层间包一层电缆纸或塑料薄膜，个别品种成缆时以密封胶浆填充线芯间，使产品具有横向或纵向密封性。

成缆的节距比一般如下。

① 固定敷设用电线电缆不大于 25。

② 移动使用的电线电缆不大于 14。

③ 柔软性要求高的产品，成缆节距比应小些。

（3）电缆绝缘和电压等级的关系

电气装备用电线电缆的绝缘层大多是用热挤压法将橡塑材料整体包覆在导线上，成一个圆筒体。个别产品也采用橡胶纵包，合成纤维或薄膜绕包，以及挤压和绕包结合的综合结构。

电缆绝缘结构及厚度与电压等级有关，一般电压越高则绝缘越厚，但不成比例。

确定绝缘厚度时应考虑下列因素。

① 电压级为 6kV 及以上的电线电缆，其绝缘厚度主要按电场强度进行设计。传输电流较大的，应考虑绝缘层等的散热性对允许载流量的影响。

② 电压级在 1kV 及以下时，其绝缘厚度取决于运行中所受的各种机械力。同一品种的绝缘厚度随导线截面的增大而分级增厚。

③ 相同电压级的电线电缆的绝缘厚度一般是：没有护套的比有护套的较厚；移动式的比固定敷设用的较厚；使用条件苛刻或安全要求高的比一般的较厚。

④ 绝缘厚度和截面积的关系。对于一定电压等级的电缆，如果要保持电缆的最大电场强度不变，则电缆导体半径越大（电缆导体截面积越大），电缆绝缘可相应薄些。例如 35kV 油浸纸绝缘电缆截面积 $50\sim95\mathrm{mm}^2$ 的绝缘厚度为 11mm，截面积 $120\sim300\mathrm{mm}^2$ 的绝缘厚度则为 9mm。

对于电压等级较低的电缆，其绝缘层厚度则随着导体截面积加大而增厚，这主要是考虑机械强度的配合关系。例如 1kV 油浸纸绝缘多芯电缆，导体截面积为 $120\sim150\mathrm{mm}^2$ 的芯绝缘厚度为 0.85mm，导体截面积为 $185\sim240\mathrm{mm}^2$ 的芯绝缘厚度则为 0.95mm。

1.3.3 护层

（1）护层的结构类型

护层对电缆的使用寿命极为重要。除某些用于环境条件较好场合（如干燥的室内）的电线电缆，或绝缘层的材料已具有一定防护性能者外，大部分品种都有相应的护层结构。常用的护层结构有下列几种类型。

① 纤维编织护层。用于橡胶绝缘电线和软线，起轻度保护作用，编织用纤维材料大都用玻璃丝，除某些特殊情况和橡胶绝缘软线外，不采用棉纱编织。室外或厂矿用的电线在纤维纺织层需浸涂沥青混合物，室内使用的绝缘软线可不涂。

这种护层结构的特点是简单、薄、柔软，但耐湿性差、耐机械外力和气候侵蚀能力低，将逐步为无护套的聚氯乙烯、丁腈聚氯乙烯复合物绝缘电线所取代。

② 橡胶、塑料护套。大多数电气装备用电线电缆采用橡胶、塑料护套作为护层。橡塑护套按适用范围可分为普通型与特殊型两类。前者要求能随机械外力，有一般的防潮、耐气候老化性能；后者除上述要求外，针对不同使用环境，还应有良好的耐寒、耐燃、不延燃、耐油、耐酸碱等特殊性能。

在多数情况下，橡胶、塑料护套可以通用。聚氯乙烯护套具有较好的综合防护性能（机械强度高，不延燃，有较好的耐油、耐酸碱性），工艺简便、经济。而橡胶护套的弹性、耐磨性、柔软性、耐寒性等较好。某些合成橡胶还具有一些特殊的性能，如丁腈橡胶耐油性好，氯丁橡胶、氯磺化聚乙烯耐气候性好、不延燃等。

③ 铠装层。在机械操作较严重的使用场合，橡塑护套外还有金属铠装层，如用于城市、工矿区直埋或沟道敷设的控制电缆。铠装层同时起电场屏蔽和防止外界电磁波干扰的作用。

电气装备用电缆大多采用内钢带铠装的结构，即用薄钢带绕包在橡塑护套的内层，以改善钢带的防腐性，并改善电缆的弯曲性。钻探电缆采用双钢丝铠装是为了随很大的自重，减少电缆的伸长或变形。一些船用电缆采用的细钢丝编织层是一种轻型铠装结构，起防止外伤作用。潜油泵扁电缆采用瓦楞形钢带铠装，可以随很大的静压力，防止电缆在很大的油压下变形，并使表面光滑。

（2）护层材料

护层材料包括金属（钢带、钢丝）、纤维（棉、合成丝、玻璃丝）、浸渍剂及橡塑材料。用得最多的是橡塑材料。由于橡塑材料的特性与其分子结构组成，以及配合剂的种类、比例关系极大，选用护层材料时主要参考其物理机械特性和有关防护性能。一般塑料大多采用聚氯乙烯（护套料）、尼龙等，橡胶大多采用天然-丁苯橡胶护套配方、氯丁橡胶、丁腈橡胶和氯磺化聚乙烯等。

（3）橡塑护套厚度

橡塑护套厚度主要取决于力学性能要求同一电缆的护套厚度随包覆护套前半成品外径的增大而分级加厚。

按护套随机械力（外力和应力）的能力可分为三种。选用护套厚度时除考虑力学性能外，还应同时考虑其他性能，如透湿性、长期老化等。三种护套类型的适用范围大致如下。

① 轻型。用于一般防护和要求特别柔软的电线电缆，如绝缘软线和轻型橡套电缆。不允许随冲、割、拉力等机械外力。要求外径小的品种，可采用厚度为 0.12～0.25mm 尼龙护套。

② 中型。能随一定的机械外力和应力，有足够的柔软性。适用范围广，如船用、机车车辆控制信号和中型橡套电缆。

③ 重型。能承受冲击、割裂、撕裂、挤压等机械外力和应力，有一定的可弯曲性，用于有严重机械操作而又经常移动的使用场合，如采掘用电缆（矿用电缆）、重型橡套电缆。

1.4　电力电缆的典型结构

1.4.1　油浸纸绝缘电力电缆

（1）概况

油浸纸绝缘电力电缆在电力电缆中是历史悠久、用量较大的传统性产品。这种电缆有以下几个特点。

① 耐电强度高，一般黏性浸渍电力电缆的工作电压可以达到

26/35kV，充油电缆的工作电压则可达数百千伏或更高。

② 使用寿命长，绝缘油与电缆纸的老化性能比橡胶、塑料好些，再加上这种电缆有密封护套，因此密封性好，有利防止老化和防潮，它的电介性能稳定。

③ 热稳定性高。

④ 材料资源较丰富，价格较便宜。但也有其不足之处，例如结构、制造工艺比较复杂，在我国，目前使用的油浸纸绝缘电力电缆，它主要用于交流额定电压 26/35kV 及以下的电力线路中，作固定敷设用，也可用于直流输配电线路中。

（2）结构特征

黏性浸渍纸绝缘电缆包括普通黏性浸渍电缆和不滴流浸渍电缆。这两种电缆除浸渍剂不同外，结构完全相同，广泛应用于 35kV 及以下电压等级。10kV 及以下的多芯电缆常共用一个金属护套，称统包型结构。20～35kV 电缆，如每个绝缘线芯都有铅（铝）护套，称为分相铅（铝）包型；如绝缘线芯分别加屏蔽层，并共用一个金属（铝或铅）护套，称为分相屏蔽型。分相的作用是使绝缘中的电场分布只有径向而没有切向分量，以提高电缆的电气性能。电缆结构如图 1-1 和图 1-2 所示。

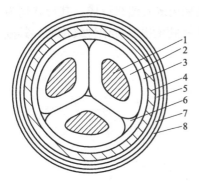 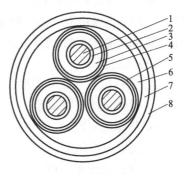

图 1-1　三芯统包型电缆结构

1—导线；2—相绝缘；3—带绝缘；
4—金属护套；5—内衬垫；6—填料；
7—铠装层；8—外被层

图 1-2　分相铝包型电缆结构

1—导线；2—导线屏蔽；3—绝缘层；
4—绝缘屏蔽；5—铅护套；6—内衬
垫及填料；7—铠装层；8—外被层

普通黏性浸渍剂是低压电缆油与松香的混合物。不滴流浸渍剂常为低压电缆油和某些塑料（如聚乙烯粉料、聚异丁烯胶料等）及合成地蜡的混合物。低压电缆油可用石油产品或合成油。

普通黏性浸渍剂即使在较低的工作温度下也会流动，当电缆敷设于落差较大的场合时，浸渍剂会从高端淌下，造成绝缘干涸，绝缘水平下降，甚至可能导致绝缘击穿。同时，浸渍剂在低端淤积，有胀破铅套的危险。因此，黏性浸渍电缆不宜用于高落差的场合。

不滴流浸渍剂在浸渍温度下黏度相当低，能保证充分浸渍；而在电缆工作温度下，呈塑性蜡体状，不易流动。因此对不滴流电缆不规定敷设落差的限制。

普通黏性浸渍电缆，因浸渍剂黏度随温度增高而降低，温度愈高愈易淌流，所以其最高工作温度规定得较低。不滴流电缆的浸渍剂在其滴点温度下不会淌流，其最高工作温度可规定得较高，因此可提高其载流量，载流量大，故将逐步取代普通黏性浸渍电缆。

不滴流油浸纸绝缘电力电缆的导电线芯有铜芯和铝芯两种，有单芯、双芯、三芯与四芯等结构。在 $1 \sim 10kV$ 级电缆中，线芯截面在 $16mm^2$ 及以下的均采用单根圆形线芯；$25mm^2$ 及以下大多采用多根圆线绞成，其形状双芯电缆为半圆形，三芯、四芯电缆为扇形；在 $20 \sim 35kV$ 级的电缆中，均采用多根圆线绞成，其形状均为圆形，四芯电缆中有一芯一般是作三相输电系统中性线用的，其截面一般为其他三芯的 $20\% \sim 60\%$。

（3）试验

① 例行试验（试验类型代号 R）。

a. 导体直流电阻试验。

b. 绝缘电阻试验。

c. 交流电压试验。

d. 介质损失角正切（$\tan\delta$）试验。

② 抽样试验（试验类型代号 S）。

a. 抽样数量的规定，由用户和制造厂协商规定。

b. 结构检查。

c. 力学性能试验。电缆的力学性能试验由弯曲试验和交流电压试验组成。

d. 铅套扩张试验。

e. 滴流试验（仅适用于不滴流电缆）。

③ 型式试验（试验类型代号 T）。

a. tanδ 与温度关系试验。

b. 绝缘安全性试验：额定电压 8.7/10kV$[U_0/U(U_m)]$ 及以上单芯或分相铅套电缆应进行绝缘安全性试验，由交流电压试验和冲击电压试验组成，U_0 为导体与屏蔽或金属套之间的额定工频电压；U 为导体与屏蔽或金属套之间的额定工频电压；U_m 为设备最高电压。

c. 滴流试验（仅适用于不滴流电缆）：从挤有护套的电缆上截取不短于 1m 的试样，在不加热的情况下将试样两端密封，下部密封端内应留有收集试验时从试样内滴流出的浸渍剂的空间位置。将试样垂直悬挂在烘箱中，烘箱温度为电缆最高允许连续工作温度 $\pm2℃$，168h 后测量浸渍剂的滴出量，应符合如下规定：6/6kV 及以下电缆，不超过试样金属套内部体积的 3%；6/10kV 及以上电缆，不超过试样金属套内部体积的 2.5%。

d. 非金属外护套的非电性试验。

④ 试验条件。

a. 除非另有规定，电压试验的环境温度为 5～35℃。

b. 交流电压试验的频率为 49～61Hz，电压波形基本上应是正弦波形。

c. 冲击电压试验波形规定波首为 1～5μs，波尾为 40～60μs。

（4）型号的编制及其字母的含义（表 1-4）

表 1-4　油浸纸绝缘电缆型号的编制及其字母的含义

类别、用途	导体[1]	绝缘	内护套	特 征	外护层[2]
Z—纸绝缘电缆	T—铜 L—铝	Z—油浸纸	Q—铅套 L—铝套	CY—充油 F—分相 D—不滴流 C—滤尘用	02,03,20,20, 22,23,31,32, 33,40,41,42

[1] 铜芯代表字母 T 一般省略不写。

[2] 电缆外护层的型号按铠装层和外被层的结构顺序用阿拉伯数字表示。

外护层每一个数字所表示的主要材料和含义详见表 1-5。

表 1-5　电缆外护层数字含义

标　　志	铠　装　层	外　被　层
0	—	—
1	—	纤维绕包（麻被）
2	双钢带	聚氯乙烯护套
3	细圆钢丝	聚乙烯护套
4	粗圆钢丝	—

（5）举例

① 黏性电缆。

a. 铜芯黏性油浸纸绝缘铝套聚乙烯套电力电缆，额定电压为 0.6/1kV，三芯，标称截面 185mm^2，表示为 ZL_{03}-0.6/1-3×185。

b. 铝芯黏性油浸纸绝缘铝套聚乙烯套电力电缆，额定电压为 0.6/1kV，三芯，标称截面 185mm^2，表示为 ZLL_{03}-0.6/1-3×185。

② 不滴流电缆。

a. 铜芯不滴流油浸纸绝缘分相铅套钢带铠装聚乙烯套电力电缆，额定电压为 21/35kV，三芯，标称截面 185mm^2，表示为 $ZQFD_{22}$-21/35-3×185。

b. 铝芯不滴流油浸纸绝缘分相铅套钢带铠装聚氯乙烯套电力电缆，额定电压为 21/35kV，三芯，标称截面 185mm^2，表示为 $ZLQFD_{22}$-21/35-3×185。

1.4.2　橡胶绝缘电力电缆

（1）概况

橡胶绝缘层的电力电缆为橡胶绝缘电力电缆，它的特点是电缆柔软、可曲度大，敷设安装简便，适用于高位差或弯曲半径小的场合，特别适用于移动性的用电与供电装置中。

目前我国生产的橡胶绝缘电力电缆额定电压为 500V 和 6kV，导电线芯长期工作温度不超过 65℃，使用环境温度不低于−40℃，用于固定敷设在交流 50Hz，额定电压 6kV 及以下的输配电线路中，主要用于发电厂、变电站及工厂企业内部的连接线。

（2）结构特征

橡胶电力电缆的导电线芯有铝芯和铜芯两种，有单芯、双芯、三芯和四芯结构，常制作成圆形，其最大的截面为630mm^2。

常用的绝缘层材料有天然-丁苯橡胶、丁基橡胶和乙丙橡胶三种。在天然-丁苯橡胶中，天然橡胶与丁苯橡胶各占50%，天然橡胶可以弥补丁苯橡胶抗拉强度的不足，改善丁苯橡胶的工艺性能，而丁苯橡胶可以提高天然橡胶的热老化性能。丁基橡胶的电气性能、耐热性、耐气候性、耐臭氧性均较好，它的透水性和吸水性低。可硫化比较困难，弹性小，机械强度较低。乙丙橡胶的电气性能和抗大气压老化、耐臭氧、耐电晕、热老化性能优于丁基橡胶，但它耐燃、耐油性也差，目前我国主要用天然-丁苯橡胶为绝缘层。

橡胶绝缘电力电缆的护套有铅护套、氯丁橡胶护套、聚氯乙烯护套三种。聚氯乙烯护套重量轻，防潮性、耐振性和不燃性较好，但在低温下易变硬，使柔软性降低；氯丁橡胶护套的基本性能与聚氯乙烯护套相似，耐油性、耐热性、耐臭氧性优于聚氯乙烯护套，柔软性也比聚氯乙烯护套好，铅护套其密封性最好，但是橡胶绝缘不像油浸纸绝缘那样要求严密，铅护套还会降低橡胶绝缘电缆的柔软性，所以一般不推荐使用铅护套，当电缆的力学性能需要加强时，采用内钢带铠装护层。

6kV以上电压级的电缆，导线表面和绝缘表面均有屏蔽层，导线屏蔽层用半导电材料，绝缘屏蔽层由半导电材料组合而成。

（3）橡胶电缆型号的编制及其字母的含义（表1-6）

表1-6　橡胶电缆型号的编制及其字母的含义

类别、用途	导体	绝缘	内护套	外护层
X—橡胶电缆	T—铜 L—铝	X—橡胶	Q—铅 V—聚氯乙烯 F—氯丁胶	2,20,29

注：铜芯代表字母T一般省略不写。

（4）举例

① 铜芯橡胶绝缘聚氯乙烯套电力电缆，额定电压为 0.6/1kV，三个主线芯，标称截面 $150mm^2$，中性线芯标称截面 $70mm^2$，表示为 X V-0.6/1-3×150＋70。

② 铝芯橡胶绝缘聚氯乙烯套电力电缆，额定电压为 0.6/1kV，三个主线芯，标称截面 $150mm^2$，中性线芯标称截面 $70mm^2$，表示为 X LV-0.6/1-3×150＋70。

1.4.3　聚氯乙烯绝缘电力电缆

（1）用途

该产品适用于交流额定电压 (U_0/U) 0.6/1kV、3.6/6kV 的线路中，供输配电能使用。

（2）型号、名称及使用条件

聚氯乙烯绝缘电力电缆的型号、名称、敷设场合见表 1-7。

表 1-7　聚氯乙烯绝缘电力电缆型号、名称、敷设场合

型号		名称	敷设场合
铜芯	铝芯		
VV	VLV	聚氯乙烯绝缘聚氯乙烯护套电力电缆	可敷设在室内、隧道、电缆沟、管道、易燃及严重腐蚀地方，不能承受机械外力作用
VY	VLY	聚氯乙烯绝缘聚乙烯护套电力电缆	可敷设在室内、管道、电缆沟及严重腐蚀地方，不能承受机械外力作用
VV22	VLV22	聚氯乙烯绝缘钢带铠装聚氯乙烯护套电力电缆	可敷设在室内、隧道、电缆沟、地下、易燃及严重腐蚀地方，不能承受拉力作用
VV23	VLV23	聚氯乙烯绝缘钢带铠装聚乙烯护套电力电缆	可敷设在室内、电缆沟、地下及严重腐蚀地方，不能承受拉力作用
VV32	VLV32	聚氯乙烯绝缘细钢丝铠装聚氯乙烯护套电力电缆	可敷设在地下、竖井、水中及易燃及严重腐蚀地方，不能承受大拉力作用

型号		名称	敷设场合
铜芯	铝芯		
VV33	VLV33	聚氯乙烯绝缘细钢丝铠装聚乙烯护套电力电缆	可敷设在地下、竖井、水中及严重腐蚀地方,不能承受大拉力作用
VV42	VLV42	聚氯乙烯绝缘粗钢丝铠装聚氯乙烯护套电力电缆	可敷设在竖井、易燃及严重腐蚀地方,能承受大拉力作用
VV43	VLV43	聚氯乙烯绝缘粗钢丝铠装聚乙烯护套电力电缆	可敷设在竖井及严重腐蚀地方,能承受大拉力作用

（3）使用条件及规格

导电线芯长期工作温度不能超过 70℃，短路温度不能超过 160℃（最长待续时间 5s）。电缆敷设时，温度不能低于 0℃，弯曲半径应不小于电缆外径的 10 倍，电缆敷设不受落差限制。聚氯乙烯绝缘电力电缆规格见表 1-8。

表 1-8　聚氯乙烯绝缘电力电缆规格

型号		芯数	标称截面/mm²	
铜芯	铝芯		0.6/1kV	3.6/6kV
VV VY		1	1.5～800	10～1000
	VLV VLY		2.5～800	10～1000
VV22 VV23	VLV22 VLV23		10～1000	10～1000
VV VY		2	1.5～185	
	VLV VLY		2.5～185	
VV22 VY23	VLV22 VLV23	2	4～185	

型号		芯数	标称截面/mm²	
铜芯	铝芯		0.6/1kV	3.6/6kV
VV VY	VLV VLY	3+1	4～300	
VV22 VY23	VLV22 VLV23			
VV32	VLV32			
VV42	VLV42			
VV VY	VLV VLY	4	4～185	
VV22 VY23	VLV22 VLV23			
VV32	VLV32			
VV42	VLV42			
VV VY		3	1.5～300	10～300
	VLV VLY		2.5～300	10～300
VV22 VY23	VLV22 VLV23		4～300	10～300
VV32 VV33	VLV32 VLV33		4～300	16～300
VV42 VV43	VLV42 VLV43		4～300	16～300
VV VV22	VLV VLV22	3+2	4～185	
VV VV22	VLV VLV22	4+1		
VV VV22	VLV VLV22	5		

（4）结构

1kV VV22、VLV221 芯、2 芯、3 芯、4 芯电缆结构如图 1-3～图 1-6 所示。

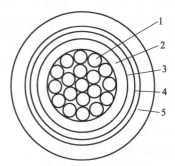

图 1-3　1kV VV22、VLV22

1 芯电缆结构

1—铜或铝导电线芯（圆形）；2—聚氯乙烯绝缘；3—聚氯乙烯挤包或绕包衬垫；4—钢带铠装；5—聚氯乙烯外护套

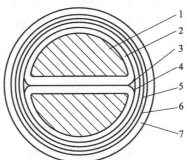

图 1-4　1kV VV22、VLV22

2 芯电缆结构

1—铜或铝导电线芯（半圆形）；2—聚氯乙烯绝缘；3—非吸湿性材料填充物；4—聚氯乙烯包带；5—聚氯乙烯挤包或绕包衬垫；6—钢带铠装；7—聚氯乙烯外护套

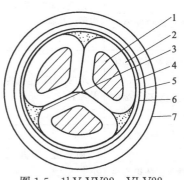

图 1-5　1kV VV22、VLV22

3 芯电缆结构

1—铜或铝导电线芯（扇形）；2—聚氯乙烯绝缘；3—非吸湿性材料填充物；4—聚氯乙烯包带；5—聚氯乙烯挤包或绕包衬垫；6—钢带铠装；7—聚氯乙烯外护套

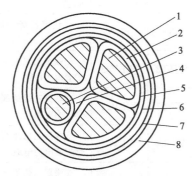

图 1-6　1kV VV22、VLV22

4 芯电缆结构

1—铜或铝导电线芯（扇形）；2—聚氯乙烯绝缘；3—中性线芯（圆形）；4—非吸湿性材料填充物；5—聚氯乙烯包带；6—聚氯乙烯挤包或绕包衬垫；7—钢带铠装；8—聚氯乙烯外护套

1.4.4　交联聚乙烯绝缘电力电缆

（1）用途

交联聚乙烯绝缘电缆是利用化学方法或物理方法，使电缆绝缘聚乙烯分子由线性分子结构转变为主体网状分子结构，即热塑性的聚乙烯转变为热固性的交联聚乙烯，从而大大提高它的耐热性和力学性能，减少了它的收缩性，使其受热以后不再熔化，并保持了优良的电气性能。交联聚乙烯绝缘电缆适用于配电网、工业装置或其他需要大容量用电领域，用于固定敷设在交流 50Hz、额定电压 6～35kV 的电力输配电线路上，主要功能是输送电能。

（2）交联聚乙烯绝缘电力电缆的型号、名称及适用范围

交联聚乙烯绝缘电力电缆的型号、名称及适用范围见表 1-9。

表 1-9　交联聚乙烯绝缘电力电缆型号、名称及适用范围

型　号		名　称	适用范围
铜芯	铝芯		
YJV	YJLV	交联聚乙烯绝缘聚氯乙烯护套电力电缆	架空、室内、隧道、电缆沟及地下
YJY	YJLY	交联聚乙烯绝缘聚乙烯护套电力电缆	
YJV22	YJLV22	交联聚乙烯绝缘钢带铠装聚氯乙烯护套电力电缆	室内、隧道、电缆沟及地下
YJV23	YJLV23	交联聚乙烯绝缘钢带铠装聚乙烯护套电力电缆	
YJV32	YJLV32	交联聚乙烯绝缘细钢丝铠装聚氯乙烯护套电力电缆	高落差、竖井及水下
YJV33	YJLV33	交联聚乙烯绝缘细钢丝铠装聚乙烯护套电力电缆	
YJV42	YJLV42	交联聚乙烯绝缘粗钢丝铠装聚氯乙烯护套电力电缆	需承受拉力的竖井及海底
YJV43	YJLV43	交联聚乙烯绝缘粗钢丝铠装聚乙烯护套电力电缆	

注：1根或2根单芯电缆不允许敷设于磁性材料管道中。

（3）使用条件及规格

使用条件如下。

① 在 1～10kV 电压范围内，交联聚乙烯绝缘电力电缆可以代替纸绝缘和充油电缆，与纸绝缘电缆和充油电缆相比，有以下优点：

a. 工作温度高，载流量大；

b. 可以高落差或垂直敷设；

c. 安装敷设容易，终端和连接头处理简单，维护方便。

② 导体最高工作温度 90℃，短时过载温度 130℃，短路温度 250℃。

③ 接地故障持续时间：电压等级标志 U_0/U 为 0.6/1kV、3.6/6kV、6/10kV、21/35kV、36/63kV、64/110kV 电缆适用于每次接地故障持续时间不超过 1min 的三相系统；1/1kV、6/6kV、8.7/10kV、26/35kV、48/63kV 电缆适用于每次接地故障持续时间一般不超过 2h，最长不超过 8h 的三相系统。

④ 电缆敷设温度应不低于 0℃，弯曲半径对于单芯电缆大于 15 倍电缆外径，对于三芯电缆大于 10 倍电缆外径。

常用交联聚乙烯绝缘电力电缆规格见表 1-10，常用交联聚乙烯绝缘电力电缆的结构见图 1-7～图 1-12。

表 1-10　交联聚乙烯绝缘电力电缆规格

型号	芯数	额定电压 U_0/U		
		3.6/6kV 6/6kV	6/10kV 8.7/10kV	8.7/15kV 12/20kV
		导电线芯标称截面/mm²		
YJLV YJV YJLY YJY	1	25～500	25～500	35～500
YJLV32 YJV32 YJLV33 YJY33		25～500	25～500	35～500

续表

型号	芯数	额定电压 U_0/U		
		3.6/6kV 6/6kV	6/10kV 8.7/10kV	8.7/15kV 12/20kV
		导电线芯标称截面/mm^2		
YJLV42 YJV42 YJLY42 YJY43	1	25~500	25~500	35~500
YJLV YJV YJLY YJY		25~300	25~300	35~300
YJLV22 YJV22 YJLV33 YJV23	3	25~300	25~300	35~300
YJLV32 YJV32 YJLV33 YJV33		25~185	25~150	35~50
YJLV42 YJV42 YJLV43 YJV43		25~300	25~300	35~150

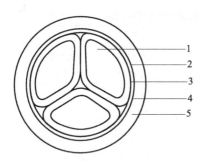

图1-7 0.6/1kV 3芯交联聚

乙烯绝缘电力电缆结构

1—导线;2—交联聚乙烯绝缘;

3—分色带;4—包带;

5—聚氯乙烯护套

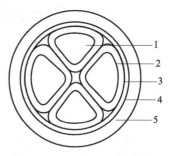

图1-8 0.6/1kV 4芯交联聚

乙烯绝缘电力电缆

1—导线;2—交联聚乙烯绝缘;

3—分色带;4—包带;

5—聚氯乙烯护套

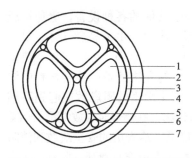

图 1-9　0.6/1kV（3+1）芯交联聚
乙烯绝缘电力电缆结构

1—导线；2—交联聚乙烯绝缘；3—分
色带；4—导线；5—交联聚乙烯绝缘；
6—包带；7—聚氯乙烯护套

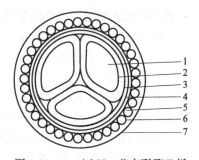

图 1-10　0.6/1kV 3 芯交联聚乙烯
绝缘钢丝铠装电力电缆结构

1—导线；2—交联聚乙烯绝缘；3—分色带；
4—包带；5—聚氯乙烯内护套；6—镀锌
钢丝铠装；7—聚氯乙烯外护套

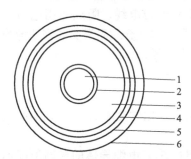

图 1-11　6～35kV 单芯交联聚
乙烯绝缘电力电缆结构

1—导线；2—内半导电屏蔽；3—交联
聚乙烯绝缘；4—外半导电屏蔽；
5—铜带或铜丝屏蔽；
6—聚氯乙烯护套

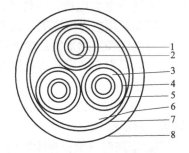

图 1-12　6～35kV 3 芯交联聚
乙烯绝缘电力电缆结构

1—导线；2—内半导电屏蔽；3—交联
聚乙烯绝缘；4—外半导电屏蔽；
5—铜带分相屏蔽；6—填充；
7—包带；8—聚氯乙烯护套

1.4.5　阻燃电缆

　　阻燃电缆是指在规定试验条件下，试样被燃烧，在撤去试验火源后，火焰的蔓延仅在限定范围内，残焰或残灼在限定时间内能自行熄灭的电缆。其根本特性是在火灾情况下有可能被烧坏而不能运行，但可阻止火势的蔓延。通俗地讲，电线万一失火，能够把燃烧限制在局部范围内，不产生蔓延，保住其他的各种设备，避免造成更大的损失。电缆的燃烧是由于外部加热而产生了易燃气体，要达到阻燃的目的，必须抑制引起燃烧的三要素，即：可燃气体、热量和氧气。因此，阻燃电线电缆一般采用的方法就是在护套材料中添加含有卤素的卤化物和金属氧化物，利用卤素的阻燃效应起到阻燃效果。但是，由于这些材料中含有卤化物，在燃烧时释放大量的烟雾和卤化氢气体，所以，火灾时的能见度低，给人员的安全疏散和消防带来很大的妨碍，而且有毒气体容易造成人员窒息致死。此外，卤化氢气体与空气中的水一旦反应后，即生成"卤化氢酸"，严重腐蚀仪器设备、建筑物造成次生灾害。目前，随着科技水平的不断提高，阻燃问题已由过去的卤素阻燃化，进一步发展到低卤、无卤的阻燃化。

阻燃电力电缆系列包括阻燃交联聚乙烯绝缘电力电缆、阻燃聚氯乙烯绝缘电力电缆、阻燃通用橡套电力电缆、阻燃船用电力电缆、阻燃矿用电力电缆等几大类产品。本文介绍阻燃交联聚乙烯绝缘电力电缆和阻燃聚氯乙烯绝缘电力电缆。

（1）阻燃交联聚乙烯绝缘电力电缆

① 使用特性

a. 电缆导体的长期最高工作温度：化学交联为90℃，辐照交联为105℃和125℃。

b. 短路时（最长持续时间不超过5s）电缆导体的最高温度不超过250℃。

c. 敷设电缆时的环境温度不低于0℃。

② 阻燃交联聚乙烯绝缘电力电缆型号、名称及主要特性见表1-11、表1-12。

表1-11 阻燃交联聚乙烯绝缘聚氯乙烯护套电力电缆
型号、名称及主要特性

型 号		名 称	主要特性及说明
铜芯	铝芯		
ZR-YJV	ZR-YJLV	阻燃交联聚乙烯绝缘聚氯乙烯护套电力电缆	辐照交联在型号上加"F"以示与化学交联的区别。敷设于室内、隧道、电缆沟及管道中
ZR-FYJV	ZR-FYJLV	阻燃辐照交联聚乙烯绝缘聚氯乙烯护套电力电缆	

型号		名　称	主要特性及说明
铜芯	铝芯		
ZR-YJV22	ZR-YJLV22	阻燃交联聚乙烯绝缘聚氯乙烯护套钢带铠装电力电缆	能承受径向机械外力,但不能承受大的拉力
ZR-FYJV22	ZR-FYJLV22	阻燃辐照交联聚乙烯绝缘聚氯乙烯护套钢带铠装电力电缆	
ZR-YJV32	ZR-YJLV32	阻燃交联聚乙烯绝缘聚氯乙烯护套细钢丝铠装电力电缆	敷设于竖井及具有落差条件下,能承受机械外力作用及相当的拉力
ZR-FYJV32	ZR-FYJLV32	阻燃辐照交联聚乙烯绝缘聚氯乙烯扩套细钢丝铠装电力电缆	
ZR-YJV42	ZR-YJLV42	阻燃交联聚乙烯绝缘聚氯乙烯护套粗钢丝铠装电力电缆	

表 1-12　低烟、无卤阻燃交联聚乙烯绝缘聚烯烃护套电力电缆型号、名称及主要特性

型号		名　称	主要特性及说明
铜芯	铝芯		
WZR-YJE	WZR-YJLE	低烟、无卤阻燃交联聚乙烯绝缘聚烯烃护套电力电缆	"W"无卤;"F"辐照;"E"聚烯烃。适合于高层建筑、地下公共设施及人流密集场所等特殊场合
WZR-FYJE	WZR-FYJLE	低烟、无卤阻燃辐照交联聚乙烯绝缘聚烯烃护套电力电缆	
WZR-YJE23	WZR-YJLE23	低烟、无卤阻燃交联聚乙烯绝缘聚烯烃护套钢带铠装电力电缆	能承受径向机械外力,但不能承受大的拉力
WZR-FYJE23	WZR-FYJLE23	低烟、无卤阻燃辐射交联聚乙烯绝缘聚烯烃护套钢带铠装电力电缆	
WZR-YJE33	WZR-YJLE33	低烟、无卤阻燃交联聚乙烯绝缘聚烯烃护套细钢丝铠装电力电缆	能承受机械外力作用及相当的拉力
WZR-FYLE33	WZR-FYJLE33	低烟、无卤阻燃辐照交联聚乙烯绝缘聚烯烃护套细钢丝铠装电力电缆	

③ 交联阻燃电缆的结构如图 1-13、图 1-14 所示。

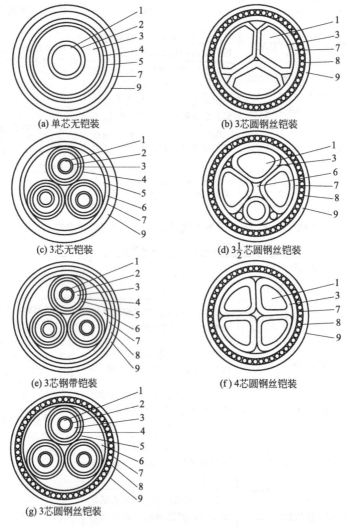

图 1-13　交联聚乙烯绝缘电力电缆结构

1—导体；2—导体屏蔽；3—交联聚乙烯绝缘；4—绝缘屏蔽；5—金属屏蔽；
6—填充（阻燃材料）；7—隔离套（内护层，分高阻燃、普通阻燃）；
8—铠装；9—阻燃聚氯乙烯外护套

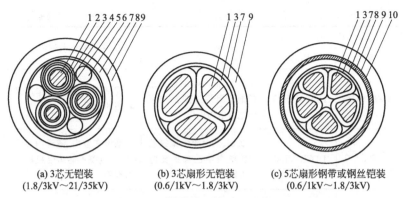

(a) 3芯无铠装
(1.8/3kV~21/35kV)

(b) 3芯扇形无铠装
(0.6/1kV~1.8/3kV)

(c) 5芯扇形钢带或钢丝铠装
(0.6/1kV~1.8/3kV)

图1-14 低烟、无卤阻燃交联聚乙烯绝缘电力电缆结构

1—铜（铝）导体；2—导体屏蔽；3—交联聚乙烯绝缘；4—绝缘屏蔽；

5—金属屏蔽；6—阻燃填充绳；7—阻燃绕包层；8—高阻燃无卤

内护套；9—阻燃聚烯烃外护套；10—钢带或钢丝铠装

（2）阻燃聚氯乙烯绝缘电力电缆

① 使用特性

a. 电缆导体的长期最高温度为70℃。

b. 短路时（最长持续时间不超过5s）电缆导体的最高温度不超过160℃。

c. 敷设电缆时的环境温度应不低于0℃。

② 阻燃聚氯乙烯绝缘电力电缆的型号、名称及主要特性见表1-13。

表1-13 阻燃聚氯乙烯绝缘电力电缆型号、名称及主要特性

型号		名 称	主要特性及说明
铜芯	铝芯		
DZR-YE	DZR-VLE	低烟、低卤阻燃聚氯乙烯绝缘聚烯烃护套电力电缆	"D"低卤，"E"聚烯烃。氯化氢气体逸出量小于50mg/g。适用于高层建筑、地下公共设施及人流密集场所等特殊场合
DZR-VE23	DZR-VLE23	低烟、低卤阻燃聚氯乙烯绝缘聚烯烃护套钢带铠装电力电缆	能承受径向机械外力，但不能承受大的拉力

型　号		名　　称	主要特性及说明
铜芯	铝芯		
DZR-VE33	DZR-VLE33	低烟、低卤阻燃聚氯乙烯绝缘聚烯烃护套细钢丝铠装电力电缆	能承受机械外力作用及相当的拉力
DDZR-VV	DDZR-VLV	低烟、低卤阻燃聚氯乙烯绝缘聚氯乙烯护套电力电缆	敷设在室内、隧道内及管道中,电缆不能承受机械外力作用
DDZR-VV22	DDZR-VLV22	低烟、低卤阻燃聚氯乙烯绝缘聚氯乙烯护套钢带铠装电力电缆	敷设在室内、隧道内及管道中,电缆能承受较大的机械力作用
DDZR-VV32	DDZR-VLV32	低烟、低卤阻燃聚氯乙烯绝缘聚氯乙烯护套钢丝铠装电力电缆	敷设在大型游乐场、高层建筑等抗拉强度高的场合中,电缆能承受较大机械外力作用

③ 阻燃聚氯乙烯绝缘电力电缆结构见图 1-15。

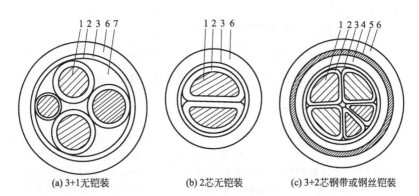

图 1-15　低烟、低卤阻燃聚氯乙烯绝缘电力电缆结构

1—铜（铝）导体；2—低烟、低卤聚氯乙烯绝缘；3—无卤阻燃绕包层；

4—无卤阻燃内衬层；5—钢带或钢丝铠装层；6—聚烯烃外护套；

7—阻燃填充绳

1.4.6　耐火电缆

耐火电缆是指在火焰燃烧情况下能够保持一定时间安全运行的电缆。我国国家标准 GB 12666.6（等同 IEC331）将耐火试验分 A、B 两种级别，A 级火焰温度 950～1000℃，持续供火时间 90min，B 级火焰温度 750～800℃，持续供火时间 90min，整个试验期间，试样应承受产品规定的额定电压值。耐火电缆广泛应用于高层建筑、地下铁道、地下街、大型电站及重要的工矿企业等与防火安全和消防救生有关的地方，例如，消防设备及紧急向导灯等应急设施的供电线路和控制线路。

（1）耐火电缆和阻燃电缆的区别

耐火电缆和阻燃电缆的概念很容易混淆，虽然阻燃电缆有许多较适用于化工企业的优点，如低卤、低烟阻燃等，但在一般情况下，耐火电缆可以取代阻燃电缆，而阻燃电缆不能取代耐火电缆。它们的区别主要有两点。

① 原理的区别。耐火电缆与阻燃电缆的原理不同。含卤电缆阻燃原理是靠卤素的阻燃效应，无卤电缆阻燃原理是靠析出水降低温度来熄灭火焰．耐火电缆是靠耐火层中云母材料的耐火、耐热的特性，保证电缆在火灾时也工作正常。

② 结构和材料的区别。耐火电缆的结构和材料与阻燃电缆也不相同。阻燃电缆的基本结构是绝缘层采用阻燃材料，护套及外护层采用阻燃材料，包带和填充采用阻燃材料。

而耐火电缆通常是在导体与绝缘层之间再加 1 个耐火层，耐火层通常采用多层云母带直接绕包在导线上，它可耐长时间的燃烧，即使施加火焰处的高聚物被烧毁，也能够保证线路正常运行。

（2）耐火聚氯乙烯绝缘电缆

① 使用特性及型号、名称、规格、使用范围。耐火电缆长期使用，最高工作温度不得超过 70℃，5s 短路不超过 160℃。电缆敷设时不受落差限制，环境温度不低于 0℃，电缆的弯曲半径是电缆外径的 10 倍。耐火聚氯乙烯绝缘电缆型号、名称及使用范围见表 1-14。

表 1-14　耐火聚氯乙烯绝缘电缆型号、名称及使用范围

型　号	名　称	规　格	使用范围
NH-VV	铜芯聚氯乙烯绝缘、聚氯乙烯护套耐火电力电缆	1,2,3,4,5(芯) 3+1,3+2,4+1(芯) 1.5～630mm²	适用于有特殊要求的场合,如大容量电厂、核电站、地下铁道、高层建筑等
NH-VV22 NH-VV32	铜芯聚氯乙烯绝缘、聚氯乙烯护套、钢带钢丝铠装耐火电力电缆	1,2,3,4,5(芯) 3+1,3+2,4+1(芯) 1.5～630mm²	

② 电缆结构。NH-VV 系列电缆及 NH-VV22 系列电缆结构如图 1-16 和图 1-17 所示。

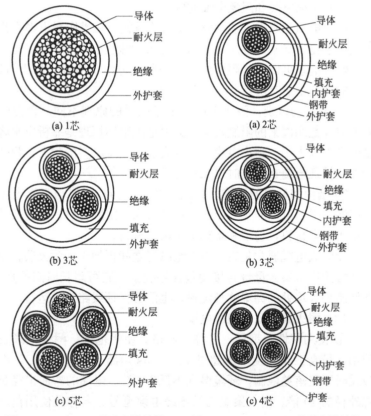

图 1-16　NH-VV 系列电缆结构　　图 1-17　NH-VV22 系列电缆结构

（3）耐火交联聚乙烯绝缘、聚氯乙烯护套电力电缆

该产品用于交流 50Hz，额定电压（U_0/U）0.6/1kV 及以下有耐火要求的电力线路中，如高层建筑、核电站、石油化工、矿山、机场、飞机、船舶等要求防火安全较好的场合，是应急电源、消防泵、电梯、通信系统的必备元件。

① 使用特性及型号、名称、规格

a. 电缆导体的最高额定温度为 90℃。

b. 短路时（最长持续时间不超过 5s）电缆导体最高温度不超过 250℃。

c. 敷设电缆的环境温度应不低于 0℃，其最小弯曲半径应不小于电缆外径的 15 倍。

耐火交联聚乙烯绝缘、聚氯乙烯护套电力电缆型号、名称见表 1-15。

表 1-15　耐火交联聚乙烯绝缘、聚氯乙烯护套电力电缆型号、名称

型　号	名　称
NHYJV-A	A 类铜芯耐火交联聚乙烯绝缘、聚氯乙烯护套电力电缆
NHYJV-B	B 类铜芯耐火交联聚乙烯绝缘、聚氯乙烯护套电力电缆
NHYJV22-A	A 类铜芯耐火交联聚乙烯绝缘、钢带铠装聚氯乙烯护套电力电缆
NHYJV22-B	B 类铜芯耐火交联聚乙烯绝缘、钢带铠装聚氯乙烯护套电力电缆

② 电缆结构。耐火交联聚乙烯绝缘、聚氯乙烯护套电力电缆结构如图 1-18 所示。

1.4.7　架空电力电缆

架空绝缘电缆主要用于城市、农村配电网中。它结构简单，安全可靠，具有很好的力学性能和电气性能，与裸架空电线相比，敷设间隙小，节约空间，线路电压降减少，尤其是减少供电事故的发生，确保人身安全。

该产品是在铜、铝导体外挤包耐候型聚氯乙烯（PVC）、或耐候型黑色高密度聚乙烯（HDPE）、或交联聚乙烯（XLPE）、或半导电屏蔽层和交联聚乙烯（XLPE）等绝缘材料和屏蔽材料。

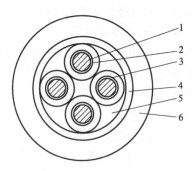

图 1-18　耐火交联聚乙烯绝缘、聚氯乙烯护套电力电缆结构
1—导体；2—耐火层；3—绝缘；4—包带；5—填充；6—护套

（1）额定电压 0.6/1kV 及以下架空绝缘电缆

① 产品使用特性

a. 额定电压 U_0/U 为 0.6/1kV。

b. 电缆导体的长期允许工作温度：聚氯乙烯、聚乙烯绝缘应不超过 70℃；交联聚乙烯绝缘应不超过 90℃。

c. 短路时（5s 内）电缆的短时最高工作温度：聚氯乙烯绝缘为 160℃；聚乙烯绝缘为 130℃；交联聚乙烯绝缘为 250℃。

d. 电缆的敷设温度应不低于 −20℃。

e. 电缆的允许弯曲半径：电缆外径 D 小于 25mm 者，应不小于 4D；电缆外径 D 等于或大于 25mm 者，应不小于 6D。

f. 当电缆使用于交流系统时，电缆的额定电压至少应等于该系统的额定电压；当使用于直流系统时，该系统的额定电压应不大于电缆额定电压的 1.5 倍。

② 产品代号的含义及表示方法见表 1-16。

表 1-16　产品代号的含义及表示方法

类别	系列代号	导体			绝缘		
代号	JK	T(略)	L	LH	V	Y	YJ
含义	架空	铜	铝	铝合金	聚氯乙烯 （PVC）	高密度聚乙烯 （HDPE）	交联聚乙烯 （XLPE）

表示方法示例：

a. 额定电压 0.6/1kV 铜芯聚氯乙烯绝缘架空电缆，单芯，标称截面为 70mm²，表示为：JKV-0.6/1-1×70。

b. 额定电压 0.6/1kV 铝合金芯交联聚乙烯绝缘架空电缆，4芯，标称截面为 16mm²，表示为：JKLHYJ-0.6/1-4×16。

c. 额定电压 0.6/1kV 铝芯聚乙烯绝缘架空电缆，4芯，其中主线芯为 3 芯，标称截面为 35mm²；承载中性导体为铝合金，其标称截面为 50mm²，表示为：JKLY-0.6/1-3×35+1×50。

③ 电缆结构。0.6/1kV 架空绝缘电缆结构如图 1-19 所示。

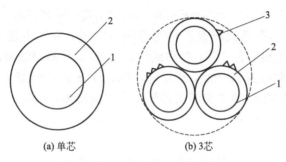

(a) 单芯　　　　(b) 3芯

图 1-19　0.6/1kV 架空绝缘电缆结构
1—导体；2—绝缘层；3—分相标志

（2）额定电压 10kV 架空绝缘电缆

① 产品使用特性

a. 额定电压为 10kV。

b. 电缆导体的长期允许工作温度：交联聚乙烯绝缘应不超过 90℃；高密度聚乙烯绝缘应不超过 75℃。

c. 短路时（5s 内）电缆的短时最高工作温度：交联聚乙烯绝缘为 250℃；高密度聚乙烯绝缘为 150℃。

d. 电缆的敷设温度应不低于 -20℃。

e. 电缆的允许弯曲半径：单芯电缆为 $20(D+d)\pm5\%$ mm，多芯电缆为 $25(D+d)\pm5\%$ mm，其中 D 为电缆的实际外径，d 为电缆导体的实际外径。

② 产品代号的含义及表示方法见表 1-17。

表 1-17　产品代号的含义及表示方法

类别	系列代号	导体					绝缘		其他		
代号	JK	T(略)	TR	L	LH	LC	Y	YJ	略	/B	/Q
含义	架空	铜	软铜	铝	铝合金	钢芯绞线	高密度聚乙烯(HDPE)	交联聚乙烯(XLPE)	普通绝缘	本色绝缘	轻型薄绝缘

电缆表示方法示例：

a. 铝芯交联聚乙烯轻型薄绝缘架空电缆，额定电压 10kV，单芯，标称截面 120mm^2，表示为：JKLYJ/Q-10-1×120。

b. 铝芯本色交联聚乙烯绝缘架空电缆，额定电压 10kV，4芯，其中主线芯为 3 芯，标称截面 240mm^2，承载绞线为镀锌钢绞线，标称截面为 95mm^2，表示为：JKLYJ/B-10-3×240＋95。

c. 钢芯铝绞线芯交联聚乙烯绝缘架空电缆，额定电压 10kV，单芯，铝/钢标称截面 120/25mm^2，表示为：JKLCYJ-10-1×120/25。

③ 电缆结构。10kV 架空绝缘电缆结构如图 1-20 所示。

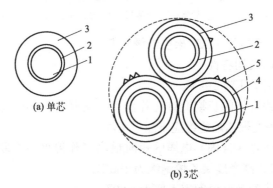

图 1-20　10kV 架空绝缘电缆结构

1—导体；2—内屏蔽层；3—绝缘层；4—外屏蔽层；5—分相标志

第2章 电缆终端头和中间头

2.1 对电缆终端头和中间头的基本要求

2.1.1 电缆终端头和中间头

电缆终端头和中间头是电缆线路中的重要附件。

电缆与其他电气设备相连接时，需要有一个能满足一定绝缘与密封要求的连接装置，叫做电缆终端头。电缆终端头按使用场所不同，分户内终端头和户外终端头。户外终端头要有比较完善的密封、防水结构，以适应周围环境和气候的变化。

电缆由于制造、运输和施工等原因，每盘电缆的长度有一定的限制。在实际使用中需将若干根电缆连接起来，这种电缆中间连接附件叫做电缆中间头。电缆终端头和中间头总称为电缆接头。

电缆接头型号的规定如下。

电缆接头型号一般由几个数联合组成。首位数字表示电缆的电压等级。如"1"表示低压（1kV及以下）；"2"表示10kV及以下；"5"表示35kV。百位数字表示电缆型号，如"0"表示油浸纸绝缘；"7"表示塑料绝缘。末两位数组成表示接头种类，如"50"及以下表示中间头，"50"以上表示终端头。

例如，2006，其中"2"表示6～10kV电压等级，"0"表示油浸纸绝缘，"06"表示中间头。

2.1.2 对电缆终端头和中间头的基本要求

电缆终端头和中间头是电缆线路中的重要附件，但又是整个电缆线路的薄弱环节，约占电缆故障的70%。由此可见，确保电缆接头的质量，对电缆线路的安全运行意义很大。对电缆接头的制作要求大致有以下几点。

① 导体连接良好。对于终端头要求电缆线芯和出线鼻子有良好的连接。对于中间头，则要求电缆线芯与连接管之间有良好的连接。所谓良好的连接，主要指接触电阻小而稳定，即运行中接头电阻不大于电缆线芯本身（同截面、同长度）电阻的 1.2 倍。

② 绝缘可靠。要有满足电缆线路在各种状态下长期安全运行的绝缘结构，并有一定的裕度。

③ 密封良好。可靠的绝缘要有可靠的密封来保证。一方面要使环境的水分及导电介质不侵入绝缘；另一方面要使绝缘剂不致流失，这就要求有良好的密封。

④ 足够的机械强度，能适应各种运行条件。

除了上述四项基本要求之外，还要尽可能考虑到结构简单，体积小，材料省，安装维修简便，以及兼顾到造型美观。

2.1.3　安装电缆终端头要遵守的规定

电缆终端在电气装置方面应符合《电气装置工程施工及验收规范》的有关规定，主要有以下几方面。

（1）电缆终端相位色别

电缆终端应清晰地标注相位色别，即 A 相黄色、B 相绿色、C 相红色，并与系统的相位一致。

（2）安全净距

电缆终端的端部金属部件（含屏蔽罩）在不同相导体之间和各相带电部分对地之间，应符合室内、外配电装置安全净距的规定值（见表 2-1）。

表 2-1　室内外配电装置的安全净距　　　　　　mm

	运行电源/kV	0.4	6	10	20	35	110	220
室内	相-相	20	100	125	180	300	900	2000
	带电部位-地						850	1800
室外	相-相	75	200	200	300	400	1000	2000
	带电部位-地						900	1800

注：表中 110kV、220kV 的安全净距是中性点直接接地系统的规定值。

（3）户外终端安装规范

① 户外终端的引出线应保持固定。引出线导体相互间及其对地的净距，应符合表 2-1 的规定。

② 引出线的规格。6～10kV 连接自落熔丝或直搭架空线的电缆终端引出线，应是硬铜线，其截面积一般应不小于表 2-2 的规定。

表 2-2　终端引出线硬铜线规格

电缆导体截面/mm²	硬铜线规格/根数/线径/mm	截面积/mm²
16～35	7/2.65	35
50～70	7/3.15	50
95～120	7/3.55	70
150～185	7/4.0	95
340～400	7/4.75	120

表 2-2 适用于铜芯电缆。铝芯电缆的引出线规格，一般以小一挡的铜芯电缆做相应选择，但不宜小于 35mm²。当架空线的截面小于表 2-2 中所选定的规格时，引出线也可与架空线的截面相同。1kV 及以下电缆的引出线，应采用与电缆有相同截面的绝缘导线。

（4）引出线的连接方式

直搭铜架空线的引出线可用铜底座线夹连接。铜底座线夹根据引出线的规格选用，每相引出线使用线夹的只数应符合表 2-3 的规定。

表 2-3　铜底座线夹规格

引出线截面/mm²	线夹号	紧固螺栓	线夹只数
35～50	2 号	M10	2
70	3 号	M12	2
95	4 号	M16	3
120	5 号	M20	3

直搭架空线时，除带电搭接外，应将铜底座的底板贴紧架空线。

10～35kV 电缆引出线直搭铝架空线或架空引下线时，应使用铜铝过渡线夹或异型铝并沟线夹。铝引出线的规格与架空线相同。异型铝并沟线夹按适用铝引出线的截面分 LJ16～70，LJ95～120，

LJ95～300 三种。

10kV 交联聚乙烯电缆热缩户外终端，可以将电缆尾线压上线鼻子直接接在支柱式避雷器的过渡铜排上，该过渡铜排和架空引下线相连通。

2.1.4 电缆终端和接头的接地线规定

当电缆发生绝缘击穿或系统短路时，电缆导体中通过故障电流，将在电缆金属护套中产生感应电压，为了人身和设备的安全，在电缆终端和接头处必须按规定装设接地线。

在电缆终端和接头处，应依据《接地装置施工及验收规范》的规定，将电缆终端和接头的金属外壳、电缆金属护套、铠装层、电缆与接头的金属支架，以及金属保护管，采用接地线或接地排接地。三相终端和接头的金属外壳和电缆金属护套，需用等位连接线连通，等位连接线应满足通过电缆护层循环电流的需要。

电缆终端和接头的接地线和等位连接线，一般采用 35mm^2 镀锡软铜线。截面在 120mm^2 及以下的电缆，也可用 25mm^2 的镀锡软铜线。

在 6～10kV 的电缆线路中，当采用零序保护时，电缆应穿过零序电流互感器，当接地线连接点在零序电流互感器与终端之间时，该接地线应采用绝缘线并穿过零序电流互感器。

高压单芯电缆的金属护套，应按交叉互联或单点互联的规定实施连接和接地。

2.1.5 电缆接头的防腐蚀和机械保护

在制作电缆接头时，由于工艺方面的需要，必须剥去一段电缆外护层，在接头外壳和电缆金属护套上，应有适当材料替代原电缆外护层，作为防蚀和机械保护结构。

（1）电缆接头防蚀方法

常用防蚀办法：一种是热涂沥青加塑料带或桑皮纸涂包两层；另一种是套热收缩管，两端用防水带正搭盖绕包两层，再包自黏性橡胶带一层。

（2）电缆接头的机械保护

常用的接头机械保护材料是钢筋混凝土保护盒，盒内空隙填充细黏土或沙。新型的接头保护盒以硬质塑料或环氧玻璃钢制造，这种保护盒结构紧凑、重量轻。

2.2　导体连接

电缆导电线芯的连接在电缆接头中占有很重要的地位，线芯连接的好坏直接关系到电缆头的使用寿命。

2.2.1　导体连接的基本要求

① 连接点的电阻小而且稳定。要求连接点的电阻与相同长度、相同截面导体的电阻之比值：对于新安装接头，不大于 1；对于运行中终端头和中间头，这个比值应不大于 1.2。

② 要有足够的机械强度（指抗拉强度），电缆的抗拉强度不仅是保证电缆在运行或安装中受到某种拉力不致拉断，对接头来说电阻值应稳定。电缆线芯连接点的抗拉强度一般低于电缆导体本身的抗拉强度。对于固定敷设的电力电缆要求不低于导体本身抗拉强度的 60%。

③ 要能够耐腐蚀性。铜-铜焊接和铝-铝焊接，考虑助焊剂对铜、铝的腐蚀作用。而铜-铝连接，由于两种金属电位相差较大，接触表面有电介质存在，产生电腐蚀，使接触电阻增大，另外，铜和铝的弹性模数和热胀系数不同，在运行中经多次冷热（通电与断电）循环后，会使接点处产生较大间隙而影响接触，从而产生恶性循环。因此，铜和铝的连接，是一个应该十分重视的问题。一般来说，应使铜和铝两种金属分子产生相互渗透，例如采用铜铝摩擦焊、铜铝闪光焊和铜铝金属复合焊等。在密封较好的场合，如制作中间头，可采用铜管内壁镀锡后进行铜铝连接。

④ 要能耐振动。在船用、航空和桥梁等场合，对电缆接头的耐振动性要求很高，往往超过了对抗拉强度的要求。这项要求主要通过振动（仿照一定的频率和振幅）试验后，测量接点的电阻变化来检验，即在振动条件下，接头的电阻仍应达到①的要求。

2.2.2 铝芯电缆的机械冷压接

电缆机械冷压接的基本原理是使用相应的连接管和压接模具，借助于专用工具——压接钳的压力，将连接管紧压在线芯上，并使连接管与线芯接触面之间产生金属表面渗透，从而形成可靠的导电通路。机械冷压接可分为局部压接（点压）和整体压接（围压）两种。点压法的优点是需要压力较小，较容易使局部压接处接触面间产生金属表面渗透。围压法的优点是压接后接管形状比较平直，容易解决接管处电场过分集中的问题。不论点压或围压，关键在于应有足够的压缩比。也就是说，要采用标准的铝接管和与其相应的压接模具，并使用适当的压接钳，以达到足够的压接深度。根据运行经验，点压法的质量优于围压法，主要原因如下。

① 铝接管在围压时因蠕变而伸长，以致达不到有足够的压缩比。

② 采用点压法时，由于压坑的特殊形状，在运行中接管不易扩张，即能保持稳定的压缩比，而围压法则相反。

铝连接管的形状及规格见图 2-1 及表 2-4，铝鼻子的形状及规格见图 2-2 及表 2-5。

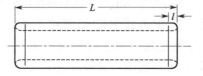

图 2-1　铝连接管

表 2-4　铝连接管规格

适用电缆截面/mm²	结构尺寸/mm			
	D	d	l	L
16	10	5.2	2	66
25	12	6.5	2	68
35	14	8.0	3	72
50	16	9.6	4	78
70	18	11.6	4	82
95	21	13.6	5	86
120	23	15.0	5	92
150	25	16.6	5	95
185	27	18.6	6	100
240	30	21.0	6	110

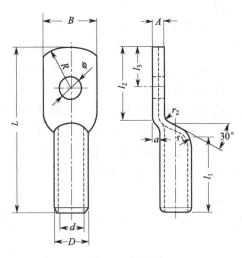

图 2-2　铝鼻子

表 2-5　铝鼻子规格

适用电缆	结 构 尺 寸/mm											
截面/mm²	D	d	l_1	L	B	A	ϕ	l_2	l_3	R	r_1	r_2	a
16	10	5.2	32	58	16	3.5	6.5	26	8	10	5	1	1
25	12	6.8	34	62	19	4.0	6.5	26	10	11	6	1	1
35	14	8.0	36	68	21	5.0	8.5	30	12	12	7	1	1
50	16	9.6	40	74	23	5.5	8.5	32	12	13	8	1.5	1
70	18	11.6	42	82	27	5.5	10.5	40	14	15	10	1.5	1
95	21	13.6	45	90	30	6.8	10.5	42	15	18	10	1.5	2
120	23	15.0	50	98	34	7.0	13.0	44	16	18	12	2	2
150	25	16.6	52	102	36	7.5	13.0	45	17	20	12	2	2
185	27	18.6	55	108	40	7.5	13.0	50	18	22	14	2	2
240	30	21.0	60	120	45	8.5	17.0	55	20	25	15	2	2

　　铝连接管和铝鼻子的大小，除需配合线芯外径外，还应使其截面积不小于被连接导体截面积的 1.5 倍，铝管材的化学成分应符合 1 号铝的标准。铝连接管应采用冷拔、冷轧或热压法制成，也可以用上述工艺生产的铝棒车制或冲压而成，或采用压力铸造法生产铝连接管和铝鼻子。总之，在经过压接之后，无论连接管或铝鼻子，

都不得有明显裂纹。

铝是一种化学性质极其活泼的金属。它的表面很容易生成一层氧化铝膜（Al_2O_3），而这层氧化铝膜有较高的电阻，因此，为了保证铝芯压接的可靠性，在压接前，应用钢丝刷和锉刀除去线芯表面和连接管内壁的氧化膜。

铝芯压接用模具由阳模和阴模组成，阳模具的几何形状及规格见图 2-3、表 2-6，阴模具的几何形状及规格见图 2-4、表 2-7。采用点压法压接，参照图 2-5 和表 2-8 的规定，坑间应保持 3～6mm 的净距，避免压接时相互顶松而影响压接质量。

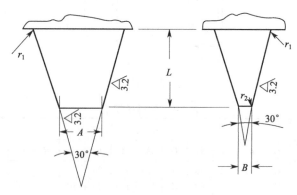

图 2-3　铝芯压接阳模工作面

表 2-6　铝芯压接用阳模规格

适用电缆截面 /mm²	主 要 尺 寸/mm				
	A	B	L	r_1	r_2
16	6	—	10±0.1	1	2
25	6	—	10±0.1	1	2
35	6	—	10±0.1	1	2
50	6	1	12±0.1	1	2
70	7	1	12±0.1	1	2
95	7	2	12±0.1	1	2
120	8	2	14±0.1	1	2
150	8	3	14±0.1	1	2
185	9	4	17±0.1	1	2
240	9	4	17±0.1	1	2

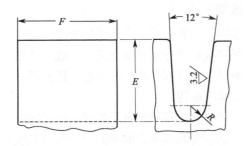

图 2-4　铝芯压接阴模工作面

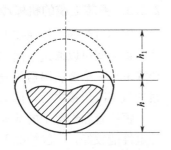

图 2-5　铝芯压接断面

h_1—压坑深度；h—剩余厚度

表 2-7　铝芯压接用阴模规格

适用电缆截面 /mm²	主要尺寸/mm				
	$2R$	E	F		
			Ⅰ	Ⅱ	Ⅲ
16	10	14.6±0.1	20	40	70
25	12	16.1±0.1	20	40	70
35	14	17.0±0.1	20	40	70
50	16	19.7±0.1	25	45	80
70	18	20.8±0.1	25	45	80
95	21	21.6±0.1	25	50	85
120	23	24.5±0.1	25	50	95
150	25	26.2±0.1	30	55	95
185	27	30.2±0.1	30	55	100
240	30	31.9±0.1	30	60	110

表 2-8　铝芯点压法压接工艺尺寸

适用电缆截面/mm²	h_1/mm	h/mm	适用电缆截面/mm²	h_1/mm	h/mm
16	5.4	4.6	95	11.4	9.6
25	5.9	6.1	120	12.5	10.5
35	7.0	7.0	150	12.8	12.2
50	8.3	7.7	185	13.7	13.3
70	9.2	8.8	240	16.1	14.9

2.2.3 铜芯电缆的机械冷压接

铜芯电缆的压接在技术性能上比铝芯压接容易满足要求。因为铜与铜之间可以通过表面的紧密接触来达到导电目的，一般不严格要求形成一个金属渗透的表面层，所以铜芯线的机械冷压接继铝芯线的机械冷压接之后，得到了推广使用。

铜接管和铜鼻子的基本要求与铝接管和铝鼻子相同。由于铜的导电性能较好，一般情况下，铜接管和铜鼻子的截面积可取为电缆导体截面的 1～1.5 倍。对于小截面电缆，考虑到机械强度和安装的要求，接管和鼻子的截面应适当放大一点。

铜接管应用冷压、冷轧或热压法制成，也可以用由这些方法生产的铜棒经车制而成。铜鼻子可用铜连接管经模具锻压制造，也可用铜棒冲压而成。铜连接管和铜鼻子制成后必须退火，并应镀锡。其表面不得有毛刺、裂纹和锐边。原材料紫铜应符合 T_1 和 T_2 号铜的技术要求。

铜连接管的形状及规格见图 2-6 及表 2-9，铜鼻子的形状及规格见图 2-7 及表 2-10。

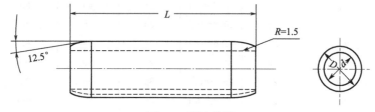

图 2-6 铜连接管

表 2-9 铜连接管规格表

适用电缆截面 /mm²	结 构 尺 寸/mm			
	d	D	L	
			I	II
16	6	9	30	52
25	7	10	32	56
35	8	11	36	64
50	10	13	40	72

适用电缆截面 /mm²	结 构 尺 寸/mm			
	d	D	L	
			I	II
70	11	15	44	78
95	13	18	48	82
120	15	20	52	90
150	17	23	54	94
185	19	25	58	100
240	21	27	60	110
300	23	30	64	120
400	26	34	66	124

注：表中 L 的尺寸有两种，I 型用于一般场合，压 2 只坑，II 型用于拉力要求较高的场合，压 4 只坑。

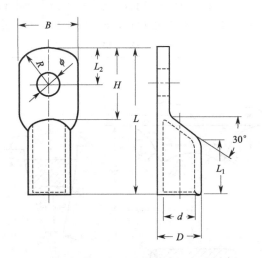

图 2-7　铜鼻子

铜芯压接用模具同样由阳模和阴模组成，阳模具的几何形状及规格见图 2-8、表 2-11，阴模具的几何形状及规格见图 2-9、表 2-12。

表 2-10   铜鼻子规格

适用电缆截面 /mm²	结 构 尺 寸/mm										
	D	d	L		L₁		L₂	H	B	φ	R
			Ⅰ	Ⅱ	Ⅰ	Ⅱ					
16	9	6	39	59	14	32	10	20	14	6.5	9
25	10	7	41	61	16	34	10	20	15	8.5	9
35	11	8	45	65	16	36	12	24	15	8.5	10
50	13	10	50	74	18	40	13	26	18	10.5	10
70	15	11	56	80	20	42	15	29	21	10.5	12
95	18	13	59	83	22	46	15	29	25	12.5	14
120	20	15	66	90	24	48	16	33	28	12.5	16
150	23	17	71	95	26	52	16	35	30	12.5	18
185	25	19	76	100	28	54	18	37	34	17	19
240	27	21	84	108	30	56	20	42	40	17	21
300	30	23	91	117	32	60	21	45	43	22	23
400	34	26	102	128	34	64	25	52	49	26	26

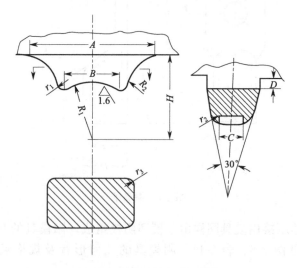

图 2-8   铜芯压接阳模工作面

表 2-11　铜芯压接用阳模规格

适用电缆截面 /mm²	结 构 尺 寸/mm									
	A	B	H	R_1	R_2	r_1	C	D	r_2	r_3
16	11	4	7	4	2	1	2	>3	1	1
25	11	4	7	4	2	1	2	>3	1	1
35	11	4	7	4	2	1	2	>3	1	1
50	14	6	10	7	3	2	3	>3	2	1
70	14	6	10	7	3	2	3	>3	2	1
95	20	9	13	9	4	2	4	>3	2	1
120	20	9	13	9	4	2	4	>3	2	1
150	26	12	16	11	6	2	6	>3	2	1
185	26	12	16	11	6	2	6	>3	2	1
240	32	14	21	15	7	2	8	>3	2	2
300	32	14	21	15	7	2	8	>3	2	2
400	40	18	26	19	8	3	9	>3	2	2

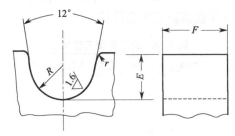

图 2-9　铜芯压接阴模工作面

表 2-12　铜芯压接用阴模规格

适用电缆截面 /mm²	结 构 尺 寸/mm				
	$2R$	E	F		r
			Ⅰ	Ⅱ	
16	9	7.5	15	36	1
25	10	8.0	15	36	1
35	11	8.5	15	36	1
50	13	9.5	15	36	2
70	15	10.5	20	44	2
95	18	13.0	20	44	2
120	20	14.0	20	52	2
150	22	16.0	25	52	2
185	25	17.5	25	58	2
240	27	20.5	25	58	3
300	30	23.0	25	66	3
400	34	26.0	25	66	3

图 2-10　铜芯压接断面
和压坑深度

h_1—压坑深度；h—剩余厚度

铜芯压接用的压接钳基本上和铝芯压接钳相同，但要求压钳产生的总压力较大。铜压接用的模具，也可用铝芯压接模具代替，要考虑同样电缆截面的铜接管外径小于铝接管外径，因此用铝芯压接模具代替铜压接用的模具时，可选用比铜芯截面小一挡的铝芯压接模具。

铜芯压接的压接深度一般控制到阳模与阴模接触为止。铜芯压接的断面和压坑深度见图 2-10 和表 2-13，压坑间应保持 3～7mm 的净距，避免压接时相互顶松而影响压接质量。

表 2-13　铜芯压接工艺尺寸

适用电缆截面/mm²	h_1/mm	h/mm	适用电缆截面/mm²	h_1/mm	h/mm
16	4.5	4.5	120	10.0	10.0
25	5.0	5.0	150	11.0	11.0
35	5.5	5.5	185	12.5	12.5
50	6.5	6.5	240	12.5	14.5
70	7.5	7.5	300	13.0	17.0
95	9.0	9.0	400	15.0	19.0

2.2.4　不同材料、不同截面电缆的连接

不同截面的铜芯电缆连接，可采用开口弱背铜接管，以锡焊法连接。

不同截面的铝芯电缆连接，采用不同截面的铝接管，以压接法连接。

不同截面的铜芯与铝芯电缆连接，为解决铜和铝接触处的腐蚀问题，铜、铝的连接以铜铝摩擦焊或铜铝闪光焊为好。但对中间头，这两种办法在材料加工或施工操作上都很不方便。因此，在制作电缆中间头时，常采用镀锡的铜压接管，可用紫铜棒制成两端具有相应不同截面的铜接管，然后镀锡，以压接

法连接。

户内头用的铜、铝鼻子，户外用的铜、铝接头（又称铜、铝接梗），一般均采用铜-铝摩擦焊的方法制成的。

2.3　绝缘

绝缘胶和绝缘带的性能优劣，对电缆头的安全运行关系极大。一个电缆头的绝缘水平和使用寿命，在很大程度上取决于绝缘胶和绝缘带的优劣。对于运行中的电缆头，若要维护或者更换绝缘胶或绝缘带，一般来说是非常困难的，因此要求绝缘胶和绝缘带有良好的物理性能（电气性能、耐热性能等）和稳定的化学性能。

2.3.1　对绝缘胶和绝缘带的要求

（1）对绝缘胶的要求

绝缘胶分硬质（如沥青）和软质（如电缆油）两种，对它们的主要性能有如下要求。

① 黏度：绝缘胶要有足够的黏度，在运行温度下，绝缘胶不应有大量流失，否则使电缆头里造成空隙而降低绝缘性能。另外，绝缘胶流入电缆内，可能促使电缆铅包过度膨胀而损坏。

② 脆化点及黏附力：硬质绝缘胶不可太脆，并应有良好的黏附力。在寒冷地带运行的电缆头更需注意这一点，以免绝缘胶开裂而使电缆头吸潮进水。

③ 收缩率：绝缘胶的收缩率不宜过大，线胀系数一般为 $0.0005 \sim 0.0007 \, ℃^{-1}$。安装电缆终端头或中间头时，必须考虑到绝缘胶热胀冷缩的特性。

④ 绝缘胶的化学稳定性要好，它对电缆头里的金具、电缆线芯和其他绝缘材料应没有（或者很少）腐蚀性。

⑤ 绝缘胶的电气性能，主要考虑交流击穿强度和介质损耗这两项。交流击穿强度是绝缘材料的一个主要电气性能指标，如果绝缘胶中含有过量的水分、气体或者杂质时，其交流击穿强度将明显

降低，这时应将绝缘胶进行适当处理之后，方可使用。对于介质损耗，主要应注意随着温度的增高，介质损失角正切值的增加不能过大，否则在运行中会导致绝缘层热状态的恶性循环，以致造成热击穿。

（2）对绝缘带的要求

绝缘带除应满足上述电气性能和化学性能要求外，还应具有一定的弹性和纵向抗拉强度，即在一定的拉力下，可以有适当伸长，而不影响绝缘性能，也称之为"伸长率"。这可使得在绝缘绕包过程中收到"紧密"、"服帖"而减少层间气隙的效果。当用半重叠法绕包"应力锥"和"反应力锥"时，为了适应直径的变化，在同一层上包带的两个边沿应有不同的长度，这就要求包带有一定的弹性。电缆纸的伸长率很小，仅 0.3％，所以用纸带绕包，不易包得"服帖"，而且容易撕裂。如果将电缆纸按电缆头绝缘设计切割为成型纸卷，并经真空干燥浸渍处理，以这种纸卷代替绝缘包带，可以在保证质量的前提下提高电缆头安装工作效率。

绝缘带应有一定的耐油、耐热性能。胶漆绝缘带应能经受除潮、浸油处理而不变质，并在运行温度下能维持漆层完整。质量较差的胶漆带，在油与热的作用下，会使胶漆层剥落而引起绝缘下降。

2.3.2 电缆头用绝缘带加工方法

安装电缆头时，用来作为手工绕包的绝缘带有黑玻璃丝带、油浸黑玻璃丝带、塑料和橡胶绝缘带等，在一些特殊场合也允许使用聚四氟乙烯带及其他橡塑绝缘带。

① 黑玻璃丝带是人造玻璃纤维布用沥青漆浸渍，烘干，经斜纹切割成带，一般宽度为 20～25mm。它具有吸潮性小，耐压强度较高，柔软性，弹性以及耐热性较好等特点。黑玻璃丝带有干的和经油浸渍处理两种。干黑玻璃丝带一般只用于绕包户内电缆终端头的引出线。油浸渍处理过的黑玻璃丝带耐压强度可提高 15％～20％，一般用于手工绕包电缆内部绝缘。

② 油浸黑玻璃丝带的制作，在处理前先将成圈的干黑玻璃丝带松散开，一段段带子用缝纫机缝合连接，把松散的带子盛在铁丝篮中，浸没在 120～130℃ 的电缆油中，浸 1～2min 后，将盛黑玻璃丝带的铁丝篮取出，等几分钟后，再将其浸入热油中，如此反复数次，直至浸入油中无泡沫泛起为止。在浸油处理过程中，反复浸没再取出的目的是避免黑玻璃丝带表面胶漆层剥落。

③ 塑料和橡胶绝缘带在电缆头安装中已得到广泛的应用。聚氯乙烯带是用厚度为 0.02～0.06mm 的聚氯乙烯薄膜经切制而成。这种带子的机械强度与伸长率都能满足电缆接头需要。缺点是耐热性能较差，长期允许温度限制为 70～80℃。在 10kV 及以下户内终端头的安装中，聚氯乙烯带已作为主要绝缘使用。

④ 聚四氟乙烯带目前应用较多，它具有优良的电气性能。用它作为中间头的绝缘包带，可使接头尺寸大为缩小。但是聚四氟乙烯薄膜当温度超过 180℃ 时将生成气态氟化物，并具有强烈毒性，吸入人体会损坏呼吸道与肺脏。因此，使用中必须严格加以管理，不得使它碰及火焰。

2.3.3　手工绕包绝缘的注意事项

手工绕包绝缘是电缆头安装中关键工序之一，它对电缆的安全运行关系很大。为保证安装质量，绕包过程中应注意下列几个问题。

① 油浸绝缘带要经除潮处理，即用加热到 120～180℃ 的电缆油，倒入置放包带的桶中，包带全部浸没，数分钟后，将油倒出，如此再重复一次。

② 电缆剥切部分，用加热到 150℃ 的电缆油（俗称"浇油"）冲洗，以便除去绝缘表面的潮气和脏污。

③ 采用半重叠法绕包，要求每层都包得紧密，并涂抹电缆油。

④ 屏蔽型和分铅（铝）包电缆，在绕包绝缘前，必须将屏蔽层（包括半导电绝缘纸）剥至剖铅口外 5mm。在绝缘带外层应绕包金属屏蔽层。金属屏蔽层一般用 0.02mm 厚的铝箔绕包，外用

两根直径为 1.22mm 的镀锡铜丝疏绕扎紧，并将镀锡铜丝在铅包两端用焊锡焊牢。

⑤ 注意环境清洁，必须防止水分和灰尘落入绝缘内。绕包绝缘时，操作者应戴乳胶手套，以免手汗沾到绝缘上。

2.3.4 应力锥的作用

在电缆终端头制作中，由于将金属护套和绝缘割断，电缆绝缘中原来均匀径向分布的电场梯度被破坏，电力线集中于外半导电层的屏蔽断口处，如图 2-11 所示，此处电场强度分布最不均匀，场强最高，最容易发生击穿事故，由于导体接续处截面加大，附加绝缘的厚度、介电常数与电缆本体绝缘不同等原因，电缆终端头和中间头内的电场分布较电缆本身发生较大的变化，这种变化主要表现在产生了沿电缆绝缘表面方向的轴向电场强度，或者叫轴向应力。

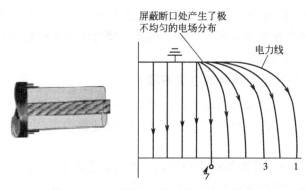

图 2-11　电缆绝缘破坏后的电力线分布

在金属护套断处及线芯接续处，轴向电场特别强，或者说轴向应力特别集中。所以恰当地改善金属护套断开处和线芯接续处的电场分布，必须在接头设计中予以足够地重视。设想将屏蔽层人为地扩大来解决，即用绝缘带与导电金属材料绕包成锥形，这就叫做"应力锥"。如图 2-12 所示。

在终端头里，应力锥主要将电缆外屏蔽端口处用半导电材料

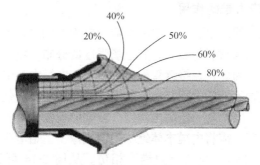

图 2-12　应力锥

进行延伸，通过改变其几何形状的方法改善电场强度分布极不均匀的情况，以达到提高介电强度降低电场强度，均匀电场的目的。

2.3.5　绕包应力锥

应力锥接地屏蔽段纵切面的轮廓线，理论上讲，应是复对数曲线，如图 2-13 所示。它取决于运行电压、电缆的结构尺寸、电缆和附加绝缘的材料特性等。

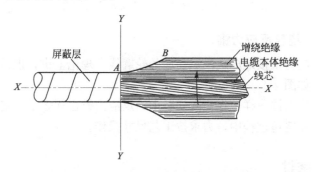

图 2-13　应力锥接地屏蔽段纵切面的轮廓线

在实际安装中，并不能满足理论的复对数曲线，所以，为了施工的方便，就必须规定一定的工艺尺寸。在绕包过程中，力求应力锥的坡度先小后大，而后接近理论曲线，不可使坡度先大后小。

2.3.6　反应力锥的作用

在中间头线芯割断处，也有个应力集中的问题。电缆中间头断面上有不同绝缘材料组成时，其电场强度的分布与绝缘材料的介电常数 ε 有关，因此，在接续管附近，由于有电缆本身绝缘和手工绕包绝缘带两种不同的绝缘材料，其电场分布不一样，使同一层绝缘上相邻两点之间产生一定的电位差，即轴向场强。为了改善这一部分的电场分布，需将电缆本体绝缘切削成像一"铅笔头"形。如图 2-14 所示，其作用与"应力锥"相仿。从图 2-14 可见，这个像"铅笔头"样锥形曲线恰好与应力锥曲线反方向，所以，称它为反应力锥。

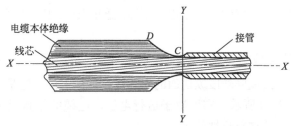

图 2-14　反应力锥接地屏蔽段纵切面的轮廓线

2.3.7　绕包反应力锥

反应力锥接地屏蔽段纵切面的轮廓线，理论上讲，也是复对数曲线，如图 2-14 所示。

和应力锥一样，在实际安装中，反应力锥也规定了一定的工艺尺寸。在绕包过程中，力求按工艺尺寸操作。

2.4　密封

电缆头必须要有可靠的密封。密封工艺的质量好坏直接关系到电缆头能否长期安全运行。对于铝包或铅包电缆，目前大都采用封铅工艺以达到密封要求。封铅，首先要求手工封好的封铅结构致密，它与电缆铅（铝）包及接头套管或尾管紧密连接，使其达到与电缆本体有相同的密封性能和机械强度。同时，在封铅过程中，又不能由于温度过高而烧坏电缆内部的纸绝缘。因此，要求封铅用的焊料熔点比较低，并且在一定温度范围以内呈糊状，即固熔体状态，以便揩搪成型。

2.4.1　封铅的材料和方法

（1）封铅的材料

铅锡合金是良好的封铅焊料，因为铅和锡的金属熔点比较低，铅为 327℃，锡为 232℃。电缆封铅用的焊料铅与锡的配比一般规定：铅 65%，锡 35%（质量比），在 183～250℃ 之间呈糊状，经验证明，该焊料适于封铅操作。因为如果含锡量减少则不容易揩搪，但如果含锡量过高，虽然揩搪容易，焊料呈糊状的温度范围缩小了，即喷灯移去后，可揩搪的时间缩短，这样也不容易操作。

（2）封铅的方法

封铅的操作方法常用的有两种。

① 触铅法：以喷灯加热封铅部位，同时熔化封铅焊条，将其粘牢于封铅部位上面，并用喷灯继续加热，同时用由牛羊油浸渍过的抹布将封铅加工成所要求的形状和大小。

② 浇铅法：将配制好的封铅焊条盛在特制的铅缸中，置于炉子上加热，使其呈液态，温度不宜过高（可用白纸插入铅缸取出而纸呈焦黄色为宜）。使用时用铁勺舀取，浇在封铅部位上。浇铅法的优点是成型速度快，黏合紧密且牢固，浇铅法只需在浇铅后用喷灯加热，以便加工成型。与触铅法相比，浇铅法使用喷灯的时间大为缩短，这样有利于避免纸绝缘烧焦，同时又减少了汽油的消耗量。

2.4.2　铝包电缆封铅的特殊要求

铝包电缆封铅不同于铅包电缆封铅。封铅焊料不能直接搪在铝包表面，必须首先在铝包表面加上一层焊接底料。常用的焊接底料以锌、锡为主要成分。锌能够与铅形成表面共晶合金，而锡能够使焊接底料熔点降低，流动性较好。因此，铝包封铅用的焊接底料常称为锌锡合金底料。在铝包表面加上一层锌锡合金底料通常有两种办法，即摩擦法与化学法。所谓"摩擦法"，是借助钢丝刷的机械摩擦除去铝包表面的氧化铝膜，并用喷灯加热，随即在铝包表面直接涂上一层锌锡合金底料，然后再用触铅法封铅。所谓"化学法"，是应用多种含锌、锡、银等金属的无机盐的反应溶剂，在温度达250℃左右时，反应溶剂分解与氧化铝发生化学反应，以除去氧化膜，而在化学反应的同时，由于反应溶剂与纯铝的反应和金属的沉淀作用，在已除去氧化铝膜的表面上，镀上一层锌锡合金镀层，接着能比较顺利地在铝包表面加上一层焊接底料，然后仍用触铅法搪铅。

铝包电缆焊接底料的种类很多。其成分含量以锡为主量（约90%），锌为次量（约10%）。铝包电缆封铅质量与工艺技术关系很大。在实际操作中要十分认真，一丝不苟。在触铅之前，如果发现有一小块铝包没有涂上焊接底料，应重新涂抹反应溶剂和焊接底料，如果铝包上有黑色斑迹，应用砂布打清。铝包电缆封铅后，应检查封铅与铝包交界处是否光滑，封焊中留存的残渣和毛刺一定要清除。由于焊接底料与铝之间存在一定电极电位差，而铝本身又是活泼金属，为了防止铝护套产生电化腐蚀，必须对铝护套加密封性良好的防水护层。防水护套一般可绕包环氧玻璃丝带或沥青塑料带。前者是现场配制环氧树脂涂料，绕包无碱玻璃丝带，绕包2~3层即可。后者需热涂沥青，以半重叠法绕包两层聚氯乙烯塑料带，再包一层自黏性橡胶带。无论采用什么方法都必须首先将铝护套表面揩干净，包好后再和接头套管一起涂包沥青桑皮纸防腐层。

2.4.3　电缆头的橡胶压装密封

电缆头的橡胶压装密封结构，在电缆终端头安装中，由于省掉了封铅工艺而施工方便，因此，虽其密封性能、耐老化性能和力学性能较封铅密封差些，但仍得到了很广泛的应用。

10kV及以下电压等级WD系列的户外电缆终端头，用橡胶压装密封代替了封铅工艺，这对于铅包电缆、皱纹钢管电缆等，显示其优越性。其他如户内尼龙电缆头、户外瓷外壳电缆头、铸铁中间头以及在 35kV 及以上的电缆终端头中，线芯出线梗（头）和底盘尾管等处，都采用了橡胶压装密封的结构。

橡胶压装密封结构质量，关键在于橡胶的性能，要求耐油性能好、永久变形小、橡胶的几何尺寸符合设计要求。进线套橡胶密封圈的内径要随电缆铅（铝）包的外径大小而选用，其内径不得大于铅（铝）包外径 3mm。

用于电缆终端头的压装橡胶，有平橡胶、成型橡胶和螺旋状橡胶三种。

2.4.4　塑料电缆的密封

塑料绝缘本身具有一定的耐水性能，但在线芯及绝缘外部同时存在水分时，将加速绝缘的老化。尤其线芯中存在水分时影响更大，因此塑料电缆头也应做密封，防止进水。进水一方面加速绝缘老化，另一方面有可能直接形成电通路引起放电。

密封方法一般采用黏结法和热收缩法。黏结法一般采用自黏性橡胶带，半重叠绕包法，外再包塑料带作为保护层，或用塑料带半重叠法边包绕边涂刷黏合剂（如过氯乙烯胶水），使包绕的塑料黏合成一整体起到密封作用。热收缩法是近几年发展的用于中、低压橡塑电缆中间头和终端头，采用热收缩管起到绝缘及密封作用，也可适用于不滴流或黏性浸渍纸绝缘电缆。

热收缩管是一种遇热后能均匀收缩的热缩管。管的材料有交联聚乙烯型和硅橡胶型两大类，它是在外力作用下扩张成型后强制冷却而成的，因此当再次加热到 130℃ 左右时，又会力图恢复到原来尺寸，因而被称为具有"弹性记忆效应"。热收缩法就是将这种管材套于预定的黏合密封部位，并在黏合部位的两端涂上热熔胶，当加到上述温度后，热收缩管即收缩，热熔胶同时也熔化，待自然冷却后即形成一道良好的密封层。热熔胶在此起填充和黏结两个作用。

2.5　接头专用机具

2.5.1　导体压接机具

（1）压接机具的种类

用来实现导体连接的专用机具称为导体压接机具。其功能是，应用杠杆或液压原理，施加一定的机械压力于压接模具，使电缆导体和导电金具在连接部位产生塑性变形，在界面上构成导电通路，并具有足够机械强度。导体压接机具通称为压接钳，压接钳的种类很多。在电缆施工中，对压接钳的要求是，首先应有足够的出力，以满足导体压接面宽度所必需的压力；第二，要求小型轻巧，容易携带，操作维修方便；第三，要求模具齐全，一钳多用。根据导体连接的不同需要，压接钳有三种类型：机械压接钳、油压钳和电动油压钳。

① 机械压接钳。机械压接钳是利用杠杆原理的导体压接机具。机械压接钳操作方便，压力传递稳定可靠，适用于小截面的导体压接。图 2-15 是两种机械压接钳的外形图。其中，图 2-15（a）的特点是通过操作手柄，直接在钳头形成机械压力；图 2-15（b）的特点是操作手柄要通过螺杆传动，也是应用杠杆原理，在钳头形成机械压力。

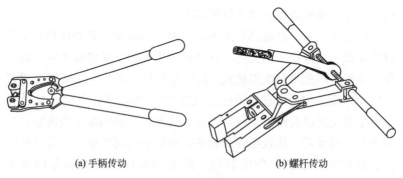

(a) 手柄传动　　　　　　　　　　(b) 螺杆传动

图 2-15　机械压接钳

② 油压钳。油压钳是利用液压原理的导体压接机具。常用油压钳有手动油压钳和脚踏式油压钳两种。图 2-16 是这两种油压钳的外形图。

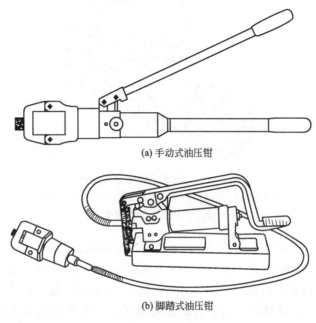

(a) 手动式油压钳

(b) 脚踏式油压钳

图 2-16　油压钳

油压钳中装有活塞自动返回装置，即在活塞内有压力弹簧。在压接过程中，压力弹簧受压。当压接完毕，打开回油阀门，压力弹簧迫使活塞返回，而油缸中的油经回油阀回到贮油器中。

手动油压钳比较轻巧，使用方便，适用于中、小截面的导体压接。脚踏式油压钳钳头和泵体分离，以高压耐油橡胶管或紫铜管连接来传递油压，这种压接钳的钳头可灵活转动，出力较大，适用于较大截面的导体压接。

③ 电动油压钳。电动油压钳包括充电式手提油压钳和分离式电动油压钳，图 2-17 是充电式手提油压钳的外形图。

充电式手提电动油压钳具有重量轻、使用方便的优点，但是价

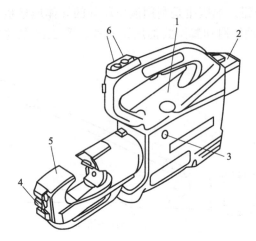

图 2-17 充电式手提电动油压钳

1—钳身；2—电池；3—压模合拢指示；4—模具定位销；

5—转动式钳头；6—进退开关

格较贵。分离式电动油压钳，通过高压耐油橡胶管将压力传递到与泵体相分离的钳头，适用于高压大截面电缆的导体压接。这种压接钳出力较大，有 60t、100t、125t、200t 等系列产品，其模具一般用围压模，形状有六角形、圆形和椭圆形。图 2-18 是分离式电动油压钳的外形图。

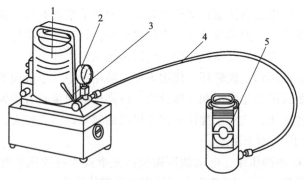

图 2-18 分离式电动油压钳

1—电动泵体；2—压力表；3—操作手柄；4—高压耐油橡胶管；5—钳头

（2）压接机具使用注意事项

① 压接钳的选用。在电缆施工中，可根据导体截面大小、工艺要求，并考虑应用环境，参考表 2-14 压接钳分类表，选用适当的压接钳。

表 2-14　导体压接钳分类表

类　　型		出力/t	适用导体截面/mm²
机械压接钳		12	16～70
油压钳	手动式	7～8	70～150
	脚踏式	16～36	95～400
电动油压钳	充电式	5.5～12	70～400
	分离式	36～200	300～2500

② 油压钳的操作通常应注意以下几点。使用前必须了解压接钳的适用范围、结构和操作步骤。在使用中，如发生故障，一般可按以下次序检查处理：首先检查回油阀、进油阀和出油阀，这 3 个阀开、闭要正确，尤其是该关闭时，必须关紧；其次检查贮油室，贮油室中应有足够的油量，油量不足时应予添加；最后检查填料密封件，如松弛漏气，当旋紧螺母尚不能消除时，应予更换。当有自行不能消除的缺陷时，应送制造厂商维修点检查修理。

③ 压接模具。一把压接钳配有一套模具，应根据电缆导体种类铜或铝、导体的截面和工艺要求，选用适当的压接模具。压接模具有点压和围压两种。

点压工艺：使电缆导体和导电金具的连接部位产生较大塑性变形，压接后金具外形的变形也较大。因此，点压能使金具和导体得到良好的接触，构成良好的导电通路。但是，其连接机械强度比较差。围压工艺：导体外层塑性变形大，内层变形较小，导体和金具总体变形较小，轴向延伸明显。因此，导体跟金属的接触和点压相比要差些，但连接机械强度比较好。同时，围压的外形圆整性较好，有利于均匀电场。根据点压和围压的特点，通常推荐按下列原则选用压接模具：

a. 导体截面在 240mm^2 及以下的接头或终端，采用点压；大于 240mm^2 的采用围压。

b. 35kV、400mm^2 交联聚乙烯电缆接头，采用围压，有利于电场均匀。

c. 高压电缆接头，采用围压。并压两道，第一道用六角模具压接，第二道用圆形模具压接。

d. 凡应用预制件的接头，应采用围压。

2.5.2 剥切塑料电缆护套、绝缘和外屏蔽层的专用工具

制作塑料电缆接头或终端，当切除塑料护套时，不能损伤护套内的屏蔽层、绝缘层；当切削绝缘层或削制反应力锥时，不能损伤电缆导体。以上切削操作，需使用一些专用工具。

（1）剖塑刀

剥切电缆塑料外护套，除用一般刀具剥切外，还可用简单专用工具，即剖塑刀。剖塑刀外形如图 2-19 所示。刀的下端有一底托，使用时，将底托压在护套内，用力拉手柄，以刀刃切割塑料外护套。

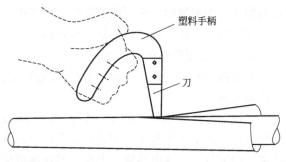

图 2-19　剖塑刀

（2）切削刀

切削刀是用来切削交联聚乙烯电缆绝缘和不可剥离的半导体层的专用工具。其外形如图 2-20 和图 2-21 所示。

在切削电缆绝缘时，应根据电缆导体截面和绝缘厚度，调节刀

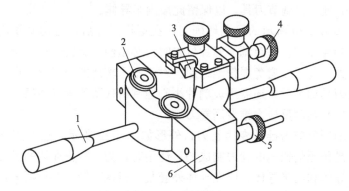

图 2-20　可调切削刀

1—手柄；2—轴承；3—刀片；4—刀片调节钮；5—绝缘直径调节钮；6—本体

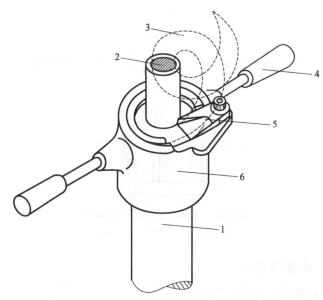

图 2-21　不可调切削刀

1—电缆；2—导体；3—绝缘；4—手柄；5—刀片；6—本体

片位置，使刀片旋转直径略大于电缆导体外径，以避免损伤导体。
切削过程中，绝缘层和内半导体层同时被切削，直至距切削末端

10mm 处，再调节刀具，以保留此段内半导体。

如图 2-20 所示的可调切削刀，在更换刀片后，可用来切削电缆外半导体层。注意调节刀片位置时，必须使其旋转直径比绝缘外径略大一些，以避免损伤绝缘层。对于不可剥离的外半导体层，在使用刀具切削后，还需用玻璃片小心地刮清残留的半导体层。

（3）削制反应力锥专用卷刀

削制反应力锥的专用卷刀，外形如图 2-22 所示。这种工具实际上是仿照削铅笔的卷刀制成的。使用时，为了防止在切削过程中损伤导体和内半导体，应在导体外套装一根钢套管，并根据电缆截面积和绝缘厚度，调节好刀片的位置，然后以螺钉固定之。反应力锥切削好后，再用玻璃片修整，并用细砂纸对其表面进行打光处理。

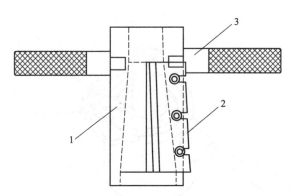

图 2-22　削制反应力锥专用卷刀
1—螺钉；2—刀片；3—手柄

2.5.3　电缆矫直机

（1）电缆矫直机的使用

电缆矫直机是机械性地将电缆弧形改变成平直状况的一种液压机具，其外形如图 2-23 所示。

在安装高压大截面电缆的过程中，需要将电缆端部原呈弧形状的一段改变成平直状，而有时候又需要将一段原呈平直状的电缆，

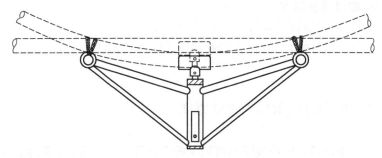

图 2-23　电缆矫直机示意图

局部改变成弧形状。要完成电缆弧形变为平直状况，单凭人力是不行的，需要借助机械的力量。矫直机是一种液压机具，它有 4 个或者 3 个支点，将边上两个支点固定在电缆上，当中间两个或者一个支点，通过液压给予电缆一个向内推力时，电缆可从弯曲状改变成平直状；反之，将边上两个支点反向固定，当中间两个或一个支点通过液压给予电缆一个向外推力时，电缆可从平直状改变成弧形状。所以矫直机不仅能"矫直"而且也能"矫弯"。

（2）高压交联聚乙烯电缆的加热矫直

高压交联聚乙烯电缆在制作接头和终端时，除应用机械矫直外，还必须对电缆端部进行加热矫直。加热矫直有以下两个作用。

① 利用加热来加速交联聚乙烯沿导体轴向的"绝缘回缩"，使其在制造过程中存留在材料内部的热应力得到释放，从而减少安装后在接头处产生气隙的可能性。

② 消除电缆由于装在电缆盘上形成的自然弯曲的影响。电缆在制造过程中，从热状态经过冷却，而后上盘存放，使电缆呈圆弧形状。在制作接头和终端时，必须使端部电缆平直，用加热矫直，使电缆经过数小时加热，而后被夹在金属"哈夫管"（两个半爿合成的钢管）中缓慢冷却，可使电缆端部保持平直，不会产生"反弹"。

加热矫直的工艺方法如下：

① 绕包加热带、安装热电耦、接入温度控制箱，通电加热；

② 加热温度控制在 80～90℃，温度控制箱必须有专人监视，

不得超过控制温度；

③ 终端加热时间为 3h，接头为 6h；

④ 应用两个半爿合成的钢管绑扎固定，加热完毕后，自然冷却至室温。

2.6　电力电缆附件的设计原理

电缆附件是电缆线路不可缺少的组成部分。电缆只有配置终端才能与其他输变电设备（如架空线、变压器等）相连接。对于较长的电缆线路，要通过连接盒将各段电缆连接。充油电缆还需用塞止连接盒及保持油压的压力箱等。高压电缆线路的护层又须有接地保护器。

电缆作为传输线输送电能，总归要有终端。电缆通过终端接头盒与变压器、架空线相连接。电缆的使用长度也受到制造的限制。对较长线路，须将两段或多段电缆连接起来，这就需要连接盒。对高压线路，为了减少金属护套（金属屏蔽层）的感应电动势，需用绝缘外套连接接头盒实行护套的换位连接。对充油电缆，为了便于运行和维护，供油系统要分段隔开，需采用阻止式连接接头盒。我们把接头盒、连接盒统称"附件"。在电力运行中，约 60％ 的故障来自附件。为此，掌握其设计原理，以正确地进行设计和生产，对电力系统的安全运行，是至关重要的。

2.6.1　电力电缆附件

（1）终端

① 低压电缆终端。油浸纸绝缘电缆的终端常由下列部分组成。

a. 容纳增强绝缘复合物的壳体（铸铁、陶瓷或其他）。

b. 为增强绝缘表面滑闪放电强度的瓷套。

c. 出线端子。

d. 组装用的密封件、支撑装置、浇灌剂等。

10kV 及以下橡胶、塑料电缆的终端一般为干式结构。由聚氯乙烯套式分支盒、雨罩、出线端子和增绕带组成。有时也可采用油浸纸绝缘电缆的终端盒，但应采用橡胶卡装或环氧树脂胶等密封结构。20～35kV 橡胶、塑料电缆的终端一般用 512 型终端。

② 高压充油电缆终端。高压充油电缆的终端一般由下列部分组成。

a. 内绝缘，有增绕式和电容式两种。

b. 外绝缘，一般用瓷套管。

c. 密封结构。

d. 出线杆。出线杆与电缆导线的连接有卡装和压接两种。

e. 屏蔽罩。

钢管充油打开终端的绝缘结构一般与自容式充油电缆相同。但钢管充油电缆终端一般为半塞止式，即钢管中的油与终端盒的油不直接相通，而经过一旁路管道。在电缆终端处，钢管与分支钢管连接，各相电缆线芯分别通过分支钢管接到终端。

③ 终端分类。

a. 10kV 塑料、橡胶电缆终端。

b. 35kV 及以下各种形式黏性浸渍电缆终端。

c. 110～220kV 自容式充油电缆增绕式终端。

d. 330kV 自容式充油电缆电容式终端。

e. 110～220kV 全封闭式电站用终端。

f. 110～330kV 象鼻式终端。

（2）连接盒

① 低压电缆连接盒。

② 高压充油电缆连接盒。

③ 连接盒的分类。橡塑电缆连接盒的结构尺寸已趋统一。35kV 及以下各种形式的油浸纸绝缘电缆连接盒的结构尺寸已趋标准化。

a. 10kV 塑料、橡胶电缆连接盒。

b. 35kV 及以下各种形式的油浸纸绝缘电缆连接盒。

c. 110～220kV 自容式充油电缆普通连接盒。

d. 110～220kV 自容式充油电缆绝缘连接盒。

e. 110～220kV 自容式充油电缆塞止连接盒。

f. 220kV 双室式塞止连接盒。

（3）压力箱及护层接地保护器等其他电缆附件

① 压力箱。压力箱主要用于自容式充油电缆线路，主要由一组弹性元件组成。在弹性元件内充有一定的气体，置于一密封的盛油箱内，箱中的油与电缆油道中的油相接通。当电缆温度升高时。电缆内的油因体积膨胀，压力升高，流至压力箱中，弹性元件被压缩。当电缆温度下降时，电缆内的油体积收缩。压力减小，弹性元件膨胀，将压力箱中的油压送到电缆中去。根据电缆的工作压力范围，压力箱分为低油压、中油压、高油压三种。

② 护层接地保护器。高压电缆线路往往采用金属护套一端接地或各相的金属护套交叉换位互联接地，以减小金属护套损耗，提高电缆传输容量。在这种情况下，当电缆受到过电压时，金属护套中会产生感应过电压，并可能引起外护层击穿损坏。因此，需在金属护套不接地端装置护套接地保护器，限制护层过电压值，以防止外护层击穿损坏。

对护层接地保护器的要求如下。

a. 应具有耐压 10kV（波形 8/20μs），共 10 次的能力（称为通流能力）。

b. 在冲击电流 10kA 下残压（U_{10kV}）要尽量低。

c. 工频 2s 耐压值 $U_{工频2}$（有效值）应大于实际的工频过电压值。由此可见 $U_{10kV}/U_{工频2}$（称残工比）越小，则保护器的性能越好。

目前较广泛采用的是碳化硅阀片保护器，残工比为 4.5～5，其尺寸有 $\phi 120mm \times 15mm$ 及 $\phi 120mm \times 20mm$ 两种。

另一种是氧化锌压敏电阻保护器，性能比碳化硅阀片好，残压比为 2.52～2.82，其尺寸为 $\phi 80mm \times 5mm$、$\phi 80mm \times 6mm$、$\phi 120mm \times 4.5mm$、$\phi 120mm \times 6mm$。

2.6.2　电力电缆附件的结构设计

（1）连接盒结构设计

① 普通连接盒和绝缘连接盒的内绝缘设计。连接盒的内绝缘

设计主要设计参数为增绕绝缘，应力锥及绝缘长度的尺寸。

a. 增绕绝缘外径。增绕绝缘外径由导线连接管的最大场强决定。连接盒的设计电压与终端相同，终端的设计电压为 1.1 倍的工频干闪试验电压。额定电压为 35kV、110kV、220kV、330kV 时的相应设计电压分别为 120kV、325kV、605kV 和 750kV。

b. 应力锥。

c. 反应力锥。

d. 内绝缘长度。

② 塞止连接盒的内绝缘设计。塞止连接盒有素子式及双室式两种，其设计要点如下。

a. 素子式塞止连接盒。素子式塞止盒的内绝缘设计与普通连接盒相同。由于不存在切向连续油道，设计时可以取与普通连接盒相同的切向场强值。

b. 双室式塞止连接盒。双室式塞止盒的径向厚度按外电极上的场强与普通连接盒一样进行设计，其应力锥设计与普通连接盒相同，但从导线连接管至应力锥的环氧树脂套管表面，存在连续的油道，此部分绝缘部分采用比普通连接盒要求较低的切向场强值。

(2) 终端结构设计

① 户外式终端的内、外绝缘设计。

a. 增绕式终端的内绝缘设计。增绕绝缘的厚度及应力锥计算与连接盒相同。径向最大场强及切向场强可取与连接盒中相同的推荐数值。一般接地屏蔽环中心高于瓷套屏蔽罩的距离，约为瓷套放电长度的 10%～15%。

b. 电容锥式终端的内绝缘设计。电容锥式终端一般按各级板之间厚度相同，改变极板长度进行设计，使各极板间电压相等，以确定其电容量。

各极板之间的绝缘厚度一般取 1～1.5mm。由于内绝缘位置对瓷套表面电场分布有很大影响，瓷套沿面放电电压与内绝缘对瓷套的相对位置有很大的关系。在正极性冲击电压情况下，电容锥愈往下，瓷套沿面放电电压愈高。在负极性冲击电压情况下则相反。在工频电压情况下，与正极性冲击电压有相同的倾向，因此电容锥接地电容极板顶端与瓷套下接地屏蔽罩的距离一般取瓷套有效放电距离的 5%～10%，这样的内外绝缘配合关系，有较高的正负极性冲击闪络电压和工频干闪电压值。

　　c. 电容饼式终端内绝缘设计。电容饼式终端结构是在电缆终端上套上 n 个电容饼，电容饼串联后，一端与电缆电线相连，另一端与增绕绝缘接地应力锥相连。一般电容饼元件高度均相等，在电容饼终端实际设计中，为减少设计工作量，一般将 n 个电容饼分成几组，每组中的电容饼电容相同，各组电容饼串联，然后计算终端电位线的分布，再校核电位线分布是否均匀，若均匀性较差，则需要对电容饼的电容进行调整。

　　电容饼极板尺寸，可根据电容饼结构计算。极板间的绝缘厚度，根据绝缘材料的耐电压强度和游离放电试验曲线，选取兼顾游离场强和耐电压强度高的厚度值。

　　消除电容饼元件的电感是很重要的，因为如有电感存在，将会影响电场分布而降低均匀电场的作用。在设计电容饼元件时，要以防止极板间边缘放电。

　　d. 终端瓷套长度的设计。瓷套放电长度为瓷套上、下层屏蔽罩之间的距离。在海拔高于 1000m 以上时，海拔每增加 300m，瓷套长度应增加 3%。瓷套内径由独立终端内绝缘最大外径确定，壁厚由其机械强度和承受压力确定。内压力超过 6 个大气压时，瓷套应采用高强度瓷，否则应采用双室式终端结构。

　　② 封闭式终端内绝缘设计。

　　a. 象鼻式终端。内绝缘设计计算基本与户外式终端相同，但需考虑对周围接地外壳间杂散电容的影响。径向场强和切向场强值的选取与户外式终端相同。

　　设计环氧树脂套管外绝缘，须考虑上部屏蔽的大油隙的击穿强度，其表面场强对工频电压和冲击电压，分别取 2.5～3kV/mm 及 9～10kV/mm。

　　b. 全封闭电站用终端。全封闭站用终端的内绝缘设计与象鼻式终端相同。

　　环氧树脂套管外绝缘等级，由于气体的冲击强度比油浸纸小得多，因此由冲击强度决定设计。其工作场强随压力而异，一般在 $0.25 \sim 0.3 \mathrm{MPa}$ 压力下。对于击穿值取 $9.5 \sim 11 \mathrm{kV/mm}$（指 SF_6 中高压对接地的最大场强），而沿面放电场强取 $15 \sim 17 \mathrm{kV/mm}$。其连接部分，特别是屏蔽金具的形状、表面光滑度必须充分予以注意。

第3章　电缆终端头和中间头的制作、安装

3.1　电缆终端头和中间头制作的一般工艺

以 10(6)kV 交联聚乙烯绝缘电缆户内、户外热缩，冷缩终端头和中间头制作的工艺要求和施工步骤为例，说明一般工业与民用不同电压等级电缆中间头及终端头制作及安装工程的一般步骤和工艺要求。施工中厂家有操作工艺可按厂家操作工艺进行。无厂家工艺说明时，可参考以下制作程序进行。油浸电缆中间头及终端头制作工艺在后面章节有详细介绍，本节不做描述。

3.1.1　电缆终端头和中间接头制作的常见工具和材料

电缆终端和中间接头种类很多，施工方法各异，使用的工具、器材不尽相同，本章只就通用工具、器材进行介绍。

(1) 常用工器具

电缆工程中无论制作终端或制作中间接头，常用的工器具有压接模具、压接钳。

① 压接模具。电缆导体与接线端子连接时，有的采用压接方法。压接方式有局部压接和整体围压两种。由于电缆导体材料有铝芯和铜芯之分，因而压接模具也不同。

a. 铝芯局部压接模具。图 3-1 所示为电缆铝芯局部压接阳模，其结构尺寸见表 3-1。图 3-2 所示为电缆铝芯局部压接阴模，其结构尺寸见表 3-2。

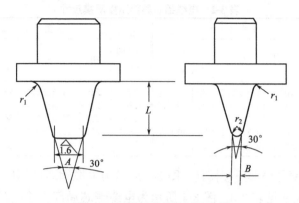

图 3-1　电缆铝芯局部压接阳模

表 3-1　电缆铝芯局部压接阳模尺寸

适用电缆截面 /mm²	主要尺寸/mm					适用电缆截面 /mm²	主要尺寸/mm				
	A	B	L	r_1	r_2		A	B	L	r_1	r_2
16	6		10±0.1	1	2	95	7	2	12±0.1	1	2
25	6		10±0.1	1	2	120	8	2	14±0.1	1	2
35	6		10±0.1	1	2	150	8	3	14±0.1	1	2
50	6	1	12±0.1	1	2	185	9	4	17±0.1	1	2
70	7	1	12±0.1	1	2	240	9	4	17±0.1	1	2

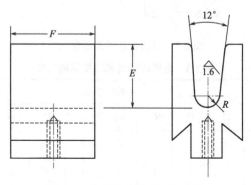

图 3-2　电缆铝芯局部压接阴模

表 3-2　电缆铝芯局部压接阴模尺寸

适用电缆截面/mm²	主要尺寸/mm					适用电缆截面/mm²	主要尺寸/mm				
	2R	E	F				2R	E	F		
			Ⅰ	Ⅱ	Ⅲ				Ⅰ	Ⅱ	Ⅲ
16	10	14.6±0.1	20	40	70	95	21	21.6±0.1	25	50	85
25	12	16.1±0.1	20	40	70	120	23	24.5±0.1	25	50	95
35	14	17.0±0.1	20	40	70	150	25	26.2±0.1	30	55	95
50	16	19.7±0.1	25	40	80	185	27	30.2±0.1	30	55	100
70	18	20.8±0.1	25	40	80	240	31	31.9±0.1	30	60	110

　　b. 铜芯局部压接模具。图 3-3 所示为电缆铜芯局部压接阳模，其结构尺寸见表 3-3。图 3-4 所示为电缆铜芯局部压接阴模，其结构尺寸见表 3-4。

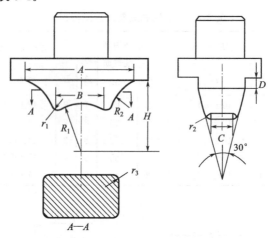

图 3-3　电缆铜芯局部压接阳模

表 3-3　电缆铜芯局部压接阳模尺寸

适用电缆截面/mm²	主要尺寸/mm									
	A	B	H	R_1	R_2	r_1	C	D	r_2	r_3
16	11	4	7	4	2	1	2	>3	1	1
25	11	4	7	4	2	1	2	>3	1	1
35	11	4	7	4	2	1	2	>3	1	1
50	14	6	10	7	3	2	3	>3	2	1

续表

适用电缆截面/mm²	主要尺寸/mm									
	A	B	H	R_1	R_2	r_1	C	D	r_2	r_3
70	14	6	10	7	3	2	3	>3	2	1
95	20	9	13	9	4	2	4	>3	2	1
120	20	9	13	9	4	2	4	>3	2	1
150	26	12	16	11	6	2	6	>3	2	1
185	26	12	16	11	6	2	6	>3	2	1
240	32	14	21	15	7	2	8	>3	2	2
300	32	14	21	15	7	2	8	>3	2	2
400	40	18	26	19	8	3	9	>3	2	2

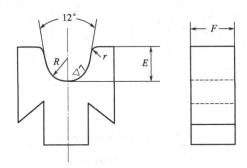

图 3-4　电缆铜芯局部压接阴模

表 3-4　电缆铜芯局部压接阴模尺寸

适用电缆截面/mm²	主要尺寸/mm					适用电缆截面/mm²	主要尺寸/mm				
	2R	E	F		r		2R	E	F		r
			Ⅰ	Ⅱ					Ⅰ	Ⅱ	
16	9	7.5	15	36	1	120	20	14.0	20	52	2
25	10	8.0	15	36	1	150	22	16.0	25	52	2
35	11	8.5	15	36	1	185	25	17.5	25	58	2
50	13	9.5	15	36	2	240	27	20 5	25	58	3
70	15	10.5	20	44	2	300	30	23.0	25	66	3
95	18	13.0	20	44	2	400	34	26.0	25	66	3

c. 整体围压模具。图 3-5 所示为整体围压用的压模，其结构尺寸见表 3-5。

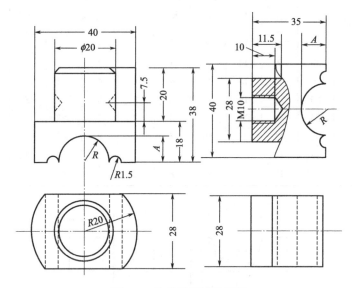

图 3-5 整体围压用的压模

表 3-5 整体围压用的压模尺寸

主要尺寸	导体截面/mm²					
	16	25	35	50	70	95
R	4.5	5.0	6.4	7.3	8.2	9.5
A	4.2	4.5	5.9	6.5	7.4	8.7

② 压接钳。压接钳种类很多，有手动的、脚踏的、机械的、油压的、局部压接的、整体围压的，也有通用局部压接和整体围压的（配有不同模具）。电缆施工中应尽量选用轻便的。

a. QYS-12 型导体油压压接钳。QYS-12 型导体压接钳使用点压模具，具有重量轻、压力大、操作简便、不受方向限制等特点，图 3-6 所示为其外形及结构，主要参数如下。

最大工作力：12t。

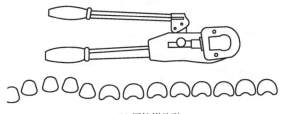

(a) 压接钳外形

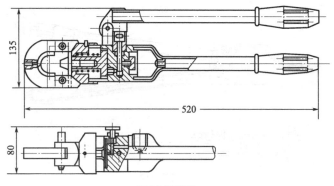

(b) 压接钳结构

图 3-6　QYS-12 型导体压接钳

压接铝或铜导体截面：$16 \sim 240 \mathrm{mm}^2$。

活塞工作压力：$60 \mathrm{MPa}$。

净重（不包括模具）：不大于 $4 \mathrm{kg}$。

手动油压压接钳除了上面介绍的 QYS-12 型外，还有 QYS-18 型和 QYS-300-1 型。QYS-18 型油压压接钳使用点压模具，用于截面为 $16 \sim 240 \mathrm{mm}^2$ 的铝或铜导体压接。QYS-300-1 型油压压接钳使用围压模具，用于截面在 $300 \mathrm{mm}^2$ 以内的铝或铜导体压接。

b. QYS-18 型机械压接钳。QYS-18 型导体压接钳使用整体围压模具，压力传递稳定可靠，压力大，操作简便，只有在压坑深度达到规定的数值时压模才能复位，所以压接质量可靠。图 3-7 所示为其外形及结构，主要参数如下。

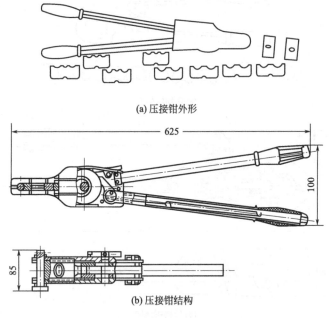

(a) 压接钳外形

625

100

85

(b) 压接钳结构

图 3-7　QYS-18 型机械压接钳

最大工作力：18t。

压接铝或铜导体截面：$16\sim240\text{mm}^2$。

净重（不包括模具）：3.8kg。

手动机械压接钳除了上面介绍的 QYS-18 型以外，还有 QYS-24 型和 QYS-150 型。QYS-24 型机械压接钳使用围压模具，用于截面为 $16\sim240\text{mm}^2$ 的铝或铜导体压接。QYS-150 型机械压接钳使用围压模具，用于截面在 $16\sim150\text{mm}^2$ 以内的铝或铜导体压接。

（2）专用工具

① 剖塑刀。剖塑刀用以切割聚氯乙烯护套，使用方便、安全，制作简单，刀的下端有一脚形托，扣在护套上用力拉，即可切割塑料护套。剖塑刀如图 3-8 所示。

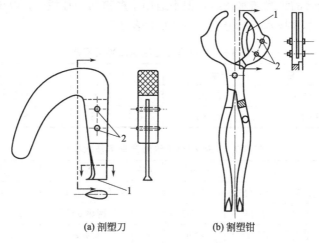

(a) 剖塑刀   (b) 割塑钳

图 3-8 剖塑刀和割塑钳

1—刀片；2—固定刀片的螺栓

② 割塑钳。图 3-8(b) 所示为割塑钳，用以割断交联聚乙烯绝缘，使用方便，利用钳口上的螺栓可以调节刀片位置，防止误伤导体。

③ 削塑刀。LTD35-60 型削塑刀，用于中低压交联聚乙烯绝缘电缆切削主绝缘层，适用于外径为 35～60mm 的电缆。

④ 半导电层削切刀。LBD35-60 型半导电层削切刀，用于中低压交联聚乙烯绝缘电缆切削绝缘外半导电层。用该刀操作不易损伤绝缘，适用于外径为 35～60mm 的电缆。

(3) 通用安装材料

① 包绕绝缘材料。电缆终端和中间接头制作，都要包绕附加绝缘、屏蔽层、密封层和护层，需要使用各种绝缘包带、屏蔽包带、护层包带等。现将常用绝缘带的种类及其性能分述如下。

a. J-50 型高压绝缘自黏带。J-50 型高压绝缘自黏带有两种规格，适用于导体连续运行温度不超过 90℃，运行电压不超过 110kV 的挤包绝缘电缆的终端和中间接头的增绕绝缘，也适用于其他场合的绝缘防水密封，但不适用于严重污染环境。J-50 的产品规格及主要技术指标分别见表 3-6 和表 3-7。

表 3-6　J-50 型高压绝缘自黏带规格

规　　格	宽度/mm	厚度/mm	长度/mm
J-50-1	25±2	0.6±0.08	＞5000
J-50-2	25±5	0.75±0.08	＞5000

表 3-7　J-50 型高压绝缘自黏带技术指标

序号	项目	指标	序号	项目	指标
1	抗拉强度/×10^{-2}MPa	≥170	6	介质常数(ε)	≤4.0
2	拉断伸长率/%	≥700	7	耐热变形	无变形、不开裂
3	介电强度/(kV/mm)	≥30	8	耐臭氧	通过
4	体积电阻系数/Ω·cm	≥10^{15}	9	自黏性	不松脱
5	介质损失角正切(tanδ)	≤0.02	10	耐紫外线照射	无裂纹

b. ZRJ-20 型阻燃自黏带。ZRJ-20 型阻燃自黏带适用于导体连续运行温度不超过 70℃ 的 10kV 及以下的挤包绝缘电缆的终端和中间接头，有阻燃性能，规格与 J-50 型相同，力学性能略低于 J-50 型。

c. 自黏性应力控制带。自黏性应力控制带厚度 0.8mm，宽度 25mm，适用于导体连续运行温度不超过 90℃ 的 35kV 及以下电压等级的挤包绝缘电缆终端中的应力控制结构，其技术性能见表 3-8。

表 3-8　自黏性应力控制带技术性能

序号	项目	指标	序号	项目	指标
1	抗拉强度/×10^{-2}MPa	≥100	5	老化后抗拉强度/×10^{-2}MPa	≥100
2	拉断伸长率/%	≥400	6	老化后拉断伸长率/%	≥300
3	介质常数(ε)	≥15	7	自黏性	不松脱
4	体积电阻系数/Ω·cm	≥10^8	8	耐热变形	无变形、不开裂

　　d. J 基自黏性橡胶带。J 基自黏性橡胶带是一种具有良好耐水、耐酸、耐碱特性的包绕材料：有四种规格：J-10 型适用于 1kV 及以下，正常工作温度不超过 75℃ 的一般增绕绝缘和密封防水；J-20 型适用于正常工作温度不超过 75℃、3～10kV 挤包绝缘电缆的终端和中间接头的绝缘保护；J-21 型适用于 10kV 及以下的交联聚乙烯绝缘电缆中间接头的绝缘保护；J-30 型适用于 35kV 交联聚乙烯绝缘电缆终端和中间接头中作包绕绝缘用。

　　自黏性橡胶带在拉伸包绕后经过一定时间，自行黏结成紧密的整体，但在空气中容易龟裂，因此绕包外面需覆盖两层黑色聚氯乙烯带。J 基自黏性橡胶带有四种规格，见表 3-9，其技术指标见表 3-10。

表 3-9　J 基自黏性橡胶带规格

编号	厚度 /mm	宽度 /mm	长度 /mm	编号	厚度 /mm	宽度 /mm	长度 /mm
1	0.7±0.08	20±1	5000	3	0.7±0.08	30±1	5000
2	0.7±0.08	25±1	5000	4	1.0±0.1	30±1	5000

表 3-10　J 基自黏性橡胶带技术指标

序号	项　目	指　标
1	抗拉强度/$\times 10^{-2}$MPa	≥100
2	伸长率/%	≥400
3	介质损失	≤0.02
4	击穿电压/(kV/mm)	≥20
5	体积电阻(20℃)/$\Omega \cdot cm$	≥10^{15}
6	热老化性能(120℃×7 天)	K_1≥0.7;K_2≥0.7
7	自黏性	不松脱
8	耐热变形	无裂纹

　　e. 聚氯乙烯胶黏带。聚氯乙烯胶黏带厚度 0.12mm，宽度 10mm、25mm，用于 10kV 及以下电压等级的电缆终端一般密封。

f. 半导电乙丙自黏带。半导电乙丙自黏带厚度 0.6mm，宽度 25mm，适用于导体连续运行温度不超过 90℃ 的 110kV 及以下的挤包绝缘电缆终端和中间接头的半导电屏蔽结构，其技术性能见表 3-11。

表 3-11　半导电乙丙自黏带技术性能

序号	项　目	指　标
1	抗拉强度/$\times 10^{-2}$MPa	$\geqslant 100$
2	拉断伸长率/%	$\geqslant 500$
3	体积电阻系数/$\Omega \cdot cm$	$10^{14} \sim 10^{15}$
4	热老化后体积电阻系数/$\Omega \cdot cm$	$10^{14} \sim 10^{15}$
5	耐热变形	不变形、无裂纹
6	耐紫外线照射	无裂纹
7	自黏性	不松脱

g. 双面半导电丁基胶布带。双面半导电丁基胶布带厚度 0.25mm，宽度 30mm，适用于 10kV 及以下电缆中间接头的内外屏蔽。

h. 黑聚氯乙烯带。黑聚氯乙烯带厚度 0.25mm，宽度 25mm，用作电缆终端和中间接头最外层保护，无黏性，绕包末端要用绑线绑牢。

i. 聚四氟乙烯带。聚四氟乙烯带厚度 0.1mm，宽度 25mm，绝缘性能好，但燃烧时产生剧毒气体，一般只在制作交联聚乙烯绝缘电缆终端时用作热塑化脱模用。

j. 自黏性硅橡胶带。自黏性硅橡胶带厚度 0.5mm，宽度 25mm，绝缘性能好，耐电晕，适用于 10kV 及以下电缆终端增绕绝缘。

② 灌注绝缘材料。需要灌注到各种电缆终端盒和中间接头盒内起到增强绝缘和密封防潮作用的材料，主要有沥青基绝缘胶、聚氨酯电缆胶、电缆复灌油、G20 冷浇环氧剂、ZRH-20 阻燃环氧冷浇剂等。

a. 聚氨酯电缆胶。聚氨酯电缆胶有优良的性能，导热好，能很快地将电缆导体产生的热量散发出去；弹性好，在通过短路电流的情况下，导体也不会发生窜动，是一种很有前途的灌注绝缘材料。

b. G20 冷浇环氧剂。G20 冷浇环氧剂适用于 10kV 及以下的环氧树脂电缆终端和中间接头中。它是由厂家配制好的环氧树脂浇注剂，与固化剂配套分装供货，浇注温度应在 15℃ 以上，使用方便。

c. ZRH-20 阻燃环氧冷浇剂。ZRH-20 阻燃环氧冷浇剂适用于 10kV 及以下的环氧树脂电缆终端和中间接头。也适用于有阻燃要求的其他场合。

（4）制作电缆终端和中间接头所需的部件

制作电缆终端和中间接头所需的部件有接线端子、连接管、分支连接管、接地线、终端盒和接头盒。现分述如下。

① 接线端子。接线端子又称接线耳。它的作用是连接电缆导体与设备端子。接线端子有铜端子、铝端子、铜铝过渡端子之分。具体选用视电缆导体材料的不同（铜芯或铝芯）、与设备连接的方式不同（铜芯连至铜接点设备，铝芯连至铝接点设备或铝芯连至铜接点设备）而定。

铜端子、铝端子、铜铝过渡端子都有成品供应。特殊情况下也

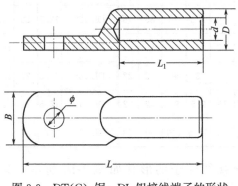

图 3-9　DT(G) 铜、DL 铝接线端子的形状

可用 T_1、T_2 铜棒或铜管自制，或用 L_3 铝材自制。

铜（铝）接线端子的形状如图 3-9 所示，其规格尺寸列于表 3-12 和表 3-13 中。

表 3-12　DT（G）系列铜接线端子尺寸表　　　　mm

型号-电缆截面	ϕ	D	d	L	L_1	B	型号-电缆截面	ϕ	D	d	L	L_1	B
DT(G)-10	6.5	7.5	4.5	60	30	12	DT(G)-35	8.5	12	8	75	35	16
DT(G)-16	6.5	9	5.5	65	32	14	DT(G)-50	10.5	14	9.5	90	42	22
DT(G)-25	8.5	10	7	75	35	16	DT(G)-70	10.5	16	11.5	90	42	22
DT(G)-95	10.5	18	13.5	110	50	28	DT(G)-240	12.5	27	21	140	60	40
DT(G)-120	10.5	21	15	110	50	28	DT(G)-300	12.5	31	23	140	60	40
DT(G)-150	12.5	23	16.5	125	55	34	DT(G)-400	17	34	26	160	65	50
DT(G)-185	12.5	25	18.5	125	55	34							

注：型号中 G 代表用管材制造。

表 3-13　DL 系列铝接线端子尺寸表　　　　mm

型号-电缆截面	ϕ	D	d	L	L_1	B	型号-电缆截面	ϕ	D	d	L	L_1	B
DL-10	6.5	9	4.5	65	32	14	DL-95	10.5	21	13.5	110	50	28
DL-16	8.5	10	5.5	75	35	16	DL-120	12.5	23	15	125	55	34
DL-25	8.5	12	7	75	35	16	DL-150	12.5	25	16.5	125	55	34
DL-35	10.5	14	8	90	42	22	DL-185	12.5	27	18.5	140	60	40
DL-50	10.5	16	9.5	90	42	22	DL-240	12.5	31	21	140	60	40
DL-70	10.5	18	11.5	110	50	28	DL-300	17	34	23	160	65	50

铜铝过渡接线端子的形状如图 3-10 所示，其规格尺寸见表 3-14。

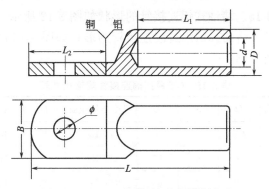

图 3-10　DTL 系列铜铝过渡接线端子

表 3-14　DTL 系列铜铝过渡接线端子尺寸表　　mm

型　号	ϕ	D	d	L	L_1	L_2	B	型　号	ϕ	D	d	L	L_1	L_2	B
DTL-10	6.5	9	4.5	65	32	20	14	DTL-95	10.5	21	13.5	110	50	34	28
DTL-16	8.5	10	5.5	75	35	24	16	DTL-120	12.5	23	15	125	55	38	34
DTL-25	8.5	12	7	75	35	24	16	DTL-150	12.5	25	16.5	125	55	38	34
DTL-35	10.5	14	8	90	42	28	22	DTL-185	12.5	27	18.5	140	60	44	40
DTL-50	10.5	16	9.5	90	42	28	22	DTL-240	12.5	31	21	140	60	44	40
DTL-70	10.5	18	11.5	110	50	34	28	DTL-300	17	34	23	160	65	54	50

② 连接管。连接管是作为电缆中间接头的导体连接用。连接管有焊接铜连接管、压接铝连接管、压接铜连接管和铜铝过渡连接管之分。依据不同的连接方法（锡焊或压接）、不同的电缆导体材料（铜-铜连接、铝-铝连接、铝-铜连接）而定。

铜（铝）压接连接管的形状如图 3-11 所示，其规格尺寸见表

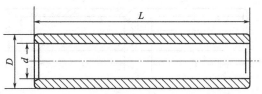

图 3-11　GT（L）系列铜（铝）压接连接管的形状

3-15 和表 3-16。堵油式铝连接管的形状如图 3-12 所示，其规格尺寸见表 3-17。堵油式铜铝过渡连接管的形状如图 3-13 所示，其规格尺寸见表 3-18。

表 3-15　GT 系列铜连接管规格尺寸表　　　　mm

型号-电缆截面	D	d	L	型号-电缆截面	D	d	L
GT-10	7.5	4.5	40	GT-120	20	15	90
GT-16	9	6	56	GT-150	23	17	94
GT-25	10	7	60	GT-185	25	19	100
GT-35	11	8	64	GT-240	27	21	110
GT-50	13	10	72	GT-300	30	23	120
GT-70	15	11	78	GT-400	34	26	124
GT-95	18	13	82				

表 3-16　GL 系列铜连接管规格尺寸表　　　　mm

型号-电缆截面	D	d	L	型号-电缆截面	D	d	L
GL-10	9	4.5	60	GL-95	21	13.5	95
GL-16	10	5.5	65	GL-120	23	15	100
GL-25	12	7	70	GL-150	25	16.5	105
GL-35	14	8	75	GL-185	27	18.5	110
GL-50	16	9.5	80	GL-240	31	21	120
GL-70	18	11.5	90	GL-300	34	23	130

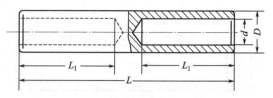

图 3-12　GDL 系列堵油式铝连接管的形状

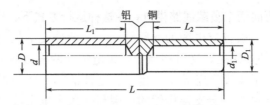

图 3-13　堵油式铜铝过渡连接管的形状

表 3-17　GDL 系列铜连接管规格尺寸表　　　　　mm

型号-电缆截面	D	d	L_1	L	型号-电缆截面	D	d	L_1	L
GDL-10	9	4.5	32	71	GDL-95	21	13.5	50	115
GDL-16	10	5.5	35	80	GDL-120	23	15	55	125
GDL-25	12	7	35	80	GDL-150	25	16.5	55	125
GDL-35	14	8	42	95	GDL-185	27	18.5	58	135
GDL-50	16	9.5	42	95	GDL-240	31	21	60	140
GDL-70	18	11.5	50	110	GDL-300	34	23	64	150

表 3-18　GDTL 系列堵油式铜铝过渡连接管规格尺寸表　　mm

型号-电缆截面	D	d	D_1	d_1	L_1	L_2	L
GDTL-16	10	5.5	7	4.5	35	30	85
GDTL-25	12	7	9	5.5	35	32	85
GDIL-35	14	8.5	10	7	42	34	95
GDTL-50	16	10	11	8.5	42	36	95
GDTL-70	18	11.5	13	10	50	40	110
GDTL-95	21	13.5	15	11.5	50	42	110
GDTL-120	23	15	18	13.5	55	46	120
GDTL-150	25	17	20	15	55	48	120
GDTL-185	27	18.5	23	17	60	52	132
GDTL-240	31	21	25	19	60	54	132
GDTL-300	34	23	27	21	70	56	145

③ 分支连接管和电缆分接箱。在 1kV 配电电缆网络中，有时

一条电缆要向两个负载线路供电，在这种运行方式下，构成了一条主电缆分出一条分支电缆的线路结构。一般分支部位选择在两根（主）电缆的连接处，这时相当于三根电缆（两根截面大些，一根截面小些）用连接管连接在一起，在这种情况下要使用特殊连接管—分支连接管。分支连接管的一端与一条主电缆导体连接，另一端与一条主电缆导体和一条分支电缆导体连接。分支连接管两端所适用的电缆导体截面积一端要适应于一条主电缆导体的截面积，另一端要适应于一条主电缆导体的截面积加上一条分支电缆导体截面积之和。例如一条 $95mm^2$ 的电缆要分支出一条 $25mm^2$ 的电缆，则分支连接管一端内径按 $95mm^2$ 截面积的电缆选用，另一端内径按 $95+25=120mm^2$ 截面积的电缆选用。对于铜芯电缆分支连接管可以采用锡焊焊接，也可以采用压接；铝芯电缆则采用压接连接。

分支连接管可以使用 T_2 铜或 L_3 铝自制。分支连接管成品较少。

在电缆配电网络中遇有分支较多的场合，可以采用电缆分接箱。电缆分接箱由电缆分接器和箱壳组成，适用于 10kV 及以下电缆馈电线路的电能接受和分配之用。电缆分接器中有一组共用母线可以与各进、出电缆线路终端相接。把电缆分接器和各进、出电缆终端置于箱壳内保护起来构成电缆分接箱。

④ 接地线。当电缆线路或电力网络发生短路故障时，电缆导体将通过较大故障电流，在金属护套中产生的感应电压有可能击穿电缆内衬层，引起电弧，甚至将电缆金属护套烧熔成洞。为了避免发生这种事故，特别是防止穿越性短路电流导致电缆护套击穿，必须将电缆线路中除导体以外的金属部分（金属护套、金属屏蔽层、铠装层、电缆终端及中间接头的金属外壳、法兰等）用铜绞线或镀锡、铜编织线锡焊连接起来并与接地网连通，同时电缆各相金属构架之间也要用导体连通起来接地。电缆接地线的截面应按电缆线路的接地电流大小而定，如果施工时缺乏这方面的资料，接地线可按表 3-19 选用。

表 3-19　**电缆接地线截面**（GB 50165—92）　　mm²

电缆导体截面	接地线截面	电缆导体截面	接地线截面
120 及以下	16	150 及以上	25

⑤ 电缆终端盒和中间接头盒。电缆终端的外壳称为电缆终端盒。35kV 及以下电压等级的电缆终端盒，根据不同的使用电压和不同的环境，可以分为三类：1～10kV 户内电缆终端盒；1～10kV 户外电缆终端盒；35kV 电缆终端盒。

电缆中间接头的外壳称为电缆中间接头盒。35kV 及以下电压等级的电缆中间接头盒，根据不同的使用电压，可以分为 1～10kV 电缆中间接头盒和 20～35kV 电缆中间接头盒两类。

3.1.2　交联聚乙烯绝缘电缆终端头制作的工艺要求和施工步骤

（1）施工准备

① 所用设备及材料要符合电压等级及设计要求，并有产品合格证明。

② 主要材料有绝缘三叉手套、绝缘管、应力管、编织铜线、填充胶、密封胶带、密封管、相色管、防雨裙。辅助材料有接线端子、清洁剂、砂布、白布。

③ 主要机具有瓦斯喷灯及气罐（热缩头制作时使用）、压接钳及压接模具、钢卷尺、钢锯、电工刀、刻丝钳、旋具、大瓷盘。

④ 作业条件。

a. 有较宽敞的操作场地，施工现场干净，并备有 220V 交流电源。

b. 作业场所环境温度在 0℃ 以上，相对湿度 70％ 以下，严禁在雨、雾、风天气中施工。

c. 高空作业（电杆上）应搭好平台，在施工部位上方搭好帐篷，防止灰尘侵入（室外）。

d. 变压器、高压开关柜（高压开关）、电缆均安装完毕，电缆绝缘合格。

（2）施工步骤

工艺流程见图 3-14。

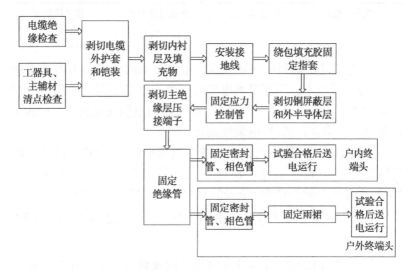

图 3-14 交联聚乙烯绝缘电缆终端头制作步骤

① 热缩材料加热收缩时注意事项如下。

a. 加热收缩温度为 110～120℃。

b. 调节喷灯火焰其呈黄色柔和火焰，谨防高温蓝色火焰，以避免烧伤热收缩材料。

c. 开始加热材料时，火焰要慢慢接近材料，在材料周围移动，均匀加热，并保持火焰朝着前进（收缩）方向预热材料。

d. 火焰应螺旋状前进，保证管子沿周围方向充分均匀收缩。

② 冷缩材料收缩时注意事项如下。

a. 安装冷收缩绝缘件前先用清洗剂擦净电缆绝缘及接线端子压接处，并在包绕半导电带及附近绝缘表面涂少许硅脂。套入冷收缩绝缘件到安装说明书所规定的位置，抽出塑料螺旋条，在电缆绝缘上收缩压紧（若接线端子平板宽度大于冷收缩绝缘件内径时，则应先安装冷收缩绝缘件，然后压接接线端子）。

b. 安装冷收缩分支套时将冷收缩分支套置于线芯分叉处，先抽出下端内部塑料螺旋条，然后再抽出三个指管内部塑料螺旋条，在线芯分叉处收缩压紧。

c. 安装冷收缩护套管时将三根冷收缩护套管分别套在三根线芯上、下部覆盖分支套指管 15mm，抽出管内塑料螺旋条，在线芯铜屏蔽上收缩压紧。若为加长型户内终端头，则用同样方法收缩第二根冷收缩护套管，其下端与第一根搭接 15mm。护套管末端到线芯末端长度应等于安装说明书规定的尺寸。

（3）质量标准

① 电缆头封闭严密，填料饱满，无气泡、无裂纹，芯线连接紧密。耐压试验结果、泄漏电流和绝缘电阻必须符合施工规范规定。

② 电缆头的半导体带、屏蔽带包缠不超越应力锥中间最大处，锥体度匀称，表面光滑。

③ 电缆头安装、固定牢靠，相序正确。检验方法是观察检查和检查安装记录、试验记录。

（4）应注意的质量问题

① 从开始剥切到制作完毕，必须连续进行，一次完成，以免受潮。

② 剥切电缆时不得伤及线芯绝缘。密封电缆时要注意清洁，防止污物与潮气侵入绝缘层。

③ 同一电缆线芯的两端，相色应一致，且与连接母线的相序相对应。

④ 热缩电缆头制作过程中应注意的质量问题见表 3-20。

表 3-20　热缩电缆头制作过程中应注意的质量问题

序号	常出现的质量问题	防 治 措 施
1	做试验时泄漏电流过大	清洁芯线绝缘表面
2	三叉手套、绝缘管加热收缩局部烧伤或无光泽	调整加热火焰为呈黄色,加热火焰不能停留在一个位置
3	热缩管加热收缩时出现气泡	按一定方向转圈,不停进行加热收缩
4	绝缘管端部加热收缩时,出现开裂	切割绝缘管时,端面要平整

3.1.3 交联聚乙烯绝缘电缆中间头制作的工艺要求和施工步骤

（1）施工准备

同交联聚乙烯绝缘终端头制作。

（2）施工步骤

工艺流程见图 3-15。

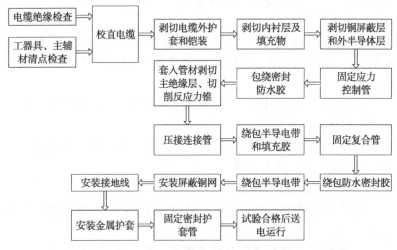

图 3-15 交联聚乙烯绝缘电缆中间头制作步骤

热缩、冷缩材料收缩时应注意事项同交联聚乙烯绝缘终端头制作。

（3）质量标准

质量标准同交联聚乙烯绝缘终端头制作。

（4）应注意的质量问题

① 从开始剥切到制作完毕，必须连续进行，一次完成，以免受潮。

② 热缩电缆头制作过程中，应注意的质量问题见表 3-20。

3.1.4 高压电缆中间头、终端头安装注意事项

① 三芯电力电缆接头两侧电缆的金属屏蔽层（或金属套）、铠装层应分别连接良好，不得中断，跨接线的截面不应小于表 3-21 接地线截面的规定。直埋电缆中间接头的金属外壳及电缆的金属护

层应做防腐处理。

表 3-21 电缆终端接地线截面

电缆截面/mm^2	接地线截面/mm^2
120 及以下	16
150 及以上	25

② 为使零序电流互感器正确反映电缆运行情况，并防止离散电流的影响而使零序保护错误发出信号或动作而做出如下规定：三芯电力电缆终端处的金属护层必须接地良好；塑料电缆每相铜屏蔽和钢铠应锡焊接地线（油浸纸绝缘电缆铅包和铠装应焊接地线）；电缆通过零序电流互感器时，电缆金属护层和接地线应对地绝缘；电缆终端头通过零序电流互感器时，电缆金属护层和接地线应对地绝缘；接地点在互感器以上时，接地线应穿过互感器接地，如图3-16(a) 所示；电缆接地点在互感器以下时，接地线应直接接地，如图 3-16(b) 所示。

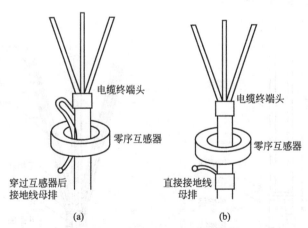

(a)　　　　　　　(b)

图 3-16 高压电缆终端头穿零序互感器接地线接地方法

③ 电力电缆接地线应采用铜绞线或镀锡铜编织线，其截面面积不应小于表 3-21 的规定。110kV 及以上电缆的截面面积应符合设计规定。

3.2 1kV三芯交联电缆热缩头制作工艺

3.2.1 1kV三芯交联电缆热缩终端头制作工艺

（1）剥切外护套

按图 3-17 所示尺寸，剥除外护套（为方便读图只画单芯示意图）。剥除的外护套总长度可根据实际情况适当增大或减少。

（2）剥切铠装层

自外护套切口处保留 30～50mm 铠装层（去漆），用铜绑线绑扎固定后其余剥除。注意切割深度不得超过铠装厚度的 2/3，切口应平齐，不应有尖角、锐边，切割时勿伤内层结构。

（3）剥内衬层及填充物

自铠装切口处保留 20mm 内衬层，其余及其填充物剥除。注意不得伤及绝缘层。

（4）剥除主绝缘层

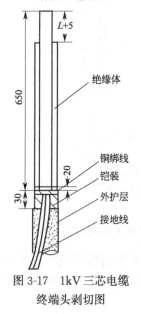

图 3-17 1kV 三芯电缆
终端头剥切图

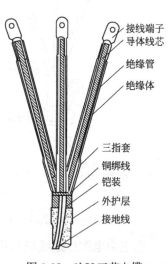

图 3-18 1kV 三芯电缆
终端头剖面

在线芯端部切除接线端子孔深 L（实测接线端子内孔深度）加 5mm 长的主绝缘层。注意不得伤及导电线芯。

（5）安装地线

用铜绑线将地线扎紧在去漆的钢铠上并焊牢。注意扎丝不少于 3 道，焊面不小于圆周的 1/3，焊点及扎丝头应处理平整，不应留有尖角、毛刺。

（6）绕包密封胶

用密封胶绕包填充电缆分支处空隙及内衬垫裸露部分的凹陷，并在清理干净的地线和外护套切口处朝电缆头方向绕包一层 30mm 宽的密封胶。

（7）固定指套

将指套套至线芯根部后加热固定（不等芯电缆需预先用衬管扩径），先缩根部，再缩袖口及手指。注意加热火焰朝收缩方向，软硬适中并不断旋转、移动。

（8）压接端子

每个端子压 2 道，注意压接后应去除尖角、毛刺。

（9）固定绝缘管

将绝缘管套至线芯根部，并从根部开始加热收缩固定。注意火焰朝收缩方向，禁止使用硬火加热收缩时火焰应不断旋转、移动。

（10）固定密封管

将密封管套至端子与绝缘连接处，从端子开始向电缆方向加热收缩。注意密封处应预先打磨并包绕密封胶。

1kV 三芯电缆终端头剖面见图 3-18。

3.2.2　1kV 三芯交联电缆热缩中间头制作工艺

（1）校直电缆

将电缆校直，两端重叠 200～300mm 确定接头中心后，在中心处锯断。注意清洁电缆两端外护套各 2m 长。

（2）剥切外护套

按图 3-19 所示尺寸，剥除外护套。

（3）剥切铠装层

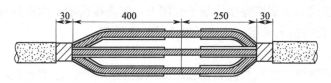

图 3-19　1kV 三芯电缆中间头剥切图

自外护套切口处保留 30～50mm 铠装层（去漆），用铜绑线绑扎固定后其余剥除。注意切割深度不得超过铠装厚度的 2/3，切口应平齐，不应有尖角、锐边，切割时勿伤内层结构。

（4）剥内衬层及填充物

自铠装切口处保留 20mm 内衬层，其余及其填充物剥除。注意不得伤及绝缘层。

（5）剥除主绝缘层

在线芯端部切除 1/2 接管长加 5mm 的主绝缘层。注意不得伤及导电线芯。

（6）套入管材

在剥切长端套入绝缘管、金属护套及密封护套管，在剥切短端套入密封护套管。注意不得遗漏。

（7）压接连接管

将电缆对正后压接连接管，两端各压 2 道。注意压接后应去除尖角、毛刺，并清洁连接管表面，压坑应用半导电带填平。

（8）固定绝缘管

绝缘管以接续管中心对称安装，并由中间开始加热收缩固定。注意火焰朝收缩方向，禁止使用硬火，加热收缩时火焰应不断旋转、移动。

（9）安装地线

在电缆一端用铜绑线将地线扎紧在去漆的钢铠上并焊牢，然后缠绕扎紧线芯至电缆另一端，同样扎紧在去漆的钢铠上并焊牢。注意扎丝不少于 3 道，焊面不小于圆周的 1/3，焊点及扎丝头应处理平整，不应留有尖角、毛刺。

（10）安装金属护套

将金属护套两端分别固定并焊牢在电缆两端钢带上。注意焊点及扎丝头应处理平整，不应留有尖角、毛刺。中间头也可不装金属护套，外加保护壳。

（11）固定密封护套管

将密封护套管套至金属护套中间，加热收缩。注意密封处应预先打磨并绕包密封胶，胶宽度不少于 100mm。

1kV 三芯电缆中间头剖面见图 3-20。

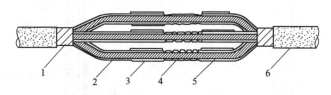

图 3-20　1kV 三芯电缆中间头剖面

1—铠装；2—绝缘层；3—绝缘管；4—连接管；5—导体线芯；6—外护套

3.3　10kV 交联电缆热缩头制作工艺

3.3.1　10kV 单芯交联电缆热缩终端头制作工艺

（1）剥切外护套

按图 3-21 所示尺寸，剥除外护套。

（2）安装地线

在外护套切口的 30mm 处，用铜绑线将地线扎紧在铜屏蔽层上并焊牢。注意扎丝不少于 2 道，焊面不小于圆周的 1/3，焊点及扎丝头应处理平整，不应留有尖角、毛刺。

（3）剥切铜屏蔽层

按图 3-21 所示尺寸，保留外护套切口 50mm 以内的铜屏蔽层，用聚氯乙烯自黏带临时固定，其余剥除。注意切口应平齐，不得留有尖角。

（4）剥切外半导电层

按图 3-22 所示尺寸，保留铜屏蔽切口 20mm 以内的半导电层，其余剥除。注意切口应平齐，不留残迹（用清洗剂清洁绝缘层表面），切勿伤及主绝缘层。

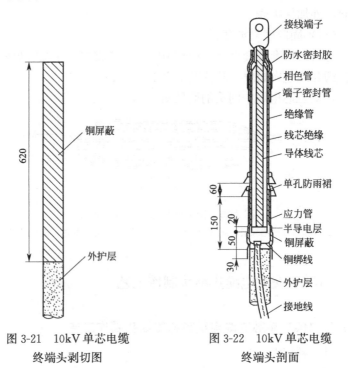

图 3-21 10kV 单芯电缆
终端头剥切图

图 3-22 10kV 单芯电缆
终端头剖面

（5）固定应力控制管

剥除临时固定胶带，搭接铜屏蔽层 20mm，并从该点起加热固定。注意加热火焰朝收缩方向，软硬适中并不断旋转、移动。

（6）剥切主绝缘层

在线芯端部切除接线端子孔深 L 加 5mm 的主绝缘层，注意不得伤及导电线芯。

（7）切削反应力锥

自芯线端部主绝缘断口处向下量取 40mm，削成 35mm 长锥体，留 5mm 内半导电层。注意要求锥体圆整。

（8）绕包密封胶

在清理干净的地线和外护套切口处朝电缆方向绕包一层 50mm 宽的密封胶。

（9）固定绝缘管

先将绝缘层表面清理干净，再在绝缘层表面均匀地涂一层硅脂，然后套上绝缘管。搭盖外护套 60mm，并从此处开始加热收缩。注意火焰朝收缩方向，禁止使用硬火，加热收缩时火焰应不断旋转、移动。

（10）压接端子

每个端子压 2 道。注意压接后应去除尖角、毛刺。

（11）包绕密封胶

在反应力锥处包绕密封胶。注意绕包后外径应略大于电缆外径。

（12）固定密封管

将密封管套至端子与绝缘连接处，从端子侧开始加热收缩。注意密封处应预先打磨并包胶。

（13）固定相色管

将相色管套在密封管上，加热固定，户内头安装完毕。

（14）固定雨裙

按图 3-22 所示尺寸，将防雨裙加热颈部固定在绝缘管上，户外头安装完毕。

3.3.2　10kV 单芯交联电缆热缩中间头制作工艺

（1）校直电缆

将电缆校直，两端重叠 200～300mm 确定接头中心后，在中心处锯断。注意清洁电缆两端外护套各 2m 长。

（2）剥切外护套

按图 3-23 所示尺寸，剥除外护套。

（3）剥切铜屏蔽层

自线芯切断处向两边各量取 260mm，用聚氯乙烯自黏带临时固定后剥除铜屏蔽层。注意切口应平齐，不得留有尖角。

（4）剥切外半导电层

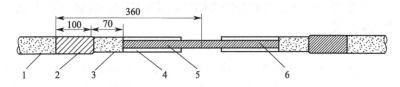

图 3-23　10kV 单芯电缆中间头剖面
1—外护套；2—铜屏蔽；3—外半导电层；
4—绝缘层；5—内半导电层；6—导电线芯

按图 3-23 所示尺寸，保留距铜屏蔽切口 70mm 以内的半导电层，其余剥除。注意切口应平齐，不留残迹（用清洗剂清洁绝缘层表面），切勿伤及主绝缘层。

（5）固定应力控制管

剥除临时固定胶带，搭接半导电层 50mm，并从该点起加热固定。注意加热火焰朝收缩方向，软硬适中并不断旋转、移动。

（6）绕包防水密封胶

在应力管前端包绕防水密封胶，使台阶形成平滑过渡。

（7）套入管材

将密封护套管、绝缘管、复合管及屏蔽铜网等预先套在两端电缆上。注意不得遗漏。

（8）剥除主绝缘层

在线芯端部切除 1/2 接管长加 5mm 的主绝缘层。注意不得伤及导电线芯。

（9）切削反应力锥

自主绝缘断口处量取 40mm，削成 35mm 长锥体，留 5mm 内半导电层。注意要求锥体圆整。

（10）压接连接管

将电缆对正后压接连接管，两端各压 2 道。注意压接后应去除尖角、毛刺，压坑应用半导电带填平。

（11）绕包半导电带

用半导电带填平连接管的压坑，并与两端电缆的内半导电层搭接。注意绕包层表面应连续、光滑。

（12）绕包普通填充胶

在连接管两端的反应力锥之间绕包普通填充胶或 J-20 绝缘带，绕包外径应略大于电缆外径（厚度约 7mm）。注意绕包层表面应连续、光滑。

（13）固定复合管

复合管在两端应力控制管之间对称安装，并由中间开始加热收缩固定。注意火焰朝收缩方向，禁止使用硬火，加热收缩时火焰应不断旋转、移动。冬季施工时，内层需事先预热。

（14）绕包防水密封胶

在复合管两端的台阶处绕包防水密封胶，使台阶平滑过渡。注意绕包层表面应连续、光滑。

（15）绕包半导电带

在防水密封胶上面覆盖一层半导电带，两端各搭接复合管及电缆外半导电层，不少于 20mm。注意绕包层表面应连续、光滑。

（16）安装屏蔽铜网

用铜扎丝将屏蔽铜网一端扎紧在电缆铜屏蔽层上，沿接头方向拉伸收紧铜网，使其紧贴在绝缘管上至电缆接头另一端的铜屏蔽层，用铜丝扎紧后翻转铜网并拉回原端扎牢。最后在两端扎丝处将铜网和铜屏蔽层焊牢。注意扎丝不少于 2 道，焊面不小于圆周的 1/3，焊点及扎丝头应处理平整，不应留有尖角、毛刺。

（17）固定密封护套管

将密封护套管套至接头的中间，并从密封护套管的中间开始向两端加热收缩。注意密封处应预先打磨并涂胶，胶宽度不少于 100mm。

10kV 单芯电缆中间头剖面如图 3-24 所示。

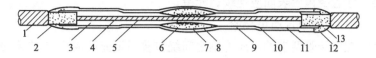

图 3-24　10kV 单芯电缆中间头剖面

1—铜屏蔽；2—外半导电层；3—绝缘层；4—内半导电层；5—导电线芯；
6—连接管；7—J-20 绝缘带；8,13—半导电带；9—半导/绝缘复合管；
10,12—防水密封胶；11—应力管

3.3.3　10kV 三芯交联电缆热缩终端头制作工艺

（1）剥切外护套

按图 3-25 所示尺寸，剥除外护套。

（2）剥切铠装层

自外护套切口处保留 50mm（去漆），用铜绑线绑扎固定后其余剥除。注意切割深度不得超过铠装厚度的 2/3，切口应平齐，不应有尖角、锐边，切割时勿伤内层结构。

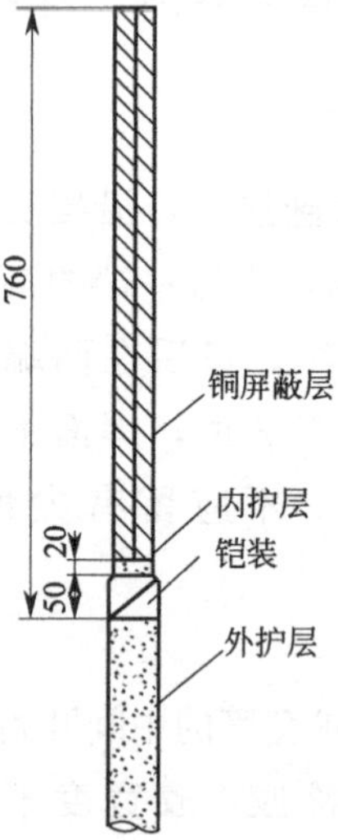

（3）剥切内衬层及填充物

自铠装切口处保留 20mm 内衬层，其余及其填充物剥除。注意不得伤及铜屏蔽层。

（4）安装地线

用铜绑线将地线扎紧在各相铜屏蔽层和去漆的钢铠上，并焊牢。注意扎丝不少于 3 道，焊面不小于圆周的 1/3，焊点及扎丝头应处理平整，不应留有尖角、毛刺。地线的密封段应做防潮处理（渗锡或绕包密封胶）。

（5）绕包填充胶

用填充胶绕包填充电缆分支处根部空隙及内衬层裸露部分的凹陷，外形似橄榄状，外径略大于电缆本体。在清理干净的地线和外护套切口处朝电缆方向绕包一层 30mm 宽的密封胶。

图 3-25　10kV 三芯交联电缆热缩终端头剖切图

760

铜屏蔽层

内护层
铠装

20
50

外护层

（6）固定指套

将指套套至线芯根部后加热固定，先缩根部，再缩袖口及手指。注意加热火焰朝收缩方向、软硬适中并不断旋转、移动。

（7）剥切铜屏蔽层

自指套端部量取 50mm 铜屏蔽层，用聚氯乙烯自黏带临时固定后其余铜屏蔽层剥除。注意切口应平齐，不得留有尖角。

（8）剥切外半导电层

按图 3-26 所示尺寸，保留铜屏蔽切口 20mm 以内的半导电层，其余剥除。注意切口应平齐，不留残迹（用清洗剂清洁绝缘层表面），切勿伤及主绝缘层。

（9）固定应力控制管

剥除临时固定胶带，搭接铜屏蔽层 20mm，并从该点起加热固定。注意加热火焰朝收缩方向，软硬适中并不断旋转、移动。

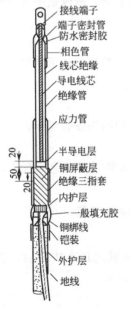

图 3-26　10kV 三芯电缆终端头单相剖面

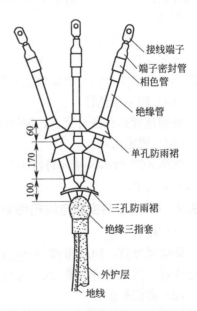

图 3-27　10kV 三芯电缆终端头雨裙安装

注：户内终端头无雨裙

（10）剥除主绝缘层

在线芯端部切除端子孔深加 5mm 的主绝缘层。注意不得伤及导电线芯。

（11）切削反应力锥

自主绝缘断口处量取 40mm，削成 35mm 锥体，留 5mm 内半导电层，要求锥体圆整。

（12）压接端子

每个端子压 2 道。注意压接后应去除尖角、毛刺。

（13）绕包密封胶

在反应力锥处包绕密封胶（或 J-20 橡胶绝缘自黏带）并搭接端子 10mm。注意绕包层表面应连续、光滑。

（14）固定绝缘管

将绝缘管套至三叉口根部（管上端超出填充胶 10mm），并由根部开始加热收缩。注意加热火焰朝收缩方向，软硬适中并不断旋转、移动。

（15）固定密封管

将密封管套至端子与绝缘连接处，先预热端子，再从端子侧开始加热收缩。注意密封处应预先打磨并包胶。

（16）固定相色管

将相色管套在密封管上，加热固定，户内头安装完毕。

（17）固定雨裙

按图 3-27 所示尺寸，将防雨裙加热颈部固定在绝缘管上，户外头安装完毕。

3.3.4　10kV 三芯交联电缆热缩中间头制作工艺

（1）校直电缆

将电缆校直，两端重叠 200～300mm 确定接头中心后，在中心处锯断。注意清洁电缆两端外护套各 2m 长。

（2）剥切外护套

按图 3-28 所示尺寸，剥除外护套。

（3）剥切铠装层

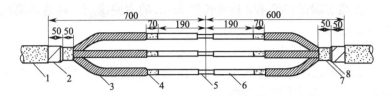

图 3-28　10kV 三芯电缆中间头剥切图
1—外护层；2—铠装；3—铜屏蔽；4—外半导电层；
5—导电线芯；6—绝缘层；7—内护层；8—铜绑线

自外护套切口处保留 30～50mm（去漆），用铜绑线绑扎固定后其余剥除。注意切割深度不得超过铠装厚度的 2/3；切口应平齐，不应有尖角、锐边，切割时勿伤内层结构。

（4）剥切内衬层及填充物

自铠装切口处保留 20～50mm 内衬层，其余及其填充物剥除。注意不得伤及铜屏蔽层。

（5）剥切铜屏蔽层

自线芯切断处向两端各量取 260mm 铜屏蔽层，用聚氯乙烯自黏带临时固定后剥除。注意切口应平齐，不得留有尖角。

（6）剥切外半导电层

按图 3-28 所示尺寸，保留铜屏蔽切口 70mm 以内的半导电层，其余剥除。注意切口应平齐，不留残迹（用清洗剂清洁绝缘层表面），切勿伤及主绝缘层。

（7）固定应力控制管

搭接外半导电层 50mm，并从该点起加热固定。注意加热火焰朝收缩方向，软硬适中并不断旋转、移动。

（8）包绕防水密封胶

在应力管前端包绕防水密封胶，使台阶形成平滑过渡。

（9）套入管材

在电缆长端各线芯上套入复合绝缘管和屏蔽铜网，在电缆短端套入密封护套管。注意不得遗漏。

（10）剥除主绝缘层

在线芯端部切除 1/2 接管长加 5mm 的主绝缘层。注意不得伤及导电线芯。

（11）切削反应力锥

自主绝缘断口处量取 40mm，削成 35mm 锥体，留 5mm 内半导电层。注意要求锥体圆整。

（12）压接连接管

将电缆对正后压接连接管，两端各压 2 道。注意压接后应去除尖角、毛刺，压坑应用半导电带填平。

（13）绕包半导电带

用半导电带填平连接管的压坑，并与两端电缆的内半导电层搭接。注意绕包层表面应连续、光滑。

（14）绕包普通填充胶

在连接管两端的反应力锥之间绕包普通填充胶或 J-20 绝缘带，绕包外径应略大于电缆外径（厚度约 7mm）。注意绕包层表面应连续、光滑。

（15）固定复合管

复合管在两端应力控制管之间对称安装，并由中间开始加热收缩固定。注意火焰朝收缩方向，禁止使用硬火，加热收缩时火焰应不断旋转、移动。冬季施工时，内层需事先预热。

（16）绕包防水密封胶

在复合管两端的台阶处绕包防水密封胶，使台阶平滑过渡。注意绕包层表面应连续、光滑。

（17）绕包半导电带

在防水密封胶上面覆盖一层半导电带，两端各搭接复合管及电缆外半导电层不少于 20mm。注意绕包层表面应连续、光滑。

（18）安装屏蔽铜网

用铜扎丝将屏蔽铜网一端扎紧在电缆铜屏蔽层上，沿接头方向拉伸收紧铜网，使其紧贴在绝缘管上至电缆接头另一端的铜屏蔽层，用铜丝扎紧后翻转铜网并拉回原端扎牢。最后在两端扎丝处将铜网和铜屏蔽层焊牢。注意扎丝不少于 2 道，焊面不小于圆周的

1/3，焊点及扎丝头应处理平整，不应留有尖角、毛刺。

（19）安装地线

在电缆一端用铜绑线将地线扎紧在去漆的钢铠上并焊牢，然后缠绕扎紧线芯至电缆另一端，同样扎紧在去漆的钢铠上并焊牢。注意扎丝不少于 3 道，焊面不小于圆周的 1/3，焊点及扎丝头应处理平整，不应留有尖角、毛刺。

（20）安装金属护套

将金属护套两端分别固定并焊牢在电缆两端钢带上。注意焊点及扎丝头应处理平整，不应留有尖角、毛刺。中间头也可不装金属护套，外加保护壳。

（21）固定密封护套管

将密封护套管套至接头的中间，并从密封护套管的中间开始向两端加热收缩。注意密封处应预先打磨并涂胶，胶宽度不少于 100mm。

10kV 三芯电缆中间头单相剖面如图 3-29 所示。

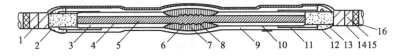

图 3-29　10kV 三芯电缆中间头单相剖面

1—铜屏蔽；2—外半导电层；3—绝缘层；4—内半导电层；5—导电线芯；
6—连接管；7—J-20 绝缘带；8,13—半导电带；9—半导/绝缘复合管；
10,12—防水密封胶；11—应力管；14—铜绑线；15—接地线；16—铜网

3.3.5　10kV 油浸纸绝缘三芯电缆热缩终端头制作工艺

（1）剥切麻被护套

按图 3-30 所示尺寸，剥除麻被护套。

（2）剥切铠装层

自麻被护套切口处保留 50mm（去油脂、去漆），用铜绑线绑扎固定后其余剥除。注意切割深度不得超过铠装厚度的 2/3，切口应平齐，不应有尖角、锐边，切割时勿伤内层铅包。

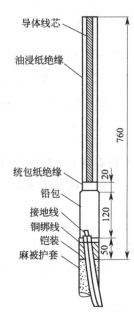

导体线芯

油浸纸绝缘

760

统包纸绝缘
铅包
接地线
铜绑线
铠装
麻被护套

20

120

50

图 3-30　10kV 油浸纸
绝缘三芯电缆终
端头剥切图

（3）清洁铅包

在铠装断口向上 10～200mm 范围内，使用加热器均匀烘烤铅包表面，然后用硬脂酸将铅包表面处理干净。注意烘烤温度不宜太高，以免损伤内层绝缘结构。

（4）安装地线

用铜绑线将地线扎紧在铅包和去漆的钢铠上，并焊牢。注意扎丝不少于 3 道，焊面不小于圆周的 1/3，焊点及扎丝头应处理平整，不应留有尖角、毛刺。地线的密封段应做防潮处理（渗锡或绕包密封胶）。

（5）剥切铅包

保留铠装断口向上 120mm 范围内的铅包，其余剥除。注意切割深度不得超过铅包厚度钓 2/3，切口应平齐，不应有尖角、锐边，切割时勿伤内层统包绝缘。

（6）胀喇叭口

在铅包断口处的 10mm 内，用竹制胀铅板小心将铅包胀成喇叭口状，喇叭口外径约为铅包直径的 1.2 倍。注意胀铅时勿伤及内层统包绝缘。

（7）剥切统包绝缘层及填充物

将统包绝缘外的半导电纸剥至喇叭口以内的根部，保留喇叭口以外 20mm 的统包绝缘层，其余连同填充物一并剥除并分开线芯。注意半导电纸边缘、统包绝缘边缘应平齐，不应有尖角、毛边。剥切过程不得伤及绝缘层。

（8）绕包聚四氟带

在电缆各相上分别从三叉口根部，沿电缆线芯绝缘纸绕包方向，半叠绕一层聚四氟带。注意端部应用聚氯乙烯绝缘胶带临时固定。

（9）固定隔油管

在电缆各相上分别套入隔油管至三叉口根部，并从根部开始加热收缩。注意加热火焰朝收缩方向，软硬适中并不断旋转、移动。

（10）绕包填充胶

如图 3-31 所示，用耐油填充胶绕包填充电缆分支处根部空隙及绕包绝缘裸露部分的凹陷，外形似橄榄状，外径略大于电缆本体（约 15mm）。在清理干净的地线和铅包切口处朝电缆方向绕包一层 30mm 宽的密封胶。

（11）固定指套

将导电指套套至线芯根部后加热固定，先缩根部，再缩袖口及手指。注意加热火焰朝收缩方向，软硬适中并不断旋转、移动。

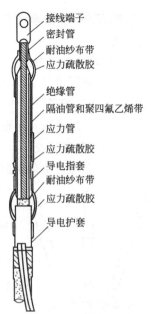

接线端子
密封管
耐油纱布带
应力疏散胶

绝缘管
隔油管和聚四氟乙烯带
应力管
应力疏散胶
导电指套
耐油纱布带
应力疏散胶
导电护套

图 3-31　10kV 油浸纸
绝缘三芯电缆
终端头单相剖面

（12）固定导电护套

将导电护套搭接三指套袖口端 50mm，然后从该端开始均匀加热固定。注意加热火焰朝收缩方向，软硬适中并不断旋转、移动。

（13）绕包填充胶

在三指套的指端部绕包填充胶，使台阶形成平滑过渡。注意绕包层表面应连续、光滑。

（14）固定应力控制管

将应力控制管搭接三指套的指端部 20mm，并从该点起加热固定。注意加热火焰朝收缩方向，软硬适中并不断旋转、移动。

（15）绕包填充胶

在应力控制管前端绕包填充胶，使台阶形成平滑过渡。注意绕包层表面应连续、光滑。

（16）剥除主绝缘层

在线芯端部切除端子孔深加 5mm 的主绝缘层。注意不得伤及导电线芯。

（17）切削反应力锥

自主绝缘断口处量取 20mm，削成锥体，要求锥体圆整。

（18）压接端子

每个端子压 2 道。注意压接后应去除尖角、毛刺。

（19）绕包密封胶

在反应力锥处绕包密封胶（或 J-20 橡胶绝缘自黏带）并搭接端子 10mm。注意绕包层表面应连续、光滑。

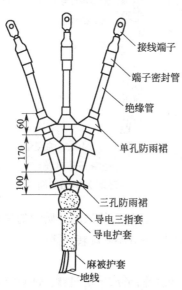

接线端子
端子密封管
绝缘管
60
170
100
单孔防雨裙
三孔防雨裙
导电三指套
导电护套
麻被护套
地线

图 3-32　10kV 油浸纸绝缘三芯
电缆终端头防雨裙安装

（20）固定绝缘管

将绝缘管套至三叉口根部（管上端超出填充胶 10mm），并由根部开始加热收缩。注意加热火焰朝收缩方向，软硬适中并不断旋转、移动。

（21）固定密封管

将密封管套至端子与绝缘连接处，先预热端子，再从端子侧开始加热收缩。注意密封处应预先打磨并包胶。

（22）固定相色管

将相色管套在密封管上，加热固定，户内头安装完毕。

（23）固定雨裙

按图 3-32 所示尺寸，将防雨裙加热颈部固定在绝缘管上，户外头安装完毕。注意接线端子应用堵油端子。

3.3.6　10kV 油浸纸绝缘三芯电缆热缩中间头制作工艺

（1）校直电缆

将电缆校直，两端重叠 200～300mm 确定接头中心后，在中心处锯断。

（2）剥切麻被护套

按图 3-33 所示尺寸，剥除麻被护套。

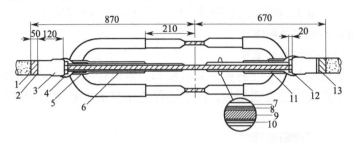

图 3-33　10kV 油浸纸绝缘三芯电缆中间头剥切图

1—麻被护套；2—铜绑线；3—铅包；4,11—应力疏解胶；
5—导电指套；6—半导电管；7—隔油管；8—油浸纸绝缘；
9—导体线芯；10—四氟带；12—绕包纸绝缘；13—钢铠

（3）剥切铠装层

自麻被护套切口处保留 50mm 铠装层（去油脂、去漆），用铜绑线绑扎固定后其余剥除。注意切割深度不得超过铠装厚度的 2/3，切口应平齐，不应有尖角、锐边，切割时勿伤内层铅包。

（4）清洁铅包

在铠装断口向上 10～200mm 范围内，使用加热器均匀烘烤铅包表面，然后用硬脂酸将铅包表面处理干净。注意烘烤温度不宜太高，以免损伤内层绝缘结构。

（5）剥切铅包

保留铠装断口向上 120mm 范围内的铅包，其余剥除。注意切割深度不得超过铅包厚度的 2/3，切口应平齐，不应有尖角、锐边，切割时勿伤内层统包绝缘。

（6）胀喇叭口

在铅包断口处的 10mm 内，用竹制胀铅板小心将铅包胀成喇叭口状，喇叭口外径约为铅包直径的 1.2 倍。注意胀铅时勿伤内层统包绝缘。

（7）剥切统包绝缘层及填充物

将统包绝缘外的半导电纸剥至喇叭口以内的根部，保留喇叭口以外 20mm 的统包绝缘层，其余连同填充物一并剥除并分开线芯。注意半导电纸边缘、统包绝缘边缘应平齐，不应有尖角、毛边。剥切过程不得伤及绝缘层。

（8）绕包聚四氟带

在电缆各相上分别从三叉口根部，沿电缆线芯绝缘纸绕包方向，半叠绕一层聚四氟带。注意端部应用聚氯乙烯绝缘胶带临时固定。

（9）固定隔油管

在电缆各相上分别套入隔油管至三叉口根部，并从根部开始加热收缩。注意加热火焰朝收缩方向，软硬适中并不断旋转、移动。

（10）绕包耐油填充胶

用耐油填充胶绕包填充电缆分支处根部空隙及统包绝缘裸露部分的凹陷，外形似橄榄状，外径略大于电缆本体（约 15mm）。在清理干净的地线和铅包切口处朝电缆方向绕包一层 30mm 宽的密封胶。

（11）固定指套

将导电指套套至线芯根部后加热固定，先缩根部，再缩袖口及手指。注意加热火焰朝收缩方向，软硬适中并不断旋转、移动。

（12）固定半导电管

将长半导电管套在开剥长端，短半导电管套在开剥短端，半导电管应尽量套至指套的根部，然后从根部逐相加热固定。半导电管端部至电缆端部应为 210mm，不足时可切除多余的半导电管。注意加热火焰朝收缩方向，软硬适中并不断旋转、移动。

（13）绕包半导电带

在半导电管端部绕包半导电带 10mm 宽，使台阶形成平滑过渡。注意绕包层表面应连续、光滑。

（14）固定应力控制管

将应力控制管搭接半导电管端部 20mm，并从该点起加热固定。注意加热火焰朝收缩方向，软硬适中并不断旋转、移动。

（15）套入管材

在电缆开剥长端套入密封护套管，各线芯上套入复合绝缘管；在电缆短端套入密封护套管，各线芯上套入隔油管。注意不得遗漏。

（16）剥除主绝缘层

在线芯端部切除 1/2 接管长加 5mm 的主绝缘层。注意不得伤及导电线芯。

（17）切削反应力锥

自主绝缘断口处量取 10mm，削成锥体。注意要求锥体圆整。

（18）压接连接管

将电缆对正后压接连接管，两端各压 2 道。注意压接后应去除尖角、毛刺，压坑应用半导电带填平。

（19）绕包耐油填充胶

在连接管两端的反应力锥之间绕包耐油填充胶，绕包外径应略大于电缆外径（厚度不小于 5mm）。注意绕包层表面应连续、光滑。

（20）固定隔油管

将隔油管套在耐油填充胶上，加热固定。注意加热火焰朝收缩方向，软硬适中并不断旋转、移动。

（21）固定复合管

复合管在两端应力控制管之间对称安装，并由中间开始加热收缩固定。注意火焰朝收缩方向，禁止使用硬火，加热收缩时火焰应不断旋转、移动。冬季施工时，内层需事先预热。

（22）绕包防水密封胶

在复合管两端的台阶处绕包防水密封胶，使台阶平滑过渡。注意绕包层表面应连续、光滑。

（23）绕包半导电带

在防水密封胶上面覆盖一层半导电带，两端各搭接复合管及半导电管不少于 20mm。注意绕包层表面应连续、光滑。

（24）安装屏蔽铜网和地线

将屏蔽铜网搭接绕包在电缆两端铅包上，用地线缠绕扎紧线芯至电缆两端铅包，然后扎紧在电缆两端铅包上并焊牢。注意扎丝不少于 3 道，焊面不小于圆周的 1/3，焊点及扎丝头应处理平整，不应留有尖角、毛刺。

（25）安装金属护套

将金属护套两端分别绑扎固定在电缆两端铅包上，并绕包聚氯乙烯胶带 25mm 宽。注意焊点及扎丝头应处理平整，不应留有尖角、毛刺。

（26）固定密封护套管

将密封护套管套至接头的中间，并从密封护套管的中间开始向两端加热收缩。注意密封处应预先打磨并涂胶，胶宽度不少于 30mm。

10kV 油浸纸绝缘三芯电缆中间头单相剖面如图 3-34 所示。

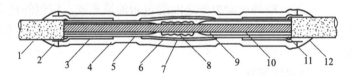

图 3-34　10kV 油浸纸绝缘三芯电缆中间头单相剖面
1—半导电管；2—防水密封胶；3—应力管；4—半导/绝缘复合管；
5—隔油管及四氟带；6—隔油管；7,11—应力疏解胶；8—连接管；
9—油浸纸绝缘；10—导体线芯；12—半导电带

3.4　35kV 三芯交联电缆热缩头制作工艺

3.4.1　35kV 三芯交联电缆热缩终端头制作工艺

（1）剥切外护套

按图 3-35 所示尺寸，剥除外护套。

（2）剥切铠装层

自外护套切口处保留 30～50mm（去漆），用铜绑线绑扎固定后其余剥除。注意切割深度不得超过铠装厚度的 2/3，切口应平齐，不应有尖角、锐边，切割时勿伤内层结构。

（3）剥切内衬层及填充物

自铠装切口处保留 20mm 内衬层，其余及其填充物剥除。注意不得伤及铜屏蔽层。

（4）安装地线

用铜绑线将地线扎紧在各相铜屏蔽层和去漆的钢铠上，并焊牢。注意扎丝不少于 3 道，焊面不小于圆周的 1/3，焊点及扎丝头应处理平整，不应留有尖角、毛刺。地线的密封段应做防潮处理（渗锡或绕包密封胶）。

（5）绕包填充胶

用填充胶绕包填充电缆分支处根部空隙及内衬层裸露部分的凹陷，外形似橄榄状，外径略大于电缆本体。在清理干净的地线和外护套切口处朝电缆方向绕包一层 30mm 宽的密封胶。

（6）固定指套

将指套套至线芯根部后加热固定，先缩根部，再缩袖口及手指。注意加热火焰朝收缩方向，软硬适中并不断旋转、移动。

（7）剥切铜屏蔽层

自指套端部量取 50mm 铜屏蔽层，用聚氯乙烯自黏带临时固定后其余铜屏蔽层剥除。注意切口应平齐，不得留有尖角。

（8）剥切外半导电层

按图 3-36 所示尺寸，保留铜屏蔽切口 20mm 以内的半导电层，其余剥除。注意切口应平齐，不留残迹（用清洗剂清洁绝缘层表面），切勿伤及主绝缘层。

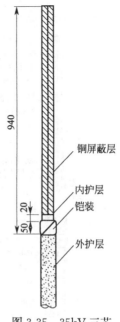

图 3-35　35kV 三芯电缆终端头剥切图

铜屏蔽层

内护层

铠装

外护层

940

20

50

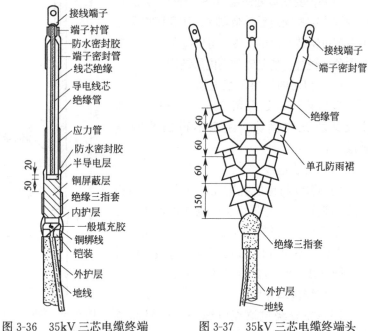

图 3-36　35kV 三芯电缆终端
头单相剖面

图 3-37　35kV 三芯电缆终端头
防雨裙安装

（9）固定应力控制管

剥除临时固定胶带，搭接铜屏蔽层 20mm，并从该点起加热固定。注意加热火焰朝收缩方向，软硬适中并不断旋转、移动。

（10）剥除主绝缘层

在线芯端部切除端子孔深加 5mm 的主绝缘层。注意不得伤及导电线芯。

（11）切削反应力锥

自主绝缘断口处量取 40mm，削成 35mm 锥体，留 5mm 内半导电层，要求锥体圆整。

（12）压接端子

每个端子压 2 道。注意压接后应去除尖角、毛刺。

（13）绕包密封胶

在反应力锥处包绕密封胶（或 J-30 橡胶绝缘自黏带）并搭接端子 10mm。注意绕包层表面应连续、光滑。

（14）固定内衬管

将内衬管套在端子上，然后加热固定。注意加热火焰软硬适中并不断旋转、移动。

（15）固定绝缘管

将绝缘管套至三叉口根部（管上端超出填充胶 10mm），并由根部开始加热收缩。注意加热火焰朝收缩方向，软硬适中并不断旋转、移动。

（16）固定密封管

将密封管套至端子与绝缘连接处，先预热端子，再从端子侧开始加热收缩。注意密封处应预先打磨并包胶。

（17）固定相色管

将相色管套在密封管上，加热固定，户内头安装完毕。

（18）固定雨裙

按图 3-37 所示尺寸，将防雨裙加热颈部固定在绝缘管上，户外头安装完毕。

3.4.2　35kV 三芯交联电缆热缩中间头制作工艺

（1）校直电缆

将电缆校直，两端重叠 200～300mm 确定接头中心后，在中心处锯断。注意清洁电缆两端外护套各 2m。

（2）剥切外护套

按图 3-38 所示尺寸，剥除外护套。

（3）剥切铠装层

自外护套切口处保留 30～50mm（去漆），用铜绑线绑扎固定后其余剥除。注意切割深度不得超过铠装厚度的 2/3，切口应平齐，不应有尖角、锐边。切割时勿伤内层结构。

（4）剥切内衬层及填充物

自铠装切口处保留 20mm 内衬层，其余及其填充物剥除。注意不得伤及铜屏蔽层。

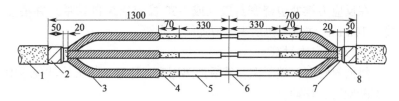

图 3-38　35kV 三芯电缆中间头剥切图

1—外护层；2—钢铠；3—铜屏蔽层；4—外半导电层；

5—绝缘层；6—导体线芯；7—内护层；8—铜绑线

（5）剥切铜屏蔽层

自线芯切断处向两端各量取 400mm 铜屏蔽层，用聚氯乙烯自黏带临时固定后其余铜屏蔽层剥除。注意切口应平齐，不得留有尖角。

（6）剥切外半导电层

按图 3-38 所示尺寸，保留铜屏蔽切口 70mm 以内的半导电层，其余剥除。注意切口应平齐，不留残迹（用清洗剂清洁绝缘层表面），切勿伤及主绝缘层。

（7）固定应力控制管

搭接外半导电层 50mm，并从该点起加热固定。注意加热火焰朝收缩方向，软硬适中并不断旋转、移动。

（8）包绕防水密封胶

在应力管前端包绕防水密封胶，使台阶成平滑过渡。

（9）套入管材

在电缆长端套入密封护套管，各线芯上套入绝缘管（2 根）和复合绝缘管以及屏蔽铜网；在电缆短端套入密封护套管。注意不得遗漏。

（10）剥除主绝缘层

在线芯端部切除 1/2 接管长加 5mm 的主绝缘层。注意不得伤及导电线芯。

（11）切削反应力锥

自主绝缘断口处量取 40mm，削成 35mm 锥体，留 5mm 内半导电层。注意要求锥体圆整。

（12）压接连接管

将电缆对正后压接连接管，两端各压 2 道。注意压接后应去除尖角、毛刺，压坑应用半导电带填平。

（13）绕包半导电带

用半导电带填平连接管的压坑，并与两端电缆的内半导电层搭接。注意绕包层表面应连续、光滑。

（14）绕包 J-30 绝缘带

在连接管两端的反应力锥之间绕包 J-30 绝缘带，绕包厚度约7mm。注意 J-30 绝缘带必须在最大拉伸状态下绕包，绕包层表面应连续、光滑。

（15）固定内绝缘管

将内绝缘管套在两端应力控制管之间，然后从中间开始向两端加热固定。注意加热火焰朝收缩方向，软硬适中并不断旋转、移动。

（16）固定外绝缘管

将外绝缘管套在内绝缘管的中间部位，然后从中间开始向两端加热固定。注意加热火焰朝收缩方向，软硬适中并不断旋转、移动。

（17）固定复合管

复合管在外绝缘管上面对称安装，并由中间开始加热收缩固定。注意火焰朝收缩方向，禁止使用硬火，加热收缩时火焰应不断旋转、移动。冬季施工时，内层需事先预热。

（18）绕包防水密封胶

在复合管两端的台阶处绕包防水密封胶，使台阶平滑过渡。注意绕包层表面应连续、光滑。

（19）绕包半导电带

在防水密封胶上面覆盖一层半导电带，两端各搭接复合管及电缆外半导电层不少于 20mm。注意绕包层表面应连续、光滑。

（20）安装屏蔽铜网

用铜扎丝将屏蔽铜网一端扎紧在电缆铜屏蔽层上，沿接头方向拉伸收紧铜网，使其紧贴在绝缘管上至电缆接头另一端的铜屏蔽层，用铜丝扎紧后翻转铜网并拉回原端扎牢。最后在两端扎丝处将铜网和铜屏蔽层焊牢。注意扎丝不少于 2 道，焊面不小于圆周的 1/3，焊点及扎丝头应处理平整，不应留有尖角、毛刺。

（21）安装地线

在电缆一端用铜绑线将地线扎紧在去漆的钢铠上并焊牢，然后缠绕扎紧线芯至电缆另一端，同样扎紧在去漆的钢铠上并焊牢。注意扎丝不少于 3 道，焊面不小于圆周的 1/3，焊点及扎丝头应处理平整，不应留有尖角、毛刺。

（22）安装金属护套

将金属护套两端分别固定并焊牢在电缆两端钢带上。注意焊点及扎丝头应处理平整，不应留有尖角、毛刺。中间头也可不装金属护套，外加保护壳。

（23）固定密封护套管

将密封护套管套至接头的中间，并从密封护套管的中间开始向两端加热收缩。注意密封处应预先打磨并涂胶，胶宽度不少于 100mm。

35kV 三芯电缆中间头单相剖面如图 3-39 所示。

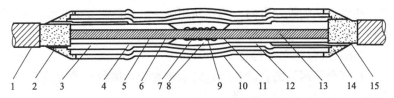

图 3-39　35kV 三芯电缆中间头单相剖面

1—铜屏蔽；2,9—半导电带；3—应力管；4,14—防水密封胶；5—绝缘层；
6—内半导电层；7—连接管；8—J-30 绝缘带；10—半导/绝缘复合管；
11—外绝缘管；12—内绝缘管；13—导体线芯；
15—外半导电层

3.5　15kV 交联电缆冷缩头制作工艺

3.5.1　15kV 单芯交联电缆冷缩终端头制作工艺

（1）剥切外护套

按图 3-40 和表 3-22 所示尺寸 $A+B$，剥除外护套。注意清洁切口 50mm 内的电缆外护套。

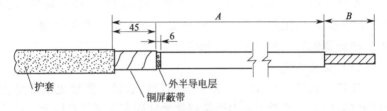

图 3-40　15kV 单芯交联电缆冷缩终端头剥切图

表 3-22　选型尺寸参考表

型　　号	导体截面/mm²	绝缘外径/mm	护套外径/mm	尺寸 A/mm	尺寸 B/mm
Ⅰ	35~70	16.3~22.9	20.3~30.5	245	端子孔深＋5
Ⅱ	95~240	21.3~33.8	25.4~40.6		
Ⅲ	300~500	27.9~41.9	33.0~48.3	255	
Ⅳ	400~800	33.0~49.5	38.1~61.0		

注：电缆绝缘外径为选型的最终决定因素，导体截面为参考。

（2）剥切铜屏蔽层

按图 3-40 所示尺寸，保留外护套切口 45mm 以内的铜屏蔽层，其余剥除。注意切口应平齐，不得留有尖角。

（3）剥切主绝缘层

按图 3-40 所示尺寸 B，剥除主绝缘层。注意不得伤及导电线芯。

（4）剥切外半导电层

按图 3-40 所示尺寸，保留铜屏蔽切口 6mm 以内的外半导电层，其余剥除。注意切口应平齐，不留残迹（用清洗剂清洁绝缘层表面），切勿伤及主绝缘层。

（5）清洁绝缘层表面

用清洁剂清洗电缆绝缘层表面。如果主绝缘层表面有划伤、凹坑或残留半导体，可用 120 号以下不导电的氧化铝砂纸进行打磨处理。注意切勿使清洁剂碰到外半导电层，打磨后的绝缘外径不得小于接头选用范围。

（6）绕包半导电带

按图 3-41(a) 所示尺寸，半叠绕 Scotch13 半导电胶带 2 层（一个往返），从铜屏蔽带上 20mm 处开始，绕至主绝缘层 15mm 处。注意绕包层表面应连续、光滑。

（7）安装地线

如图 3-41(b) 所示，在外护套切口的边缘，将接地铜环绕箍在铜屏蔽层上，或者用恒力弹簧将接地线固定在铜屏蔽层上。注意恒力弹簧的缠绕方向应顺着电缆铜屏蔽带的方向。接地线不应留有尖角、毛刺。

（8）防水处理

如图 3-41(c) 所示，在护套切口下 5mm 处，用防水胶带做防水处理。注意应在接地线上、下各绕包一层防水胶带。

（9）绕包 PVC 带

如图 3-41(d) 所示，用 PVC 带将恒力弹簧及防水胶带覆盖，并在半导电带下 100mm 处，绕包冷缩终端安装定位基准标识。注意绕包层表面应连续、光滑，标识位置准确。

（10）涂抹硅脂

如图 3-41(e) 所示，在半导电带与绝缘层搭接处，以及绝缘层表面涂抹硅脂。注意涂抹应均匀，不得遗漏。

（11）安装冷缩终端

如图 3-41(f) 所示，套上冷缩（预扩张式）终端（户内终端无伞裙），定位于标识带处，逆时针抽掉芯绳，使终端收缩固定。注意定位必须在标识处。

（12）压接端子

如图 3-41（g）所示，装上接线端子，对称压接，每个端子压 2 道。注意压接后应去除尖角、毛刺，并清洗干净。

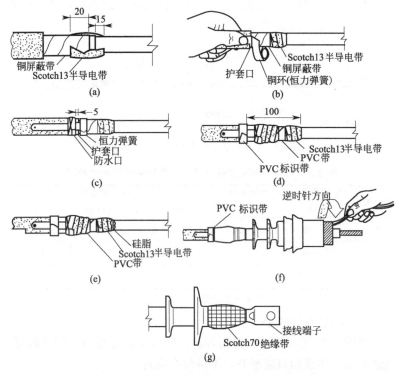

图 3-41　15kV 单芯电缆冷缩终端头施工示意

（13）包绕绝缘带

如图 3-41（g）所示，先用 Scotch23 绝缘带填满接线端子与绝缘之间的空隙，然后半叠绕 Scotch70 绝缘带 2 层，从终端上 25mm 处开始，绕至接线端子。注意绕包时应尽力拉伸绝缘带，绕包层表面应连续、光滑。

3.5.2　15kV 单芯交联电缆冷缩中间头制作工艺

（1）校直电缆

将电缆校直，两端重叠 200～300mm 确定接头中心后，在中心处锯断。

（2）剥切外护套

按图 3-42 和表 3-23 所示尺寸 $A+140\text{mm}$，剥除外护套。注意清洁切口处 42mm 内的电缆外护套。

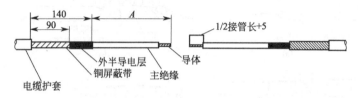

图 3-42　15kV 单芯电缆冷缩中间头剥切图

表 3-23　15kV 单芯交联电缆冷缩中间头选型尺寸参考

型　号	导体截面 /mm^2	绝缘外径 /mm	连接管外径 /mm	连接管最大长度/mm	尺寸 A /mm
Ⅰ	50～150	17.7～26.0	14.2～25.0	135	120
Ⅱ	150～240	22.3～33.2	18.0～33.0	145	125
Ⅲ	300～400	28.4～42.0	23.4～42.0	220	175

注：电缆绝缘外径为选型的最终决定因素，导体截面为参考。

（3）剥切铜屏蔽层

按图 3-42 所示尺寸，保留外护套切口 90mm 以内的铜屏蔽层，其余剥除。注意切口应平齐，不得留有尖角。

（4）剥切外半导电层

按图 3-42 所示尺寸，保留铜屏蔽切口 50mm 以内的外半导电层，其余剥除。注意切口应平齐，不留残迹（用清洗剂清洁绝缘层表面），切勿伤及主绝缘层。

（5）剥切主绝缘层

按图 3-42 所示尺寸（1/2 接管长＋5mm），剥除主绝缘层。注意不得伤及导电线芯。

（6）绕包半导电带

按图 3-44（a）所示尺寸，半叠绕 Scotch13 半导电胶带 2 层（一个往返），从铜屏蔽带上 40mm 处开始，绕至外半导电层 10mm

处。注意绕包端口应十分平整，绕包层表面应连续、光滑。

（7）清洁绝缘层表面

用清洁剂清洗电缆绝缘层表面。如果主绝缘层表面有划伤、凹坑或残留半导体，可用 120 号以下不导电的氧化铝砂纸进行打磨处理。注意切勿使清洁剂碰到外半导电层，打磨后的绝缘外径不得小于接头选用范围。

（8）套入管材

如图 3-44（b）所示，待绝缘表面干燥后，分别套入冷缩式（预扩张式）中间头和铜屏蔽网套。注意不得遗漏。

（9）压接连接管

将电缆对正后压接连接管，两端各压 2 道。注意压接后应去除尖角、毛刺，并且清洗干净。

（10）涂抹混合剂

如图 3-44（c）所示尺寸，将 P55/R 混合剂涂抹在半导体层与主绝缘交界处，然后把其余涂料均匀涂抹在主绝缘表面上。注意只能用 P55 混合剂，不能用硅脂。

15kV 单芯电缆冷缩终端头外形及剖面如图 3-43 所示。

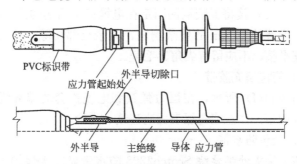

图 3-43　15kV 单芯电缆冷缩终端头外形及剖面

（11）确定校验点

如图 3-44（d）所示，测量绝缘端口之间尺寸 C，按尺寸 $1/2C$ 在接管上确定实际中心点 D，然后按量取 D 点到电缆一边铜屏蔽带 300mm 确定一个校验点 E。

（12）确定定位点

如图 3-44(e) 所示，按表 3-24 所示尺寸，在半导电屏蔽层上距离屏蔽层端口 X 处用 PVC 胶带做一标记，此处为接头收缩定位点。

表 3-24　定位尺寸表

导体截面/mm²	50	70	95	120	150	150	185	240	300	400
X/mm	35	35	30	25	25	35	30	25	30	25

（13）安装冷缩管

将冷缩（预扩张式）接头对准定位标记，逆时针抽掉芯绳，使接头收缩固定。在接头完全收缩后 5min 内，校验冷缩接头主体上的中心标记到校验点 E 的距离是否确实是 300mm，如有偏差，尽快左右抽动接头以进行调整。注意由于冷缩接头为整体预制式结构，中心定位应做到准确无误。

（14）安装屏蔽铜网

如图 3-44(f) 所示，沿接头方向拉伸收紧铜网，使其紧贴在冷缩管上至电缆接头两端的铜屏蔽层上，中间用 PVC 胶带固定三处，然后再用恒力弹簧将屏蔽铜网固定在电缆接头两端的铜屏蔽层上，保留恒力弹簧外 10mm 的屏蔽铜网，其余全部切除。注意铜网两端应处理平整，不应留有尖角、毛刺。

（15）绕包填充胶带

如图 3-44(f) 所示，在恒力弹簧和电缆护套的端部绕包 2 层 Scotch23 胶带。注意绕包层表面应连续、光滑。

（16）绕包防水带

在整个接头处半叠绕 Scotch2228 防水带做防水保护，并与两端护套搭接 60mm。注意绕包层表面应连续、光滑。

（17）绕包装甲带

在整个接头处半叠绕 Armorcast 装甲带（是一种柔软的玻璃纤维带，可以在 20min 内形成坚固持久的护套）做机械保护，并覆盖全部防水带。注意绕包层表面应连续、光滑。

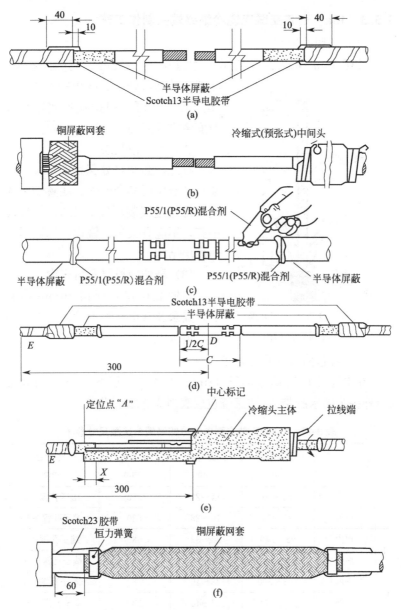

图 3-44 15kV 单芯电缆冷缩中间头施工示意

3.5.3 15kV 三芯交联电缆冷缩终端头制作工艺

（1）剥切外护套

按图 3-45 和表 3-25 所示尺寸 $A+B+25$mm，剥除外护套。

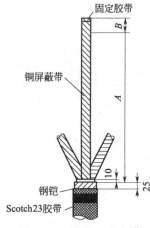

图 3-45　15kV 三芯电缆冷缩终端头剥切图

注意清洁切口处 50mm 内的电缆外护套。尺寸 A 可以根据现场实际尺寸及安装方式来确定。

（2）剥切铠装层

自外护套切口处保留 25mm（去漆）铠装层后其余剥除。注意切割深度不得超过铠装厚度的 2/3，切口应平齐，不应有尖角、锐边，切割时勿伤内层结构。

（3）剥切内衬层及填充物

自铠装切口处保留 10mm 内衬层，其余及其填充物剥除。注意不得伤及铜屏蔽层。

（4）绕包防水（自黏）带

在电缆外护套切口向下 15mm 处绕包 2 层 Scotch23 自黏带（户外头为防水胶带）。注意绕包层表面应连续、光滑。

表 3-25　15kV 三芯交联电缆冷缩终端头选型尺寸参考

型　　号		导体截面 /mm²	绝缘外径 /mm	尺寸 A /mm	尺寸 B /mm
Ⅰ	户内	25～70	14～22	560	端子孔深＋5
	户外	35～70	16～28	530	端子孔深＋10
Ⅱ	户内	95～240	20～33	680	端子孔深＋5
	户外	95～240	21～35	530	端子孔深＋10
Ⅲ	户内	300～500	28～46	680	端子孔深＋5
	户外	300～500	27～46	580	端子孔深＋10

注：电缆绝缘外径为选型的最终决定因素，导体截面为参考。

（5）固定铜屏蔽带

在电缆端头的顶部绕包 2 层 PVC 胶带，以临时固定铜屏蔽带。

（6）安装钢带地线

如图 3-46（a）所示，用恒力弹簧将第一条接地编织线固定在去漆的钢铠上。注意地线端头应处理平整，不应留有尖角、毛刺；线的密封段应做防潮处理（绕包密封胶）。

（7）绕包自黏带

如图 3-46（b）所示，用 Scotch23 自黏带半叠绕 4 层将钢带、恒力弹簧及内衬层包覆住。注意绕包层表面应连续、光滑。

（8）安装铜带地线

如图 3-46（b）、（c）所示，先在三芯根部的铜屏蔽层上缠绕第二条接地编织线，并向下引出，然后用恒力弹簧将第二条接地编织线固定住。注意第二条地线的位置与第一条相背；地线端头应处理平整，不应留有尖角、毛刺；地线的密封段应做防潮处理（绕包密封胶）。

（9）绕包自黏带

如图 3-46（d）所示，用 Scotch23 自黏带半叠绕 4 层将铜带地线的恒力弹簧包覆住。注意绕包层表面应连续、光滑。

（10）防水处理

在电缆外护套切口下的 Scotch23 自黏带（户外头为防水胶带）上，再绕包 2 层 Scotch23 自黏带（户外头为防水胶带），把两条地线夹在中间。注意两次绕包的 Scotch23 自黏带（户外头为防水胶带）必须重叠，绕包层表面应连续、光滑。

（11）绕包 PVC 胶带

如图 3-46（e）所示，在整个接地区域及 Scotch23 自黏带（户外头为防水胶带）外面绕包几层 PVC 胶带，将它们全部覆盖住。注意绕包层表面应连续、光滑。

（12）安装分支手套

如图 3-46（f）所示，把分支手套放在电缆根部，逆时针抽掉芯绳，先收缩颈部，再分别收缩手指。注意分支手套应尽量靠近根部。

(13) 固定接地线

如图 3-46(g) 所示，用 PVC 胶带将两条接地线固定在分支手套下的电缆护套上。

(14) 安装冷缩管

如图 3-46(g) 所示，在三根电缆线芯上分别套入冷缩式直管，与三叉手套的手指搭接 15mm，逆时针抽掉芯绳，使其收缩。注意定位必须准确。

(15) 校验尺寸（户外头无此项作业）

校验电缆端头顶部到冷缩式直管上端口的尺寸 C。如果 $C<250\text{mm}+B$，则进行第 (16) 步；如果 $C\geqslant 250\text{mm}+B$，则可跳过第 (16) 步而直接进行第 (17) 步。

(16) 剥切冷缩管（户外头无此项作业）

从冷缩式直管的上端口开始向下切除 $250\text{mm}+B-C$ 一段长度的冷缩直管。注意切除时，应用 PVC 胶带固定后环切，严禁轴向切割。切割端口应平整、光滑，无毛刺、划痕、裂口，不得伤及铜屏蔽层。

(17) 剥切铜屏蔽层

按图 3-46(h) 所示尺寸，从冷缩管上端口保留 30mm（户外头为 15mm）以内的铜屏蔽层，其余剥除。注意切口应平齐，不得留有尖角。

(18) 剥切外半导电层

按图 3-46(h) 所示尺寸，保留铜屏蔽切口 10mm（户外头为 5mm）以内的外半导电层其余剥除。注意切口应平齐，不留残迹（用清洗剂清洁绝缘层表面），切勿伤及主绝缘层。

(19) 剥切主绝缘层

按图 3-46(h) 和表 3-25 所示尺寸 B，剥除电缆端部主绝缘层。注意不得伤及导电线芯。

(20) 确定安装基准

按图 3-46(h) 所示尺寸，在冷缩管端口向下 25mm 处，用

PVC 胶带做一标识，此处为冷缩终端安装基准。

（21）绕包半导电带

按图 3-46(i) 所示尺寸，半叠绕 Scotch13 半导电胶带 2 层（一个往返），从铜屏蔽带上 10mm（户外头为 5mm）处开始，绕至主绝缘层 10mm（户外头为 5mm）处，再返回到起始点。注意绕包层表面应连续、光滑。

（22）压接端子

如图 3-46(j) 所示，装上接线端子，对称压接，每个端子压 2 道（当接线端子的宽度大于冷缩终端的内径时，请先套入终端，然后压接接线端子）。注意压接后应去除尖角、毛刺，并清洗干净。

（23）清洁绝缘层表面

用清洁剂清洗电缆绝缘层表面。如果主绝缘层表面有划伤、凹坑或残留半导体，可用 120 号以下不导电的氧化铝砂纸进行打磨处理。注意切勿使清洁剂碰到半导电带，不能用擦过接线端子的布擦试绝缘，打磨后的绝缘外径不得小于接头选用范围。

（24）涂抹硅脂

如图 3-46(j) 所示，在半导电带与绝缘层搭接处，以及绝缘层表面涂抹硅脂。注意涂抹应均匀，不得遗漏。

（25）绕包自黏带

用 Scotch23 自黏带填平接线端子与绝缘之间的空隙。注意绕包层表面应连续、光滑。

（26）安装冷缩终端

如图 3-46(j) 所示，套上冷缩式终端（QT Ⅱ），定位于 PVC 标识带处，逆时针抽掉芯绳，使终端收缩固定。注意收缩时不要向前推冷缩终端，以免向内翻卷；定位必须在标识处。

（27）包绕绝缘带

如图 3-46(j) 所示，从绝缘管开始至接线端子上，半叠绕 Scotch70 绝缘带 2 层（一个来回）。注意绕包时应尽力拉伸绝缘带，绕包层表面应连续、光滑。

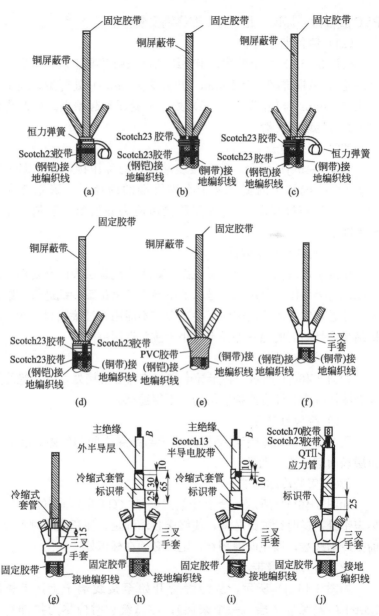

图 3-46　15kV 三芯电缆冷缩终端头施工示意

3.5.4　15kV三芯交联电缆冷缩中间头制作工艺

（1）校直电缆

将电缆校直，两端重叠 200～300mm，确定接头中心后，在中心处锯断。

（2）剥切外护套

按图 3-47 所示尺寸 500mm 和 700mm，剥除两端电缆外护套。注意清洁切口处 50mm 内的电缆外护套。

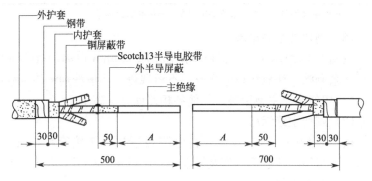

图 3-47　15kV三芯电缆冷缩中间头剥切图

（3）剥切铠装层

两端自外护套切口处各保留 30mm（去漆）铠装层，并用扎线将钢带牢固绑扎，其余剥除，然后用 PVC 胶带将钢带切口的锐边包覆住。注意切割深度不得超过铠装厚度的 2/3，切口应平齐，不应有尖角、锐边，切割时勿伤内层结构。

（4）剥切内衬层及填充物

两端自铠装切口处各保留 30mm 内衬层，其余及其填充物剥除。注意不得伤及铜屏蔽层。

（5）剥切铜屏蔽层

按图 3-47 和表 3-26 所示尺寸 $A+50$mm，剥除两端电缆的铜屏蔽层。注意切口应平齐，不得留有尖角。其他各相照此方法施工。

表 3-26　15kV 三芯交联电缆冷缩中间头选型尺寸参考

型号	电缆尺寸			尺寸 A /mm	连接管尺寸	
	绝缘外径 /mm	导体截面/mm²			外径 /mm	长度 /mm
		6/6 6/10	8.7/8.7 8.7/15			
Ⅰ	17.7～26.0	70～120	50～150	120	14.2～25.0	135
Ⅱ	22.3～33.2	150～240	150～240	125	18.0～33.0	145
Ⅲ	28.4～42.0	300～400	300～400	175	23.4～42.0	220

注：电缆绝缘外径为选型的最终决定因素，导体截面为参考。

（6）剥切外半导电层

按图 3-47 所示尺寸，保留铜屏蔽切口 50mm 以内的外半导电层，其余剥除。注意切口应平齐，不留残迹（用清洗剂清洁绝缘层表面），切勿伤及主绝缘层。其他各相照此方法施工。

（7）剥切主绝缘层

按图 3-48(a) 所示尺寸，在电缆两端按 1/2 接管长＋5mm，剥除主绝缘层。注意不得伤及导电线芯。其他各相照此方法施工。

（8）套入管材

如图 3-48(a) 所示，在电缆的剥切长端套入冷缩接头主体，在电缆的剥切短端套入铜屏蔽编织网套。注意不得遗漏，拉线端方向朝外。

（9）压接连接管

将电缆对正后压接连接管，两端各压 2 道。注意压接后应去除尖角、毛刺，并且清洗干净。按照此方法完成其他各相连接管的压接。

（10）清洁绝缘层表面

用配备的 CC-3 清洁剂清洗电缆绝缘层表面。如果主绝缘层表面有划伤、凹坑或残留半导体颗粒，可用 120 号以下不导电的氧化铝砂纸进行打磨处理。注意切勿使清洁剂碰到外半导电层，打磨后的绝缘外径不得小于接头选用范围。其他各相照此方法施工。

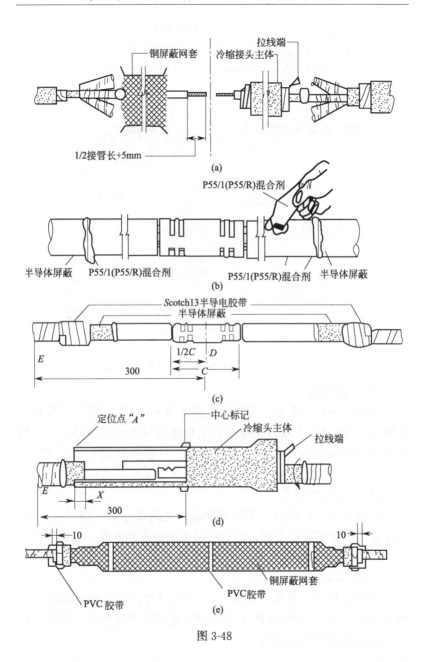

图 3-48

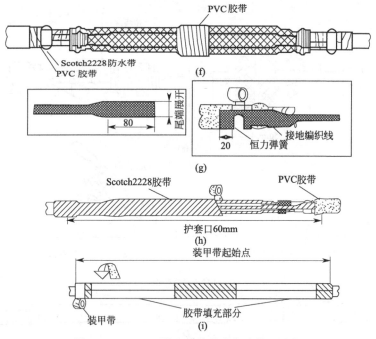

图 3-48 15kV 三芯电缆冷缩中间头施工示意

（11）涂抹混合剂

如图 3-48(b) 所示，待绝缘表面干燥后（必要时可用不起毛布擦拭），将 P55/1 混合剂涂抹在半导体层与主绝缘交界处，然后把其余涂料均匀涂抹在主绝缘表面上。注意只能用 P55/1（P55/R）混合剂，不能用硅脂。其他各相照此方法施工。

（12）确定校验点

如图 3-48(c) 所示，测量绝缘端口之间尺寸 C，按尺寸 1/2C 在接管上确定实际中心点，然后按量取中心点到电缆一边铜屏蔽带 300mm 确定一个校验点 E。其他各相照此方法施工。

（13）确定定位点

如图 3-48(d) 所示，按表 3-27 所示尺寸，在半导电屏蔽层上距离屏蔽层端口 X 处用 PVC 胶带做一标记，此处为接头收缩定位点。其他各相照此方法施工。

表 3-27　定位尺寸

型号	I					II			III	
导体截面/mm²	50	70	95	120	150	150	185	240	300	400
X/mm	35	35	30	25	25	35	30	25	30	25

（14）安装冷缩管

将冷缩（预扩张式）接头对准定位标记，逆时针抽掉芯绳，使接头收缩固定。在接头完全收缩后 5min 内，校验冷缩接头主体上的中心标记到校验点 E 的距离是否确实是 300mm，如有偏差，尽快左右抽动接头以进行调整。注意由于冷缩接头为整体预制式结构，中心定位应做到准确无误。其他各相照此方法施工。

（15）安装屏蔽铜网

如图 3-48（e）所示，沿接头方向拉伸收紧铜网，使其紧贴在冷缩管上至电缆接头两端的铜屏蔽层上，中间用 PVC 胶带固定三处，然后再用恒力弹簧将屏蔽铜网固定在电缆接头两端的铜屏蔽层上，保留恒力弹簧外 10mm 的屏蔽铜网，其余全部切除。注意铜网两端应处理平整，不应留有尖角、毛刺。其他各相照此方法施工。

（16）绕包 PVC 胶带

如图 3-48（e）所示，用 PVC 胶带半叠绕 2 层将固定屏蔽铜网的恒力弹簧包覆住。注意绕包层表面应连续、光滑。其他各相照此方法施工。

（17）绑扎电缆

用 PVC 胶带将电缆三芯紧密地绑扎在一起。注意应尽量绑扎紧。

（18）绕包防水带

如图 3-48（f）所示，在电缆两端的内衬层上绕包一层 Scotch2228 防水带做防水保护。如果需要将钢带接地与铜屏蔽接地分离时，还应用 Scotch2228 防水带将电缆两端内衬层之间统包一层。注意涂胶黏剂的一面朝外，绕包层表面应连续、光滑。

（19）安装铠装接地编织线

如图 3-48（g）所示，将编织线两端各展开 80mm，贴附在电缆接头两端的防水带、钢带上，并与电缆外护套搭接 20mm。然后用恒力弹簧将编织线固定在电缆钢带上（搭接在电缆外护套上的部分反折回来一并固定在钢带上）。

（20）绕包 PVC 胶带

如图 3-48（h）所示，用 PVC 胶带半叠绕 2 层将电缆两端的铠装层和固定编织线的恒力弹簧包覆住。注意不要包在 Scotch2228 防水带上，绕包层表面应连续、光滑。

（21）绕包防水带

在整个接头处半叠绕 Scotch2228 防水带做防水保护，并与两端护套搭接 60mm。注意防水带涂胶黏剂的一面朝里，绕包层表面应连续、光滑。

（22）绕包装甲带

如图 3-48（i）所示，在整个接头处半叠绕 Armorcast 装甲带做机械保护，并覆盖全部防水带。注意绕包层表面应连续、光滑。为得到最佳效果，30min 内不得移动电缆。

3.6 35kV 交联电缆冷缩头制作工艺

3.6.1 35kV 单芯交联电缆冷缩终端头制作工艺

（1）剥切外护套

按图 3-49 和表 3-28 所示尺寸 $A+B$，剥除外护套。注意清洁切口处 50mm 内的电缆外护套。

表 3-28　35kV 单芯交联电缆冷缩终端头选型尺寸参考

型号	导体截面 /mm^2	绝缘外径 /mm	护套外径 /mm	尺寸 A /mm	尺寸 B /mm
I	50～185	26.7～45.7	35.3～61.0	410	端子孔深＋5
II	240～630	38.9～58.9	46.8～71.1	420	

注：电缆绝缘外径为选型的最终决定因素，导体截面为参考。

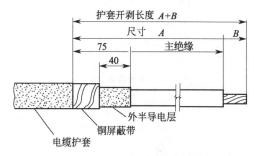

图 3-49　35kV 单芯电缆冷缩终端头剥切图

（2）剥切铜屏蔽层

按图 3-49 所示尺寸，保留外护套切口 35mm 以内的铜屏蔽层，其余剥除。注意为防止铜屏蔽带松散，可用 PVC 胶带临时固定。切口应平齐，不得留有尖角。

（3）剥切外半导电层

按图 3-49 所示尺寸，保留铜屏蔽切口 40mm 以内的外半导电层，其余剥除。注意切口应平齐，不留残迹（用清洗剂清洁绝缘层表面），切勿伤及主绝缘层。

（4）剥切主绝缘层

按图 3-49 所示尺寸 B，剥除主绝缘层。注意不得伤及导电线芯。

（5）第一层防水处理

如图 3-50(a) 所示，在护套切口下 6mm 处，用防水胶带做一道防水口。注意绕包层表面应连续、光滑。

（6）确定收缩基准

如图 3-50(b) 所示，从电缆半导电层端部向下量取 115mm，用 PVC 胶带做一明显标记，此处为冷缩绝缘管的收缩基准。注意标识位置必须准确。

（7）安装地线

如图 3-50(b) 所示，在外护套切口的边缘，用恒力弹簧将接地线固定在铜屏蔽层上。

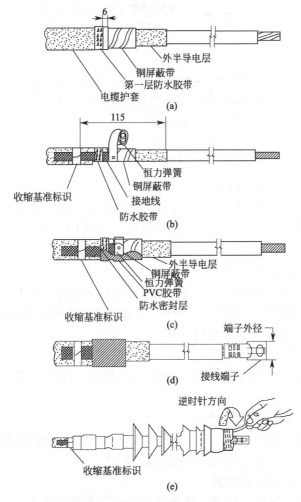

图 3-50　35kV 单芯电缆冷缩终端头施工示意

　　注意恒力弹簧的缠绕方向应顺着电缆铜屏蔽带的方向，接地线不应留有尖角、毛刺。

　　(8) 第二层防水处理

　　在电缆外护套切口下的第一层防水胶带上，再绕包 2 层防水胶带，把地线夹在中间。注意两次绕包的防水胶带必须重叠，绕包层表面应连续、光滑。

（9）绕包 PVC 带

如图 3-50（c）所示，半叠绕 PVC 胶带将铜屏蔽层、恒力弹簧及防水胶带覆盖住。注意严禁包住外半导电层，绕包层表面应连续、光滑。

（10）压接端子

如图 3-50（d）所示，装上接线端子，对称压接，每个端子压 2 道。当接线端子的宽度大于冷缩终端的内径时，先套入终端（不必收缩），然后压接接线端子。注意压接后应去除尖角、毛刺，并清洗干净。

（11）绕包胶带

当接线端子的外径小于表 3-29 中电缆绝缘外径选型范围的最小值时，应在接线端子上绕包所配备的胶带，直到其外径达到选型范围。

（12）清洁绝缘层表面

用清洁剂清洗电缆绝缘层表面。如果主绝缘层表面有划伤、凹坑或残留半导体，可用 120 号以下不导电的氧化铝砂纸进行打磨处理。注意切勿使清洁剂碰到外半导电层，严禁打磨半导电层，打磨后的绝缘外径不得小于接头选用范围。

（13）安装冷缩终端

如图 3-50（e）所示，套上冷缩（预扩张式）终端，定位于标识带处，逆时针抽掉芯绳。使终端收缩固定。注意收缩时不要向前推冷缩终端，以免向内翻卷；定位必须在标识处。

收缩后可用手在终端头顶部撸一下，以加快其回缩。

3.6.2　35kV 单芯交联电缆冷缩中间头制作工艺

（1）校直电缆

将电缆校直，两端重叠 200～300mm 确定接头中心后，在中心处锯断。

（2）剥切外护套

　　按图 3-51 和表 3-29 所示尺寸 $A+140$mm，剥除外护套。注意清洁两端电缆切口处 50mm 内的电缆外护套。

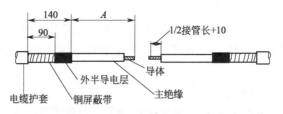

图 3-51　35kV 单芯交联电缆冷缩中间头剥切图

表 3-29　35kV 单芯交联电缆冷缩中间头尺寸参考

导体截面 /mm	绝缘外径 /mm	连接管外径 /mm	连接管最大长度/mm	尺寸 A/mm	
				≤300mm²	400mm²
185~500	33.4~53.8	22.1~53.8	197	215	205

注：电缆绝缘外径为选型的最终决定因素，导体截面为参考。

　　（3）剥切铜屏蔽层

　　按图 3-51 所示尺寸，保留外护套切口 90mm 以内的铜屏蔽层，其余剥除。注意切口应平齐，不得留有尖角。

　　（4）剥切外半导电层

　　按图 3-51 所示尺寸，保留铜屏蔽切口 50mm 以内的外半导电层，其余剥除。注意切口应平齐。不留残迹（用清洗剂清洁绝缘层表面），切勿伤及主绝缘层。

　　（5）剥切主绝缘层

　　按图 3-51 所示尺寸（1/2 接管长＋10mm），剥除主绝缘层。注意主绝缘切除长度不得超过 108mm，不得伤及导电线芯。

　　（6）绕包半导电带

　　按图 3-52(a) 所示尺寸，半叠绕 Scotch13 半导电胶带 2 层（一个往返），从铜屏蔽带上 40mm 处开始，绕至外半导电层 10mm 处。注意绕包端口应十分平整，绕包层表面应连续、光滑。

　　（7）套入管材

　　如图 3-52(b) 所示，分别将屏蔽铜网套、连接管适配器、冷缩中间头主体和冷缩护套管套入两端电缆上。注意不得遗漏。

（8）压接连接管

将电缆对正后对称压接连接管，两端各压 2 道。注意压接后应去除尖角、毛刺，并且清洗干净，连接管压接后延伸长度不得超过13mm（尤其是铝芯电缆）。

（9）安装连接管适配器

将冷缩连接管适配器置于连接管中心位置上，逆时针抽掉芯绳，使其定位于连接管中心。注意定位应准确。

（10）确定基准点

如图 3-52(c) 所示，测量绝缘端口之间尺寸 C，按尺寸 1/2C 在连接管适配器上确定实际中心点，然后在外半导电层上距离中心点 240mm 处用 PVC 胶带做一个明显标记，此处为冷缩中间接头收缩的基准点。

（11）清洁绝缘层表面

用所配的清洁剂 CC-3 清洗电缆绝缘层表面。如果主绝缘层表面有划伤、凹坑或残留半导体，可用 120 号以下不导电的氧化铝砂纸进行打磨处理。注意切勿使清洁剂碰到外半导电层，打磨后的绝缘外径不得小于接头选用范围。

（12）涂抹混合剂

如图 3-52(d) 所示，将红色 P55/R 绝缘混合剂涂抹在半导体层与主绝缘交界处，然后把其余涂料均匀涂抹在主绝缘表面上。注意只能用红色的 P55/R 绝缘混合剂，不能用硅脂。

（13）安装冷缩中间头

如图 3-52(e) 所示，将冷缩中间接头对准定位标记，逆时针抽掉芯绳，使接头收缩固定。注意中间接头必须搭接电缆两端的半导电层；收缩时不要向前推冷缩中间头，以免向内翻卷。

（14）安装屏蔽铜网

如图 3-52(f) 所示，沿接头方向拉伸收紧铜网，使其对称紧贴在冷缩管上至电缆头两端的铜屏蔽层上，中间用 PV 胶带固定四处，然后再用恒力弹簧将屏蔽铜网固定在电缆头两端的铜屏蔽层

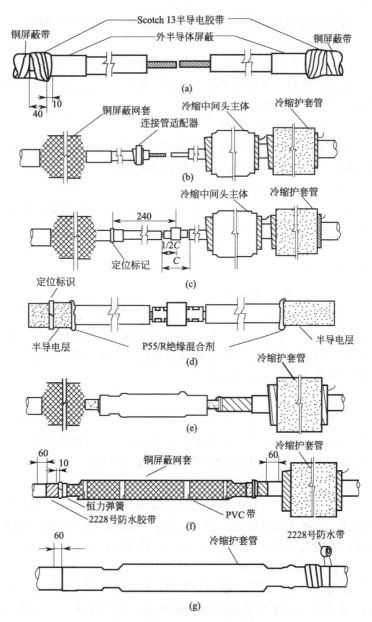

图 3-52　35kV 单芯电缆冷缩中间头施工示意

上，保留恒力弹簧外 10mm 的屏蔽铜网，其余全部切除。注意铜网两端应处理平整，不应留有尖角、毛刺。其他各相照此方法施工。

（15）绕包 PVC 胶带

在恒力弹簧和屏蔽铜网的边缘用 PVC 胶带（半叠绕）包覆住。注意绕包层表面应连续、光滑。

（16）绕包防水带

如图 3-52(f) 所示，在电缆头两端半叠绕 Scotch2228 防水带做防水保护，从电缆护套切口前 60mm 处至恒力弹簧。注意防水带涂胶黏剂的一面朝里，绕包层表面应连续、光滑。

（17）安装冷缩护套管

如图 3-52(g) 所示，将冷缩护套管对准 Scotch2228 防水带的边缘，逆时针抽掉芯绳，使护套管收缩固定。注意护套管必须覆盖电缆两端的防水带。

（18）绕包防水带

如图 3-52(g) 所示，从冷缩护套管端部外的 60mm（电缆护套）处，搭接冷缩护套管 30mm，半叠绕 2 层 Scotch2228 防水带。注意绕包层表面应连续、光滑。

（19）绕包 PVC 胶带

在冷缩护套管两端的防水带上半叠绕 PVC 胶带，将其覆盖住。注意绕包层表面应连续、光滑。

3.6.3　35kV 三芯交联电缆冷缩终端头制作工艺

（1）剥切外护套

按图 3-53 和表 3-30 所示尺寸 $A + B + 25mm$，剥除外护套。注意清洁切口处 50mm 内的电缆外护套。尺寸 A 可以根据现场实际尺寸及安装方式来确定。

（2）剥切铠装层

自外护套切口处保留 25mm（去漆）铠装层后其余剥除。注意切割深度不得超过铠装厚度的 2/3，切口应平齐，不应有尖角、锐边，切割时勿伤内层结构。

表 3-30 35kV 三芯交联电缆冷缩终端头选型尺寸参考

型号	导体截面 /mm²	绝缘外径 /mm	尺寸 A /mm	尺寸 B /mm	尺寸 C /mm
Ⅰ	50～185	26.7～45.7	1800	端子孔深＋5	410
Ⅱ	240～400	38.9～58.9	1800	端子孔深＋5	420

注：电缆绝缘外径为选型的最终决定因素，导体截面为参考。

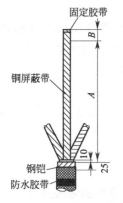

图 3-53　35kV 三芯电缆冷
缩终端头剥切图

（3）剥切内衬层及填充物

自铠装切口处保留 10mm 内衬层，其余及其填充物剥除。注意不得伤及铜屏蔽层。

（4）绕包防水胶带

在电缆外护套切口向下 25mm 处绕包 2 层防水胶带（户内头为 Scotch23 绝缘胶带）。注意绕包层表面应连续、光滑。

（5）固定铜屏蔽带

在电缆端头的顶部绕包 2 层 PVC 胶带，以临时固定铜屏蔽带。

（6）安装钢带地线

如图 3-54(a) 所示，用恒力弹簧将第一条接地编织线固定在去漆的钢铠上。注意地线端头应处理平整，不应留有尖角、毛刺；地线的密封段应做防潮处理（绕包密封胶）。

（7）绕包 PVC 胶带

如图 3-54(a) 所示，用 PVC 胶带半叠绕 2 层将钢带、恒力弹簧及内衬层包覆住。注意绕包层表面应连续、光滑。

（8）防水处理

把钢带接地线放在电缆外护套切口下的防水胶带上（户内头为 Scotch23 绝缘胶带），再绕包 2 层防水胶带（户内头为 Scotch23 绝缘胶带），把地线夹在中间，形成防水口。注意两次绕包的防水胶带（户内头为 Scotch23 绝缘胶带）必须重叠，绕包层表面应连续、光滑。

（9）安装分支手套

如图 3-54（b）所示，把冷缩式分支手套放在电缆根部，逆时针抽掉芯绳，先收缩颈部，再分别收缩手指。注意分支手套应尽量靠近根部。

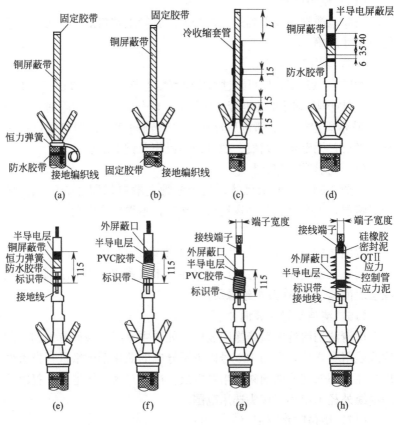

图 3-54　35kV 三芯电缆冷缩终端头施工示意

（10）固定接地线

如图 3-54（b）所示，用 PVC 胶带将接地线固定在分支手套下的电缆护套上。

（11）安装冷缩管

如图 3-54(c) 所示，在三根电缆线芯上分别依次套入第一根冷缩式直管，与三叉手套的手指搭接 15mm，逆时针抽掉芯绳，使其收缩。然后再同样安装第二根、第三根冷缩式直管，每根直管与前一根直管搭接 15mm。注意定位必须准确。

（12）校验尺寸

校验电缆端头顶部到第三根冷缩式直管上端口的尺寸 L。注意要求尺寸准确。

（13）剥切冷缩管

如果 $L=C+B$，则可跳过本步而直接进行下一步；如果 $L<C+B$ 时，则应剥切多余的冷缩管，直到 $L=C+B$。注意切除时，应用 PVC 胶带固定好切割部位后环切，严禁轴向切割；切割端口应平整、光滑，无毛刺、划痕、裂口；不得伤及铜屏蔽层。

（14）剥切铜屏蔽层

按图 3-54(d) 所示尺寸，从冷缩管上端口保留 35mm 以内的铜屏蔽层，其余剥除。注意切口应平齐，不得留有尖角。

（15）剥切外半导电层

按图 3-54(d) 所示尺寸，保留铜屏蔽切口 40mm 以内的外半导电层，其余剥除。注意切口应平齐，不留残迹（用清洗剂清洁绝缘层表面），切勿伤及主绝缘层。

（16）清洁绝缘层表面

用清洁剂清洗电缆绝缘层表面。如果主绝缘层表面有划伤、凹坑或残留半导体，可用 120 号以下不导电的氧化铝砂纸进行打磨处理。注意切勿使清洁剂碰到半导电层，严禁打磨半导电层，打磨后的绝缘外径不得小于接头选用范围。

（17）绕包防水胶带

按图 3-54(d) 所示尺寸，在冷缩管切口向下 6mm 处绕包一层防水胶带。注意绕包层表面应连续、光滑。

（18）剥切主绝缘层

按表 3-30 所示尺寸 B，剥除电缆端部主绝缘层。注意不得伤及导电线芯。

（19）确定安装基准

按图 3-54（e）所示尺寸，从电缆外半导电层端部往下量取 115mm 处，用 PVC 胶带做一明显标识，此处为冷缩终端安装基准。

（20）安装铜带地线

如图 3-54（e）所示，用恒力弹簧把接地线固定在三根线芯的铜屏蔽层根部。注意地线端头应处理平整，不应留有尖角、毛刺；地线的密封段应做防潮处理（绕包密封胶）。

（21）防水处理

把铜带接地线放在冷缩管切口下的防水胶带上，再绕包一层防水胶带，把地线夹在中间，形成防水口。注意两次绕包的防水胶带必须重叠，绕包层表面应连续、光滑。

（22）绕包 PVC 胶带

如图 3-54（f）所示，用 PVC 胶带半叠绕 2 层（一个来回）将铜带、恒力弹簧及防水带包覆住。注意严禁包住外半导电层，绕包层表面应连续、光滑。

（23）压接端子

如图 3-54（g）所示，装上接线端子，对称压接，每个端子压 2 道。当接线端子的宽度大于冷缩终端的内径时，请先套入终端（不必收缩），然后压接接线端子。注意压接后应去除尖角、毛刺，并清洗干净。

（24）绕包胶带

用胶带填平接线端子与绝缘之间的空隙，当接线端子的外径小于表 3-30 中电缆绝缘外径选型范围的最小值时，应在接线端子上绕包所配备的胶带，直到其外径达到选型范围。注意绕包层表面应连续、光滑。

（25）涂抹硅脂

在半导电层与绝缘层搭接处，以及绝缘层表面涂抹硅脂。注意涂抹应均匀，不得遗漏。

（26）安装冷缩终端

如图 3-54(h) 所示，套上冷缩式终端（QTⅡ），定位于 PVC 标识带处，逆时针抽掉芯绳，使终端收缩固定。注意收缩时不要向前推冷缩终端，以免向内翻卷；定位必须在标识处。

收缩后可用手在终端头顶部撸一下，以加快其回缩。

3.6.4 35kV 三芯交联电缆冷缩中间头制作工艺

（1）校直电缆

将电缆校直，两端重叠 200～300mm 确定接头中心后，在中心处锯断。

（2）剥切外护套

按图 3-55 所示尺寸 600mm（Ⅲ型为 700mm）和 800mm（Ⅲ型为 900mm），剥除两端电缆外护套。注意清洁切口处 50mm 内的电缆外护套。

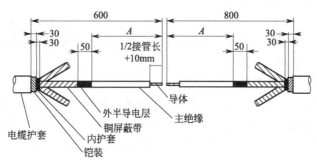

图 3-55　35kV 三芯交联电缆冷缩中间头剥切图

（3）剥切铠装层

按图 3-55 所示尺寸，两端自外护套切口处各保留 30mm（去漆）铠装层，并用扎线将钢带牢固绑扎，其余剥除，然后用 PVC 胶带将钢带切口的锐边包覆住。注意切割深度不得超过铠装厚度的 2/3，切口应平齐，不应有尖角、锐边，切割时勿伤内层结构。

（4）剥切内衬层及填充物

按图 3-55 所示尺寸，两端自铠装切口处各保留 30mm 内衬层，其余及其填充物剥除。注意不得伤及铜屏蔽层。

（5）剥切铜屏蔽层

按图 3-55 和表 3-31 所示尺寸 $A+50\mathrm{mm}$，剥除两端电缆的铜屏蔽层。注意切口应平齐，不得留有尖角。其他各相照此方法施工。

表 3-31　35kV 三芯交联电缆冷缩中间头选型尺寸参考

型号	电缆尺寸			尺寸 A /mm	连接管尺寸	
	绝缘外径 /mm	导体截面/mm²			外径 /mm	长度 /mm
		铝芯	铜芯			
I	26.7～42.7	50～70	50～95	185	13.0～19.3	160
II	26.7～42.7	95～150	120～150	180	17.4～26.7	160
III	33.4～53.8	185～500	185～300	215	22.1～53.8	197
			400	205		

注：电缆绝缘外径为选型的最终决定因素，导体截面为参考。

（6）剥切外半导电层

按图 3-55 所示尺寸，保留铜屏蔽切口 50mm 以内的外半导电层，其余剥除。注意切口应平齐，不留残迹（用清洗剂清洁绝缘层表面），切勿伤及主绝缘层。其他各相照此方法施工。

（7）剥切主绝缘层

按图 3-55 所示尺寸，在电缆两端按 1/2 接管长 +10mm 的长度，剥除主绝缘层。注意不得伤及导电线芯。其他各相照此方法施工。

（8）绕包半导电带

按图 3-56（a）所示尺寸，半叠绕 Scotch13 半导电胶带 2 层（一个往返），从铜屏蔽带上 40mm 处开始，绕至外半导电层 10mm 处。注意绕包端口应十分平整，绕包层表面应连续、光滑。其他各相照此方法施工。

（9）套入管材

如图 3-56（b）所示，在电缆的剥切长端套入冷缩接头主体，在电缆的剥切短端套入铜屏蔽编织网套和连接管适配器。注意拉线端方向朝外，Ⅰ型选用白色芯绳的连接管适配器，Ⅱ型选用红色芯绳的连接管适配器，不得遗漏。其他各相照此方法施工。

（10）压接连接管

将电缆对正后对称压接连接管，两端各压2道。注意连接管压接后延伸长度不得超过13mm（尤其是铝芯电缆），压接后电缆两端半导电层之间距离不得超过375mm（Ⅲ型为413mm）。压接后应去除尖角、毛刺，并且清洗干净。其他各相照此方法施工。

（11）安装连接管适配器

将冷缩连接管适配器置于连接管中心位置上，逆时针抽掉芯绳，使其定位于连接管中心。注意定位应准确。

（12）确定基准点

如图3-56(c)所示，测量绝缘端口之间尺寸 C，按尺寸 1/2C 在连接管适配器上确定实际中心点 D，然后在外半导电层上距离 D 点215mm（Ⅲ型为240mm）处用PVC胶带做一个明显标记，此处为冷缩中间头收缩的基准点。

（13）清洁绝缘层表面

用配备的CC-3清洁剂清洗电缆绝缘层表面。如果主绝缘层表面有划伤、凹坑或残留半导体颗粒，可用120号以下不导电的氧化铝砂纸进行打磨处理。注意切勿使清洁剂碰到外半导电层，打磨后的绝缘外径不得小于接头选用范围。其他各相照此方法施工。

（14）涂抹混合剂

如图3-56(d)所示，待绝缘表面干燥后（必要时可用不起毛布擦拭），将P55/R混合剂涂抹在半导电层与主绝缘交界处，然后把其余涂料均匀涂抹在主绝缘表面上。注意只能用红色P55/R绝缘混合剂，不能用硅脂。其他各相照此方法施工。

（15）安装冷缩中间头

将冷缩（预扩张式）接头对准PVC胶带的定位标记，逆时针抽掉芯绳，使接头收缩固定。注意中间头必须搭接电缆两端的半导电层；收缩时不要向前推冷缩中间头，以免向内翻卷。其他各相照此方法施工。

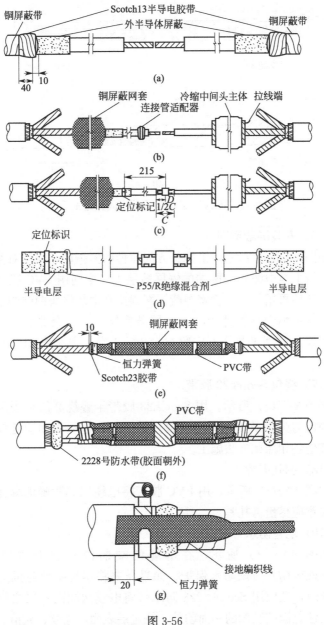

图 3-56

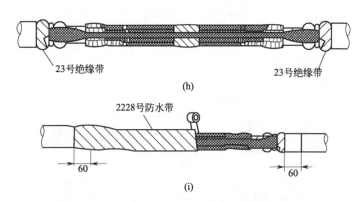

图 3-56　35kV 三芯电缆冷缩中间头施工示意

（16）安装屏蔽铜网

如图 3-56（e）所示，沿接头方向拉伸收紧铜网，使其对称紧贴在冷缩管上至电缆接头两端的铜屏蔽层上，中间用 PVC 胶带固定四处，然后再用恒力弹簧将屏蔽铜网固定在电缆接头两端的铜屏蔽层上，保留恒力弹簧外 10mm 的屏蔽铜网，其余全部切除。注意铜网两端应处理平整，不应留有尖角、毛刺。其他各相照此方法施工。

（17）绕包 Scotch23 胶带

如图 3-56（e）所示，用 Scotch23 胶带半叠绕 2 层将固定屏蔽铜网的恒力弹簧及铜网边缘包覆住。注意绕包层表面应连续、光滑。其他各相照此方法施工。

（18）绑扎电缆

如图 3-56（f）所示，用 PVC 胶带将电缆三芯紧密地绑扎在一起。注意应尽量绑扎紧。

（19）绕包防水带

如图 3-56（f）所示，在电缆两端的内衬层上绕包一层 Scotch2228 防水带做防水保护。如果需要将钢带接地与铜屏蔽接地分离时，还应用 Scotch2228 防水带将电缆两端内衬层之间统包一层。注意涂胶黏剂的一面朝外，绕包层表面应连续、光滑。

（20）安装铠装接地编织线

如图 3-56（g）所示，将编织线两端各展开 80mm，贴附在电缆接头两端的防水带、钢带上，并与电缆外护套搭接 20mm。然后用恒力弹簧将编织线固定在电缆钢带上（搭接在电缆外护套上的部分反折回来一并固定在钢带上）。

（21）绕包 Scotch23 胶带

如图 3-56（h）所示，用 Scotch23 胶带半叠绕 2 层将电缆两端的铠装层和固定编织线的恒力弹簧包覆住。注意不要包在 Scotch2228 防水带上，绕包层表面应连续、光滑。

（22）绕包防水带

如图 3-56（i）所示，在整个接头处半叠绕 Scotch2228 防水带做防水保护，并与两端护套搭接 60mm。注意防水带涂胶黏剂的一面朝里，绕包层表面应连续、光滑。

（23）绕包装甲带

如图 3-56（i）所示，在整个接头处半叠绕 Armorcast 装甲带做机械保护，并覆盖全部防水带。注意绕包层表面应连续、光滑；为得到最佳效果，30min 内不得移动电缆。

3.7　特种电缆的安装

3.7.1　防火电缆的安装工艺方法

在高层建筑和火灾危险场所的供电系统常采用防火电缆。防火电缆也称铜皮电缆，是由铜导线嵌置在坚韧的无缝铜管中，导线和铜管间是紧密压实的氧化镁绝缘材料。

铜皮电缆有轻负荷和重负荷、单芯和多芯裸铜皮及带塑料外护套之分。轻负荷电缆额定电压为 600V，重负荷电缆额定电压为 1000V。防火电缆的主要特点是耐火、无烟，燃烧时不会放出有毒气体，适用于重要场所和高层建筑的供电系统、应急电源线路，也适用于高温区域电气设备的供电线路。其连续运行的最高温度为 250℃，在短时间内可以允许更高的温度（接近铜皮的熔点）。就电缆本身而言，可以通过 5 倍额定电流而不熔化。

（1）电缆的检测

① 用 1000V 摇表测试绝缘电阻，相与相、相与零、相与地（铜皮）均应大于 200MΩ。

② 直流耐压试验，3kV 试验 10min 无泄漏。

③ 有产品合格证和生产制造许可证的复印件。

④ 外观完好，无破损，无机械损伤，无挤压伤痕。

（2）敷设方法

敷设方法基本于常规电缆敷设相同，一般应用人力牵引，在转弯处要保证电缆的最小弯曲半径，弯曲半径≥6 倍电缆直径，并要防止电缆扭伤和机械损伤。

电缆一般为明设，宜将不同相的几根电缆相互靠近，用卡子固定在支架上。电缆固定点间距见表 3-32。

表 3-32 防火电缆固定点间距

电缆截面/mm²	水平间距/mm	垂直间距/mm
50 以下	900	1200
50～150	1500	1500

电缆进入设备时，应采用专用的终端束固定，见图 3-57。方法是将裸铜皮电缆穿入后螺母、压缩衬环、束头体、铜板（或铝板）束头，夹在后螺母和束头体中间，后螺母和束头体结合拧紧，压缩衬环横向压缩，使电缆、束头、铜板（或铝板）束头紧密连接在一起，再将铜板（或铝板）固定在配电柜壳体开口处，达到固定电缆和接地的目的。铜皮电缆不需单独接地，用铜板（或铝板）是为了防止电缆在设备进口处使外壳产生环流。这里配电柜外壳应可靠接地。

（3）铜皮电缆电缆头的制作安装

① 铜皮电缆配件。它是随电缆成套供应的电缆头专用件，随电缆的规格而不同。

a. 内有自攻螺纹黄铜封杯和石英玻璃杯盖（适用于 185℃），

见图 3-58。

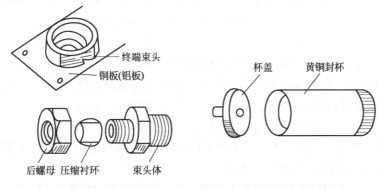

图 3-57　铜电缆终端束示意　　　图 3-58　黄铜封杯及杯盖

b. 电缆封口膏。由厂家直接进货。

c. 热缩型套管。有封端套管和导线套管两种，封端套管内部涂有一层热熔黏合剂，见图 3-60。

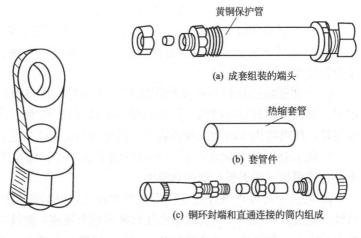

(a) 成套组装的端头

(b) 套管件

(c) 铜环封端和直通连接的筒内组成

图 3-59　铜接线端子　　　图 3-60　直通连接器示意

d. 电缆束头。由束头体、后螺母和压缩衬环组成，见图 3-57。

e. 铜带。制作固定电缆卡子用，宽 16mm，厚 2mm，每卷 5m。

f. 铜接线端子即铜鼻子，见图 3-59。接线端子后部有螺纹，内有衬环，配以螺母和导线连接。使用时将线头插入螺母内衬环，拧紧螺母压缩衬环，使电缆线芯和接线端子牢固连接。

g. 直接连接器，用来连接相同直径的两条电缆，即作为电缆中间头。直通连接器由两端均有内螺纹的无缝黄铜管、束头、铜环封端或热缩封端套管、连接器和绝缘套管组成，见图 3-60。

② 铜皮电缆封端技术要求及工艺做法。铜皮电缆中的氧化镁极易受潮，因此，电缆头和中间头的制作必须保证氧化镁不受潮，否则电缆的绝缘强度要降低。

a. 先用 500V 摇表测量绝缘电阻，大于 200MΩ 为合格，否则要驱潮。方法是用喷灯文火随电缆由受潮段向端头慢慢加热，温度不宜过高，一般不超过 90℃或电缆外皮退色为止。冷却后重新测量绝缘，直到合格。

b. 选择封端类型。封端分适用于连续运行温度 20～105℃和 80～185℃两种。要按电缆敷设的场所和部位而选择。

c. 根据设备接线位置，量出所需电缆长度，用钢锯锯断。

d. 确定封杯的位置，用割刀在铜皮圆周上割切一条深痕，深度为铜皮厚度的 2/3。

e. 用钳子或边切钳在电缆端部撕开一个小口，再将撕开的铜皮钳入剥离棒的开口狭槽内。使剥离棒与电缆保持 45°角，绕着电缆旋转，使电缆铜皮沿棒绕成螺旋形，直至将铜皮剥落为止。

f. 除去外露的氧化镁，并用干布将线芯擦干净。将电缆终端束头、黄铜板（或铝板）套在电缆上。

g. 将黄铜封环垂直拧在电缆端头的护皮上，开始时先用手顺时针拧进铜皮，然后再用管钳子夹住封杯的滚花底座，继续拧进至护皮端头留一扣即可。要注意封杯固定好后不能反向拧动，否则会使封杯松动，影响密封。

h. 清除封杯拧紧时的金属细丝等杂物，可用皮老虎或气筒，千万不可用嘴吹，避免受潮。然后用摇表测绝缘电阻，合格后，从封口膏管中将膏质挤入封杯。应从封杯的一侧挤入过量的膏，避免将空气滞留在封杯内，操作过程中不能污染杯口。

i. 将大头套管穿过杯盖，再将大头拉紧至紧贴盖里面。将石英玻璃盖嵌入封杯中，用压钳在封杯上压 4 个坑，即将杯盖与封杯固定牢固，然后将导线套管套在外露的导线上，成型后见图 3-61。

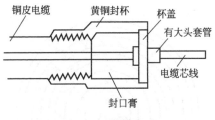

图 3-61　封端成型

j. 上好接线端子。若用热缩管封端则比较简单，做法是按上述方法做到 f. 步后，即将热缩套管套在清理干净的导线和相邻的铜皮上，2/3 套在铜皮上，1/3 套在导线上，见图 3-62。具体做法是先预热电缆铜皮和导线，再套上封端套管，然后用文火绕着封端套均匀加热，并慢慢向导线方向移动火源，使套管逐渐收紧，紧紧黏合在铜皮和导线上。再将导线套管套在导线上，覆盖住导线上的热缩套管，同上述方法加热导线套管，

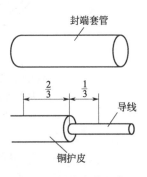

图 3-62　封端套管的使用

先使导线在封端上收缩，然后再在导线上逐渐收缩，直至套管完全收缩为止。热缩封端成型后见图 3-63。

3.7.2　屏蔽电缆的安装工艺方法

在一些强磁场和强电场的特殊场所，信号和控制系统常采用屏蔽电缆，防止信号的干扰和电缆相互间的干扰。屏蔽电缆种类很多，常用的有下列几种，结构见图 3-64～图 3-67。

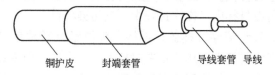

图 3-63　热缩封端成型

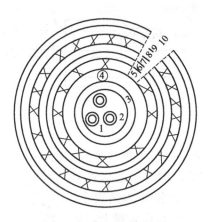

图 3-64　屏蔽电缆结构（一）

1—多根铜芯线；2,3,6—绝缘层；4—屏蔽导线；
5—屏蔽箔层；7—塑料护层；8—皱纹纸；
9—钢铠；10—外护套

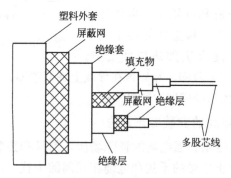

图 3-65　屏蔽电缆结构（二）

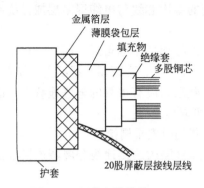

金属箔层
薄膜袋包层
填充物
绝缘套
多股铜芯
护套
20股屏蔽层接线层线

图 3-66　屏蔽电缆结构（三）

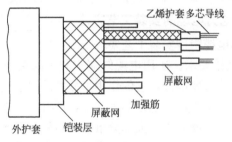

乙烯护套多芯导线
屏蔽网
加强筋
屏蔽网
外护套　铠装层

图 3-67　屏蔽电缆结构（四）

由图可见，在这些电缆中都有一个或两个屏蔽层。由于其结构不同，屏蔽效果也不同。若用金属的编织网作为屏蔽层，单层屏蔽效率为 95%；双层屏蔽效率为 98%；若用铠装型屏蔽电缆，效率为 100%。

屏蔽电缆的施工有以下要求。

① 敷设线路应远离热源，其周围环境温度超过 65℃ 时，应采取隔热措施。

② 敷设线路不应与电力电缆平行。在同一电缆汇线槽中和其他电缆共同敷设时，二者应用金属板隔开。

③ 信号回路接地与屏蔽接地，可共用一个单独设置的接地极。同一信号回路或同一线路的屏蔽层，只能有一个接地点。

④ 屏蔽电缆的备用芯线与电缆屏蔽层或排拢线，应在同一侧接地。

⑤ 屏蔽电缆的接地要牢固可靠，而且只可单端接地，接地端接在控制室内的控制盘上，在现场一端不应与仪表或接地体连接。

⑥ 线路的屏蔽层，应有可靠的电气连续性，而且应与已接地设备的金属部分可靠地绝缘。

⑦ 屏蔽层不得通过安全栅接地。

⑧ 安全火花型线路内的接地线和屏蔽连接线的外表面应有绝缘层。

⑨ 屏蔽层与屏蔽导线应接触良好，但不必焊在一起。

⑩ 控制室内屏蔽线最终应接到控制盘的屏蔽接地线端子上去。

3.7.3　矿用电力电缆的安装工艺方法

（1）矿用电缆附件安装工艺要求

① 导体连接要求。矿用电缆终端头和中间接头，是输变电矿用电缆线路中的重要部件，它的作用是分散矿用电缆终端头外屏蔽切断处的电场，保护矿用电缆不被击穿，还有内、外绝缘和防水等作用。在矿用电缆线路中，大部分事故是附件引起的，所以接头附件质量的好坏，对整个输变电的安全可靠起十分重要的作用。矿用电缆连接导体连接要求低电阻和足够的机械强度，连接处不能出现尖角。中低压矿用电缆导体连接常用的是压接，压接应注意以下几点：

a. 选择合适的电导率和机械强度的导体连接管；

b. 压接管内径与被连接线芯外径的配合间隙取 0.8～1.4mm；

c. 压接后的接头电阻值不应大于等截面导体的 1.2 倍，铜导体接头抗拉强度不低于 $60N/mm^2$；

d. 压接前，导体外表面与连接管内表面涂以导电膏，并用钢丝刷清除导体表面氧化膜；

e. 连接管、线芯导体上的尖角、毛边等，用锉刀或砂纸打磨光滑。

② 内半导体屏蔽的处理。凡矿用电缆本体具有内屏蔽层的，

在制作接头时必须恢复压接管导体部分的接头内屏蔽层，矿用电缆的内半导体屏蔽均要留出一部分，以便使连接管上的连接头内屏蔽能够相互连通，确保内半导体的连续性，从而使接头接管处的场强均匀分布。

③ 外半导体屏蔽的处理。外半导体屏蔽是矿用电缆和接头绝缘外部起均匀电场作用的半导电材料，同内半导体屏蔽一样，在矿用电缆及接头中起到了十分重要的作用。外半导体端口必须整齐均匀还要求与绝缘平滑过渡，并在接头增绕半导体带与矿用电缆本体外半导体屏蔽搭接连通。

④ 矿用电缆反应力锥的处理。矿用电缆附件施工时形状、尺寸准确无误的反应力锥，在整个锥面上电位分布是相等的，在制作交联矿用电缆反应锥时，一般采用专用切削工具，也可以用微火稍许加热，用快刀进行切削，基本成型后，再用厚玻璃修刮，最后用砂纸由粗至细进行打磨，直至光滑为止。

⑤ 金属屏蔽及接地的处理。矿用电缆金属屏蔽在矿用电缆及接头中的作用主要是用来传导矿用电缆故障短路电流，以及屏蔽电磁场对临近通信设备的电磁干扰，运行状态下金属屏蔽在良好的接地状态下处于零电位，当矿用电缆发生故障之后，它具有在极短的时间内传导短路电流的能力。接地线应可靠焊接，终端头的接地应可靠。

⑥ 接头的密封和机械保护。接头的密封和机械保护是确保接头安全可靠运行的保障。应防止接头内渗入水分和潮气，另外在接头位置应搭砌接头保护槽或装设水泥保护盒等。

(2) 矿用电缆敷设方式

矿用电缆工程敷设方式的选择应根据工程条件、环境特点和电缆类型、数量等因素确定，且按运行可靠便于维护的要求和经济技术合理的原则来选择。矿用电缆敷设方式一般选择排管敷设、沟道敷设、隧道敷设、直埋敷设、水下敷设，以及上述方式交互结合的方式敷设，具体的敷设方法分为人力敷设和机械敷设。电缆敷设方式的选择应根据工程项目中电缆类型及数目、电缆路径特点等因素来选择。

① 直埋敷设。直埋敷设具有投资省的显著优点，是被广为采用的一种敷设方式。敷设电缆前，应检查电缆表面有无机械损伤；并用 1kV 兆欧表遥测绝缘，绝缘电阻一般不低于 10MΩ。但由于安全性较差，很容易遭受外力破坏，所以现在不作为电缆永久性敷设方式，只作临时过渡考虑。直埋敷设应注意以下几点。

a. 电缆沟的深度应按有关规划部门提供的标高来决定，必须保证电缆的埋设深度。直埋电缆的深度不应小于 0.7m，穿越农田时不应小于 1m。直埋电缆的沟底应无硬质杂物，沟底铺 100mm 厚的细土或黄砂，电缆敷设时应留全长 0.5%～1% 的裕度，敷设后再加盖 100mm 的细土或黄砂，然后用水泥盖板保护，其覆盖宽度应超过电缆两侧各 500mm，也可用砖块替代水泥盖板。回填至沟深的一半时，建议铺一层带有警示标志的彩条布。待回填完成后，应在电缆转弯处、中间接头处、与其他管线交叉处等特殊位置放置明显的方位标志和标桩，以增强防止外力破坏的能力。

b. 电缆穿越道路及建筑物或引出地面高度在 2m 以下的部分，均应穿钢管保护。保护管长度在 30m 以下者，内径不应小于电缆外径的 1.5 倍，超过 30m 以上者不应小于 2.5 倍，两端管口应做成喇叭形，管内壁应光滑无毛刺，钢管外面应涂防腐漆。电缆引入及引出电缆沟、建筑物及穿入保护管时，出入口和管口应封闭。

c. 交流四芯电缆穿入钢管或硬质塑料管时，每根电缆穿一根管子。单芯电缆不允许单独穿在钢管内（采取措施者除外），固定电缆的夹具不应有铁件构成的闭合磁路。

d. 地下并列敷设的电缆，中间接头的位置需互相错开，防止接头事故时，损伤其他接头。对于电缆与其他管线、建筑等平行和交叉时，应按规格的规定执行，不得随意更改。

e. 农村低压矿用电缆，一般采用聚氯乙烯绝缘电缆或交联聚乙烯绝缘电缆。在有可能遭受损伤的场所，应采用有外护层的铠装电缆；在有可能发生位移的土壤中（沼泽地、流沙、回填土等）敷设电缆时，应采用钢丝铠装电缆。

② 排管敷设方式。电缆通道狭窄，为更好地利用各种地形，保护电缆安全运行，排管敷设方式是一种合理的方式。其不足之处，一是使电缆散热条件下降，降低了载流量；二是建设成本较高。

a. 如果电缆出线较多，直埋敷设有困难，且又不易修沟时，可采用排管敷设方式。排管内径不应小于电缆外径的 1.5 倍，埋深应在地下 0.5m 以下。当与其他管线、建筑等平行和交叉时，应按规格的规定执行。每个排管之间应由 20mm 间隙，以保证散热。

b. 敷设电缆时，排管的管口应打磨圆滑，管内的脏物必须清除干净，防止划伤电缆。为了便于检查和维修，每隔 150～200m 或转弯处需设置工作井。电缆的接头均应设在井内。

c. 选做穿管用的管材科采用塑料、石棉或水泥管等。比较常用的是采用塑料管。但在选用塑料管材时，应对材料的致稀性、抗冲击性、承压能力做出选择，不宜采用热阻系数较大的管材，目前很多厂商生产的波纹 PVC 惯性能很好，适于选用。一般采用水泥导管或 PVC 导管。

③ 隧道或地下管廊敷设方式。对于某些场所，地下管线集中，难以布局，这时就必须建设较大空间的地下走廊。根据不同管线，考虑安全合理因素加以安排。在隧道中敷设电缆必须考虑的问题就是防火和防潮。

④ 水下敷设方式。要求电缆本身具有很高的机械强度（有加强铠装），外护套防水性佳（如 PE 护套），以及在电缆敷设前应选择水流速度较低，外界干扰较少的路径环境；电缆敷设后应采取严密保护措施，如设立标示牌等，保证安全运行。电缆敷设是介于制造和运行之间关键环节，电缆敷设质量的好与坏对今后电缆安全可靠运行起着至关重要的影响。

（3）矿用电缆敷设安装的施工要求

矿用电缆敷设安装的设计和施工应按 GB 50217—94《电力工程电缆设计规范》等有关规定进行，并采用必要的电缆附件（终端和接头）。供电系统运行质量、安全性和可靠性不仅与矿用电缆本身质量有关，还与电缆附件和线路的施工质量有关。通过对线路故障统计分析，由于施工、安装和接续等因素造成的故障往往要比矿用电缆本体缺陷造成的故障可能性大得多。因此要正确地选用矿用电缆及配套附件，除按规范要求进行设计和施工外，还应注意如下几个方面的问题。

① 电缆敷设安装应由有资格的专业单位或专业人员进行，不符合有关规范规定要求的施工和安装，有可能导致电缆系统不能正常运行。

② 人力敷设电缆时，应统一指挥控制节奏，每隔 1.5～3m 有一人肩扛电缆，边放边拉，慢慢施放。

③ 机械施放电缆时，一般采用专用电缆敷设机并配备必要牵引工具，牵引力大小适当、控制均匀，以免损坏电缆。

④ 施放电缆前，要检查电缆外观及封头是否完好无损，施放时注意电缆盘的旋转方向，不要压扁或刮伤电缆外护套，在冬季低温时切勿以摔打方式来校直电缆，以免绝缘、护套开裂。

⑤ 敷设时电缆的弯曲半径要大于规定值。在电缆敷设安装前后用 1000V 兆欧表测量电缆各导体之间绝缘电阻是否正常，并根据电缆型号规格、长度及环境温度的不同对测量结果作适当地修正，小规格（10mm^2 以下实心导体）电缆还应测量导体是否通断。

⑥ 电缆如直埋敷设，要注意土壤条件，一般建筑物下电缆的埋设深度不小于 0.3m，较松软的或周边环境较复杂的，如耕地、建筑施工工地或道路等，要有一定的埋设深度（0.7～1m），以防直埋电缆受到意外损害，必要时应竖立明显的标志。

3.7.4 塑料及橡胶绝缘终端头制作

（1）工艺准备

① 选择和准备好分支手套。根据所敷设的电缆规格进行选择。三芯电缆用的三芯分支手套规格尺寸、结构外形及适用范围列于表 3-33 中；四芯电缆用四芯分支手套规格尺寸、结构外形及适用范围列于表 3-34。

表 3-33　三芯分支手套的规格尺寸及适用范围

分支手套型号	各部分尺寸/mm										适用电缆截面/mm²			
	ϕA	ϕB	ϕC	ϕD	A	B	D	E	F	H	500V	3kV	6kV	10kV
ST-31	29	32.6	8	11.6	5	15	30	2.2	2.5	70	16 及以下	—	—	—
ST-32	35	32.6	11	14.6	5	15	40	2.2	2.5	90	25	16 及以下	10	
ST-33	40	44	14	18	8	20	50	2.2	5.0	110	35~50	25	16	
ST-34	49	53	18	22	8	20	60	2.5	5.0	135	70~95	35~50	25~35	
ST-35	59	63	22	26	10	20	75	2.5	5.0	160	120~150	70~120	55~95	16~35
ST-36	70	75	27	32	10	25	90	3.0	7.0	195	185~240	150~185	120~185	50~70
ST-37	82	87	32	37	10	25	100	3.0	7.0	215	—	240	240	95~150
ST-38	104	109	40	45	10	25	110	3.0	7.0	235	—	—	—	185~240

分支手套结构外形示意图

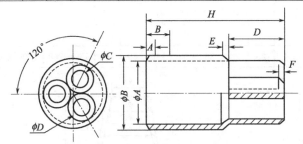

表 3-34　四芯分支手套的规格尺寸及适用范围

分支手套型号	各部分尺寸/mm							适用电缆截面/mm²
	L	D	A	B	ϕA	ϕB	ϕC	
ST-41	95	40	5	3	41	12	7	3×25+1×16~3×35+1×10
ST-42	140	60	10	5	54	18	11	3×50+1×25~3×95+1×35

分支手套型号	各部分尺寸/mm							适用电缆截面/mm²
	L	D	A	B	ϕA	ϕB	ϕC	
ST-43	190	85	15	7	75	26	15	3×120+1×50～3×185+1×50
分支手套结构外形示意图								

② 选择好防雨罩。按表 3-35 选择好防雨罩规格尺寸。

表 3-35　防雨罩规格尺寸及适用范围

防雨罩型号	各部分尺寸/mm								适用电缆截面/mm²		
	B	ϕA	ϕB	ϕC	ϕD	ϕE	E	H	3kV	6kV	10kV
YS-1	4	12	16	20	24	100	40	140	10～120	10～120	16～50
YS-2	4	25	29	33	36	140	40	160	150～240	150～240	70～240
防雨罩外形结构示意图											

③ 辅助材料准备。备齐聚氯乙烯胶黏带；双面半导体丁基胶

带作屏蔽用，规格为 0.25mm×30mm；屏蔽用的铝箔带规格为
(0.09～0.1)mm×(25～30)mm；作屏蔽环用的 $\phi1$～2mm 软铅
丝；规格为 19/0.28 的镀锡铜线作接地线；规格为 (7/0.25) 的捆
扎铜线；另外还有焊锡、无酸松香焊剂等。

④ 工具模具准备。电烙铁、医用手套及常用电工工具、盒尺、
直尺。

⑤ 技术及施工准备。对电缆终端、分支手套进行绝缘检查、
核对终端头和电缆相序，将电缆固定好。

（2）10kV 以下电缆终端工艺操作规程及过程

10kV 以下塑料及橡胶绝缘电力电缆终端的制作工艺过程分 10
道工序，电缆终端结构见图 3-68。详细操作程序按表 3-36 内容进
行，剥切包绕工艺结构尺寸见表 3-37。

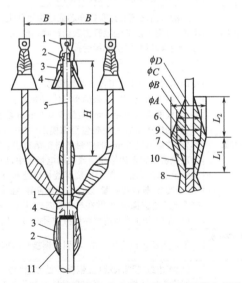

图 3-68　6～10kV 塑料及橡胶电缆三芯分相屏蔽电缆终端结构

1—导体接线端子；2—自黏性橡胶带；3—二层叠压塑料胶黏带；4—防雨罩（户外用）；
5—电缆绝缘芯线；6—软铅丝制成的屏蔽环；7—电缆屏蔽层；8—多股镀锡接地铜线；
9—铝箔屏蔽带；10—半导体带；11—三芯分支手套；ϕA—电缆本体绝缘外径；
ϕB—增绕绝缘外径；ϕC—应力锥屏蔽外径；ϕD—应力锥总外径

表 3-36　10kV 以下塑料、橡胶绝缘电缆终端头制作工艺

序号	工序内容	具体操作过程
1	拆除电缆护套及剥绝缘带	拆护套时应留有足够接线尺寸，再锯去多余部分，剥切护套及布带（或纸带），切除填充物，剥去各芯屏蔽带外面的塑料带或纸带，切勿损坏屏蔽带
2	焊接地线	焊接地线先用适当长度的多股软铜线，在每个缆芯屏蔽层上绕三圈，经扎紧后焊牢，再将各芯线地线编结成小辫，引至分支手套外部
3	套入分支手套	对多芯电缆在套入分支手套时，在手套部位内，用自黏性橡胶带缠包填充，所包层数应使手套套入时松紧适宜，在手套外部将指部和根部用自黏带和塑料胶黏带密封，做成锥状防潮层
4	剥切屏蔽带	按表 3-37 中规定的尺寸 L_1，将分支手套指部上端 50～70mm 处的屏蔽带用绑扎线扎紧，再切除绑扎线以上的屏蔽带，将切除处的夹角向外翻折
5	剥下半导体带（或纸）	接上道工序剥下半导体带或纸，但不要切除，而将其完好地暂存在手套指部以备应力锥用
6	清洗去污物	用蘸有清洗剂的抹布擦净芯线绝缘表面上的污物，如污物擦不掉，可用细砂纸轻轻打去表面污物。擦洗时不可用汽油擦洗橡胶绝缘芯线，以防绝缘受损
7	包绕应力锥	（1）按图 3-68 所示工艺结构示立图和表 3-37 要求，在 L_2 长度内用自黏性橡胶带包绕成橄榄形 （2）将上道工序拆下来的半导体带紧密地包至橄榄形的中心，电缆两端的半导体带，应最少有 20mm 重叠处 （3）用铝箔带紧密地叠包至橄榄形的中心，沿圆周切除多余部分，并以直径 2mm 的软铅丝将铝箔边缘扎紧，作为均压环，为避免所割铝箔边缘棱角或尖端电场集中，应将其向外反折于软铅丝上，应力锥屏蔽与电缆屏蔽相接处不得少于 20mm，应采用多股镀锡软铜线扎紧，以保证接触良好，在应力屏蔽外面还应交叉地缠绕镀锡铜丝，并在与多股绑扎铜线交叉点处焊牢 （4）在应力锥外面用自黏性橡胶带叠包至规定尺寸
8	接牢铜接头（线鼻子）	用常用压接或焊接方法，将引线铜接头压牢或焊牢
9	包绕芯线保护层和相色带	（1）将电缆芯线末端（铜接头处）之绝缘剥成圆锥形，使其与铜接头外径相吻合，再用自黏性橡胶带填满压坑，将此处填包成防潮锥形 （2）按相序 U、V、W（A、B、C）用黄、绿、红三色聚氯乙烯胶黏带，从铜接头开始用叠压法包绕至指部防潮锥形处，再反至包到铜接头处，共半叠包 2 层，为了使相色持久不褪色，应在其外面再包绕 1 层透明聚氯乙烯带

续表

序号	工序内容	具体操作过程
10	加装防雨罩	3～10kV 户外电缆终端各芯线应装防雨罩,具体做法是在距铜接头裸露处 70～80mm 地方,用聚氯乙烯带先包一枣核状突起的雨罩座,套上防雨罩后,用自黏性橡胶带封包其上口,再包绕相色带,最外层包一层透明聚氯乙烯带
11	固定后试验	固定好电缆终端,经试验合格后,按相序将电缆接至设备或线路上

表 3-37　剥切包绕工艺结构尺寸

额定电压/kV	相间距离/mm		各部尺寸/mm					
	户内	户外	L_1	L_2	H	ϕB	ϕC	ϕD
6	100	200	50	70	300	$\phi A+12$	$\phi B+$屏障厚度	$\phi C+4$
10	125	200	70	90	400	$\phi A+16$	$\phi B+$屏障厚度	$\phi C+4$

（3）3kV 及 0.5kV 电缆终端制作要求

① 3kV 级。要求相间净距离,户外型是 200mm,户内型是 75mm;中间缆芯包出长度为 400mm,但该长度不包括插入铜接头孔部分,其余两相按其工艺应适当增加;当装入户外时,需加装防雨罩,对于 3kV 级电缆因没有屏蔽层,故施工中不需装应力锥。

② 0.5kV 级。0.5kV 电缆终端制作时其相间净距离,户外型是 120mm、户内型是 75mm;中间缆芯包出长度为 200mm,也不包括插入铜接头孔部分;其余两相按其工艺适当增加,对于 0.5kV 级的不论终端装于户内还是户外,都可不另装防雨罩,又因电缆没有屏蔽层,也不需要装应力锥。

3.8　电缆头制作的安全注意事项

① 保证电缆头制作的质量除按规程进行外,还要保持在整个制作过程中的洁净,严禁灰尘杂物落入线芯或包缠物、浇注

剂内。

② 喷灯的使用必须按正确的操作规程使用，禁止使用打气筒上没有保险套阀的喷灯。使用喷灯应做到以下几点。

a. 使用前应检查油量是否正常，一般不超过 3/4 容积；加油的螺栓是否拧紧；使用场所空气是否流通，以免可燃气体充满室内；严禁在明火附近加油、放油或修理喷灯。

b. 喷灯使用时间不宜太长，当筒体发烫时须停止使用。

c. 高空使用时，下面不得有人；不得将喷灯借于他人使用。

d. 点火时不得在火炉上进行；使用喷灯的全过程中，不得吸烟。

③ 作业现场必须有灭火装置，所有作业人员应会使用，并具有灭火常识。

④ 作业现场用电必须按临时用电制度执行，禁止乱拉电线。必须做到一机一闸。临时线应使用防水橡胶线，并有插座板，临时线的接头必须包扎可靠，以免漏电。

⑤ 加热沥青胶、树脂复合物时，必须有专人看管并搅拌，不得溢出或烤煳。严禁用木柴、木炭、煤块加热。操作人员应戴手套、口罩、防护镜。加热后水平运送时，必须两人用干净木棍抬；竖直运送时必须用绳子系好再提拉，且下面不得有人。

⑥ 高空作业的操作平台绑扎必须牢固，且有护身栏杆，且须可靠，不得有探头板。所有脚手板应用绳子绑扎牢固。作业前应仔细检查，无误后方可攀登操作。

⑦ 操作时，对于易损易碎部件应轻拿轻放，注意周围操作环境，防止碰撞；紧固螺钉应稳准，防止用力过猛。

⑧ 电缆终端头与电缆接头从开始剥切到制作完毕必须连续进行，一次完成。

⑨ 不同牌号的绝缘胶、电缆油不宜混合使用，必要时通过理化及电气性能试验，符合要求时方可混合使用。

⑩ 高压电缆在包缠绝缘时，与电缆屏蔽层应有不小于 5mm 的间隙；包缠屏蔽时，与电缆屏蔽层应有不小于 5mm 的重叠。

⑪ 铅封时，搪铅时间不宜过长，在铅封未冷却前不得撬动或移动电缆。铝护套电缆搪铅时，应先涂擦铝焊料；充油电缆的铅封应分两层进行，以增加铅封的密封性。铅封和铅套均应加固。

⑫ 电缆头安装时，其接地线必须接地良好，进入电缆头的电缆直线段至少应有800mm，并有保护扭曲拉扯的装置。

⑬ 制作应有记录。有制作、中间试验和最终试验的数据。

第4章 电力电缆的故障

4.1 电力电缆故障发生的原因与特征

4.1.1 常见电缆故障原因及特征

电力电缆的生产、敷设、三头工艺、附件材料、运行条件等与电缆的运行情况密切相关。上述任何环节的疏漏，都将埋下电缆故障的隐患。分析与归纳电缆故障的原因和特点，大致如下。

（1）机械损伤

机械损伤类故障比较常见，所占的故障率最大（约为57%），其故障形式比较容易识别，大多造成停电事故。一般造成机械损伤的原因有以下几种。

① 直接受外力损坏。如进行城市建设，交通运输，地下管线工程施工、打桩、起重、转运等误伤电缆。

② 施工损伤。如机械牵引力过大而拉损电缆；电缆弯曲过度而损伤绝缘层或屏蔽层；在允许施工温度以下的野蛮施工致使绝缘层和保护层损伤；电缆剥切尺寸过大、刀痕过深等损伤。

③ 自然损伤。如中间头或终端头的绝缘胶膨胀而胀裂外壳或附近电缆护套；因自由行程而使电缆管口、支架处的电缆外皮擦破；因土地沉降、滑坡等引起的过大拉力而拉断中间接头或电缆本体；因温度太低而冻裂电缆或附件；大型设备或车辆的频繁振动而损坏电缆等。

（2）绝缘受潮

绝缘受潮是电缆故障的又一主要因素，所占的故障率约为13%，绝缘受潮一般可在绝缘电阻和直流耐压试验中发现，表现为绝缘电阻降低，泄漏电流增大。一般造成绝缘受潮的原因有以下几种。

① 电缆中间头或终端头密封工艺不良或密封失效。

② 电缆制造不良，电缆外护层有孔或裂纹。

③ 电缆护套被异物刺穿或被腐蚀穿孔。

（3）绝缘老化

电缆绝缘长期在电和热的作用下运行，其物理性能会发生变化，从而导致其绝缘强度降低或介质损耗增大而最终引起绝缘崩溃者为绝缘老化，绝缘老化故障率约为 19％。运行时间特别久（30～40 年以上）的则称为正常老化。如在较短年份内发生类似情况者，则认为是绝缘过早老化。可引起绝缘过早老化的主要原因有如下。

① 电缆选型不当，致使电缆长期在过电压下工作。

② 电缆线路周围靠近热源，使电缆局部或整个电缆线路长期受热而过早老化。

③ 电缆工作在具有可与电缆绝缘起不良化学反应的环境中而过早老化。

（4）过电压

电力电缆因雷击或其他冲击过电压而损坏的情况在电缆线路上并不多见。因为电缆绝缘在正常运行电压下所承受的电应力，约为新电缆所能承受的击穿试验时承受电应力的十分之一。因此，一般情况下，3～4 倍的大气过电压或操作过电压对于绝缘良好的电缆不会有太大的影响。但实际上，电缆线路在遭受雷击时被击穿的情况并不罕见。从现场故障实物的解剖分析可以确认，这些击穿点往往早已存在较为严重的某种缺陷，雷击仅是较早地激发了该缺陷。容易被过电压激发而导致电缆绝缘击穿的缺陷主要如下。

① 绝缘层内含有气泡、杂质或绝缘油干枯。

② 电缆内屏蔽层上有节疤或遗漏。

③ 电缆绝缘已严重老化。

（5）过热

电缆过热有多方面的因素，从近几年各地运行情况的统计分析上来看，主要有以下原因。

① 电缆长期过负荷工作。

② 火灾或邻近电缆故障的烧伤。

③ 靠近其他热源，长期接受热辐射。

过负荷是电缆过热的重要原因。电缆过负荷（在电缆载流量超过允许值或异常运行方式下）运行，未按规定的电缆温升和整个线路情况来考虑时，会使电缆发生过热。例如在电缆比较密集的区域、电缆沟及隧道通风不良处、电缆穿在干燥的管中部分等，都会因电缆本身过热而加速绝缘损坏。橡塑绝缘电缆长期过热后，绝缘材料发生变硬、变色、失去弹性、出现裂纹等物理变化；油浸纸绝缘电缆长期过热后，绝缘干枯，绝缘焦化，甚至一碰就碎。

另外，过负荷也会加速电缆铅包晶粒再结晶而造成铅包疲劳损伤。在大截面较长电缆线路中，如若装有灌注式电缆头，因灌注材料与电缆本体材料的热胀系数相差较大，容易造成胀裂壳体的严重后果。

对于因火灾或邻近电缆故障的影响等外来的过热损伤，多半可从电缆外护层的灼伤情况加以确认，比较容易识别。

由于比较重视电缆线路与热力管线接近的情况，并采取一定的措施，因此这种原因引起的过热损坏情况极为罕见。

（6）产品质量缺陷

电缆及电缆附件是电缆线路中不可缺少的两种重要材料，它们的质量优劣，直接影响电缆线路的安全运行。另外，由于一些施工单位缺乏必要的专业技术培训，使电缆三头的制作质量存在较大的质量问题。这些质量缺陷可归纳为以下几个方面。

① 电缆本体质量缺陷。油浸纸绝缘电缆铅护套存在杂质砂粒、机械损伤及压铅有接缝等；橡塑绝缘电缆主绝缘层偏芯、内含气泡、杂质，内半导电层出现节疤、遗漏，电缆储运中不封端而导致线芯大量进水等。上述缺陷一般不易发现，往往是在检修或试验中发现其绝缘电阻低，泄漏电流大，甚至耐压击穿。

② 电缆附件质量缺陷。传统三头质量缺陷有铸铁件有砂眼、瓷件强度不够、组装部分加工粗糙、防水胶圈规格不符或老化等；

热缩和冷缩电缆三头质量缺陷有绝缘管内有气泡、杂质或厚度不均，密封涂胶处有遗漏等。

③ 三头制作质量缺陷。传统式三头制作质量缺陷主要有绝缘层绕包不紧（空隙大）、不洁，密封不严，绝缘胶配比不对等；热缩三头制作质量缺陷主要有半导电层处理不净、应力管安装位置不当、热缩管收缩不均匀、地线安装不牢等；预制电缆三头安装质量缺陷主要有剥切尺寸不精确、绝缘件套装时剩余应力太大等。

另外，电缆线路中也有一些是拆用旧电缆及附件的情况，这种以旧充新或以旧补旧的做法虽然在利用材料，节省资金方面有好处，但对设备完好率却影响很大，建议各施工与运行单位慎重对待。

（7）设计不良

电力电缆发展到今天，其结构与形式已基本稳定，但电缆中间头和终端头的各种电缆附件却一直在不断地改进，这些新型电缆附件还没有取得足够的运行经验，因此在选用时应慎之又慎，最好根据其运行经验的成熟与否，逐步推广使用，以免造成大面积质量事故。属于设计不良的主要弊病如下。

① 防水不严密。

② 选用材料不妥当。

③ 工艺程序不合理。

④ 机械强度不充足。

4.1.2　电缆绝缘老化原因分析

在线运行的电力电缆及电气装备用电缆因受机械力、电动力、热力及化学腐蚀等多种因素影响，其绝缘层将老化发脆变硬，影响使用，结果因老化导致电缆击穿而使使用寿命缩短。

在机械力、电动力、热力及化学作用四种因素中，热力及化学作用主要是敷设场所及周围环境所致。从 20 世纪 80 年代起，以聚乙烯绝缘及交联聚乙烯绝缘为主体的塑料电缆，因其具有良好电性能、重量轻、价格低和施工方便等特点，故在国内输配电电力线路和控制线路中的应用日趋增多。该类电缆采用塑料绝缘，受环境条件影响而老化比其他品种更为严重。现以聚乙烯绝缘电缆为例，说明电缆受环境条件的影响而产生老化情况。

（1）不同敷设方法对电缆老化的影响

电力电缆的主要敷设方式有地下直埋敷设、架空（含钢索）敷设、电缆沟敷设及海底敷设。因敷设安装方式不同受环境条件作用不同，可能出现的老化形式和程度也不同，造成电缆使用寿命长短差别很大。表4-1是不同敷设方式对聚乙烯绝缘电缆老化的环境因素及形式的影响。

表4-1 不同敷设方式对聚乙烯绝缘电缆老化的环境因素及形式的影响

序号	电缆敷设方式	老化的环境因素	可能出现的老化形式
1	架空或钢索敷设	受阳光中紫外线作用，受大气中臭氧的作用	绝缘表面脱色、绝缘硬化发脆和开裂或龟裂
		受有害气体二氧化硫（SO_2）及硫化氢（H_2S）腐蚀作用	
2	地下直埋敷设	受表面活化剂作用	绝缘硬化、开裂或龟裂
		土壤内有机溶剂作用	软化或溶解绝缘
		地下油污作用	
		地下化学药剂作用	绝缘硬化、开裂、软化或溶解
		土壤中水分潮气	绝缘电阻低，绝缘产生水树
		土壤中硫化物作用	绝缘产生硫化树
		土壤中盐、碱作用	
3	缆沟敷设	沟内进水电缆受潮	绝缘电阻低，绝缘产生水树
		环境温度高，通风不佳	绝缘层过热硬化发脆、开裂或龟裂
		空气中有害气体如SO_2及H_2S等	电缆塑料绝缘层硬化发脆、开裂或龟裂
		化学药剂流入电缆沟内	绝缘硬化发脆、软化或溶解
		硫化物入侵电缆沟	绝缘产生硫化树
4	海底敷设	受海水作用	绝缘产生水树
		受海生物（如海藻）的影响	绝缘产生硫化树

（2）各式各样的环境老化

电缆敷设场所及周围存在气体、液体及固体三大类介质，三类介质对电缆产生不同影响，如空气中有害气体会腐蚀电缆绝缘，有害液体及固体同样如此。表 4-2 列出了部分环境条件对聚乙烯等几种电缆的影响。

表 4-2　环境条件（气、液、固体介质）对电缆的影响

环境条件	聚氯乙烯电缆	聚乙烯电缆	橡胶电缆	尼龙电缆	油浸纸绝缘电缆
变压器油	○	○	×	○	√
硅油	○	○			
氟利昂 12	○	○	√	√	×
杂酚油	×	△			
甲酚	○	○			
苯酚	○	○			
苯胺	○	○		√	×
苯二甲酸二辛酯	△	○	√	○	○
醋酸乙烯	△	○	○	○	×
沥青	○	○	√	√	○
盐酸（10%）	√	√	√	√	△
盐酸（38%）	√	√	√	√	△
硫酸（10%）	√	√	√	√	△
浓硫酸（发烟）	×	×			
硝酸（10%）	√	√	√	√	×
醋酸（50%）	√	○			
亚硫酸气	√				
氨气	○	√			
氨水	○	○			
氯气	×	×			
过氧化氢	○	○			
硫化氢	△	○			
稀氢氧化钠	○	○			
食盐水	√	√	√	√	×
海水	√	√	√	√	×
土壤	√	√	√	√	√

注：栏中"√"表示环境条件对电缆不受影响；"×"表示为严重侵蚀条件，不可用的电缆；"○"表示环境虽起作用，但对电缆影响不大；"△"表示此环境条件下可避免使用的电缆；空白表示该项目未经检验。

4.1.3　几种环境老化机理分析

（1）电缆绝缘受环境条件影响出现脱色

架空电缆在运行中受阳光中紫外线、臭氧作用，其绝缘层出现脱色，这是电缆绝缘老化形式中最常见、最轻微的一种老化表现。脱色虽然对电缆妨碍不大，但它是电缆绝缘进一步老化的先兆。为使电缆绝缘不进一步老化，应加强维护，采取防阳光及紫外线辐射措施，减少其脱色现象，也是维护保养不可忽略的。

（2）电力电缆出现水树故障

就聚乙烯绝缘电缆而言，它的耐水性比油浸纸绝缘电缆要强，橡胶电缆、尼龙电缆的耐水性能均好，然而一旦水分进入缆芯导体中，在电缆送电运行过程中，在电磁的作用下，水分就会从内向外呈树枝状的伸展，最终导致电缆绝缘击穿，通常称这种击穿现象为水树。水树现象通常在高压、大容量的电力电缆中发生。故维护中要强调缆沟内不能积水，架桥电缆线槽盒一定要加盖。

（3）电缆出现硫化树故障

电缆的硫化树故障是由于电缆敷设环境周围有硫化物存在，如硫化氢的水溶液，它可以透过聚乙烯绝缘及油浸纸绝缘电缆的护套和绝缘层，直达电缆的芯线导体。如这些电缆芯线导体为铜材，铜和硫化物产生化学反应，将产生硫化亚铜等黑色的腐蚀物。随着这些腐蚀物不断地增加和聚集在芯线导体上，最后将呈现树枝状贯穿整个绝缘层，最终使电缆绝缘击穿。

因硫化物导致的电缆产生硫化树过程与电磁强度的关系不大，所以这类故障现象在高压电力电缆中几乎不存在，只有在低压电力电缆、控制及信号电缆中发生，又因这几类电缆的绝缘厚度较薄，受硫化作用导致绝缘破坏和击穿时间比高压电缆水树故障更短，一般敷设运行仅几年就出现硫化树而击穿。故石化厂矿电缆运行寿命比其他环境下短。

（4）电缆的硬化、开裂、软化或溶解

电缆绝缘出现硬化、开裂、软化或溶解，均是电缆老化的又一具体体现。从表 4-1 及表 4-2 中也可看出，它只在特定的环境老化因素和电缆护套材料情况下发生。就塑料电缆来说，聚乙烯护套的化学稳定性要比聚氯乙烯护套好。但在应力存在的条件下，当聚乙烯护套处在表面活性剂（如洗涤剂）之中，则将产生所谓的环境应力，使电缆绝缘开裂，而在聚氯乙烯护套中就可避免，从而说明电缆护套的选择要因地制宜，应按环境条件选择。

4.1.4　环境条件老化实例及分析

（1）故障发生过程及检测分析

① 电缆敷设地区及电缆类型。华东地区某石化总厂化工一厂乙烯车间废液处理区，敷设的日本进口铜芯聚乙烯绝缘聚乙烯护套控制电缆，型号为 CEE，规格为 $3 \times 2mm^2$，600V。

② 电缆故障及检测与分析。该电缆敷设后仅运行 6 年，就发生过几次相间短路故障，在最后一次故障检测时，其外观检查完好，测其对地绝缘电阻为 $4M\Omega$，又无外伤。检测电缆相间绝缘电阻为零，经对试样任意分割，测各段相间绝缘电阻仍为零。进一步对故障电缆的绝缘、护套的抗拉强度和断裂伸长率进行测定均在标准值范围以上。检测结果可断定该电缆既非外伤、电击穿，也不是材料自然老化所致。

通过对使用现场环境条件的调查和分析，发现该电缆所处运行环境为废液处理区，电缆沟内积满了废液，缆沟内填砂既发黑又发出臭味。对废液的分析测定，其 pH 值为 5～6 呈酸性，硫离子含量高达 5.6mg/kg，结果证明运行的电缆是受硫化物较长时间的作用，产生硫化树而遭受破坏，才出现相间短路故障。

（2）故障处理及防治措施

该厂在此次电缆故障处理中，首先彻底清除了缆沟内的含硫离子的废液，按控制电缆敷设安装规程及标准更换了电缆；同时加强了巡视和维护保养，在电缆末端电缆沟处增设了一台化工泵，定期进行抽吸沟内废液，使废液在沟内不积聚，减轻电缆受硫化物的腐蚀，又加强沟内通风，及时排除有害气体，从而改善电缆运行环境，虽处于化工厂区，但使电缆处于改善后的环境下运行，延长了电缆使用寿命，减少了故障发生次数。

（3）防止环境对电缆损坏的措施

塑料电缆为主的电缆在线运行中，为减少其环境条件造成的老化，防止电缆故障频繁出现，对新敷设和在线电缆及现有环境应采取一些有效防治措施。

① 已投运的电缆防止环境老化措施

a. 加强维护保养和检修工作。对环境条件恶劣的电缆线路要加强管理，制订特殊的维护保养制度，强化做好巡视检查，防止缆沟内积水和积聚有害液体，使电缆沟通风良好，防止电缆过热；经常过载运行的电缆线路，要采取合理调整负荷办法，对有故障苗子的线路要及时通过检修，将故障消灭在萌芽中。

b. 不合适敷设方法的改造。如有害液体介质严重的化工厂矿，原为地下直埋敷设的，因地下硫化物液体较多，对电缆腐蚀概率大的，应有计划地将直埋式改为桥架架空式安装，这样不仅受环境损坏大为减少，对维护保养也方便。又如对有害气体介质多的场所原为架空明敷的，可改为增加架空线槽和穿钢管保护措施，减少有害气体和电缆接触的机会，这样既降低维护量和故障发生率，又延长了电缆使用寿命。

c. 更换电缆减少环境影响。对一些地下直埋电缆线路，原采用铜芯线导体的电缆，若该埋设地区地下硫化物等有害液体介质较多的，为防止电缆产生硫化树而损坏，可将铜芯电缆改换为铝芯电缆，如选用金属护套电缆或铝芯聚乙烯黏结组合护套电缆。这样新换的电缆在原环境下运行，硫化树老化现象将大大降低。

② 新建电缆线路应采取的措施

a. 电缆等材料选择应符合环境要求。新建电缆线路工程应根据敷设地区环境条件，选择能抗环境耐用的电缆、电缆附件及配套电气元器件，可参照表4-2进行电缆的选择。如生产苯、甲苯、二甲苯的化工厂，厂区敷设电缆不可选用聚氯乙烯及聚乙烯电缆，油浸纸绝缘电缆更不行，只有选用尼龙护套电缆或金属护套电缆，次之为橡胶绝缘电缆。

b. 敷设方式的选择。同一环境条件下，由于敷设方式不同，环境对电缆老化程度也不同，从表 4-1 中可以看出。所以设计单位应根据环境条件确定设计敷设方法。一般环境恶劣的石油、化工及冶金企业厂矿，应最好选择架空敷设方式，特别是表 4-2 中标明不可使用或应避免使用的环境场所，或者是对环境条件不甚了解而没有把握的地区、场所，应选架空敷设。总之敷设方式选择的原则是考虑投资省、施工方便、电缆运行寿命长、遭受环境损坏少、维护保养及检修方便、便于管理等因素而确定的。

c. 加强施工过程电缆的保管。新建电缆线路，在购进经检查验收合格的电缆存放保管或施工过程中，要严防电缆受潮和电缆端头进水，万一水分入侵芯线导体内，可采取电缆切除至没有水分的地方为止，或先进行抽水干燥处理后再作敷设安装。

4.2 电缆线路的故障分类

电缆线路的故障，根据不同部门的需要，可以有不同的分类方式。现分述如下。

4.2.1 电缆线路故障按故障部位分类

① 电缆本体故障。

② 电缆中间头故障。

③ 电缆户内头故障。

④ 电缆户外头故障。

4.2.2 电缆线路故障按故障时间分类

（1）运行故障

运行故障是指电缆在运行中因绝缘击穿或导线烧断而引起保护器动作，突然停止供电的故障。

（2）试验故障

试验故障是指在预防性试验中绝缘击穿或绝缘不良而必须进行检修后才能恢复供电的故障。

4.2.3 电缆线路故障按故障责任分类

（1）人员过失

电缆选型不当、电缆头结构设计失误、运行不当、维护不良等。

（2）设备缺陷

电缆制造缺陷、电缆头附件材料缺陷、利用旧设备的遗留缺陷、安装方式不当或施工工艺不良等原因造成的电缆头质量缺陷。

（3）自然灾害

雷击、水淹、台风袭击、鸟害、虫害、泥石流、地沉、地震、天体坠落等。

（4）正常老化

一般电缆运行 30 年以上的绝缘老化、户外头运行 20 年以上的浸潮、垂直敷设的油浸纸绝缘电缆在 20 年以上的高端干枯等。

（5）外力损坏、腐蚀，用户过失及新产品、新技术的试用等。

4.2.4 电缆线路故障按故障性质分类

（1）低阻故障

即低电阻接地或短路故障。电缆一芯或数芯对地绝缘电阻或芯与芯之间的绝缘电阻低于 $10Z_c$（Z_c 为电缆特性阻抗，一般不超过 40Ω）时，而导体连续性良好者称为低阻故障。一般常见的低阻故障有单相接地、两相短路或接地等。说明这一低阻故障的定义是针对脉冲反射测试原理而定的，其他测试方法中的低阻故障定义与特性阻抗 Z_c 无关。下面介绍的高阻故障亦然。

本书定义的低阻和高阻故障的分界值 $10Z_c$ 不是一个精确的数值，而是一个模糊的概念。因为电缆的特性阻抗随着不同的电缆结构而变化（如 $240mm^2$ 的电缆 Z_c 为 10Ω，$35mm^2$ 的电缆 Z_c 为 40Ω），而这样定义的根本原因是为了划分脉冲反射诊断技术中低压脉冲法是否可以测试，也就是说绝缘电阻大约在 $10Z_c$ 以下的电缆故障可用低压脉冲法测试，否则低压脉冲法不能测试。

（2）高阻故障

即高电阻接地或短路故障。电缆一芯或数芯对地绝缘电阻或芯与芯之间的绝缘电阻低于正常值很多，但高于 $10Z_c$，而导体连续性良好者称为高阻故障。一般常见的高阻故障有单相接地、两相短路或接地等。

（3）断线故障

电缆各芯绝缘均良好，但有一芯或数芯导体不连续者称为断线故障。

（4）断线并接地或短路故障

电缆有一芯或数芯导体不连续，经过（高或低）电阻接地或短路者称为断线并接地或短路故障。

（5）泄漏性故障

泄漏性故障是高阻故障的一种极端形式。在进行电缆绝缘预防性耐压试验时，其泄漏电流随试验电压的升高而增大，直至超过泄漏电流的允许值（此时试验电压尚未或已经达到额定试验电压），这种高阻故障称为泄漏性故障。泄漏性故障的绝缘电阻可能很高，甚至达到合格标准。

（6）闪络性故障

闪络性故障是高阻故障的又一种极端形式。在进行电缆绝缘预防性耐压试验时，泄漏电流小而平稳。但当试验电压升至某一值（尚未或已经达到额定试验电压）时，泄漏电流突然增大并迅速产生闪络击穿，这种高阻故障称为闪络性故障。闪络性故障的绝缘电阻极高，通常都在合格标准以上。具有闪络性故障的电缆，短期内，在较低的电压下（不大于闪络击穿电压），其闪络击穿的现象可能会完全停止并显现较好的电气性能。

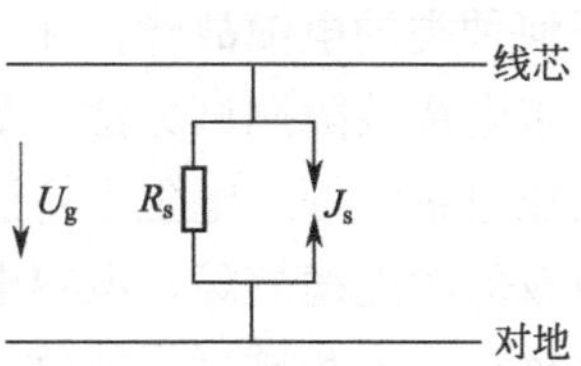

实际上，高阻故障的特性可由高阻故障等效电路分析清楚。如图 4-1 所示，泄漏电阻 R_s 和放电间隙 J_s 的相对大小变化，决定了高阻故障的特

图 4-1　故障点等效电路

性是属于泄漏性、闪络性或是两者兼而有之。

例如当 R_s 很大（近似无穷大）时，故障点 J_s 两端的直流电压可以升至额定试验电压而泄漏电流还远达不到额定允许值。在这种情况下，如果 J_s 的击穿电压大于额定试验电压，这个故障点在该试验电压下将不会被发现；如果 J_s 的击穿电压小于或等于额定试验电压，则耐压试验时 J_s 将被击穿，形成闪络性故障。

当 R_s 较小时，在耐压试验中，由于 R_s 的存在而产生较大的泄漏电流，同时该泄漏电流将在高压试验电源的内阻上形成较大的压降，从而使试验电压无法升高。欲继续升高试验电压，势必造成泄漏电流的剧增，甚至远远大于允许值，这样的耐压试验一般由人为或试验设备继电器保护动作而终止。在这样的故障点中，由于 J_s 两端电压较低而常常不能被击穿，只表现出泄漏电流过大。这就是泄漏性故障。

当 R_s 与 J_s 适中时，在耐压试验中可能会出现泄漏电流较大，而试验电压又可以升高（甚至达到额定试验电压），在较高的试验电压下也可能会出现闪络击穿。这就是通常意义的高阻故障。

高阻故障中的等效泄漏电阻 R_s 减小到 $10Z_c$ 以下时，其故障性质就转变为低阻故障。

4.3 电力电缆故障诊断的一般步骤与方法

事实上，若干种电缆故障诱因共同作用的结果，可使电缆产生任何种类的电缆故障。几十年来，人们在生产实践中探索和总结出许多电缆故障测试方法。如经典法中的电阻电桥法、电容电桥法、高压电桥法等。电阻电桥法只能测试单相接地或相间短路的绝缘电阻较低的电缆故障；电容电桥法主要测试电缆的断线性故障；高压电桥法主要测试高阻故障（泄漏性故障和闪络性故障除外）。可见电缆故障诊断技术中的经典法具有一定的局限性，不能满足各种不同类型电缆故障测试的要求。现代脉冲反射测试技术包括低压脉冲法、直流高压闪络法和冲击高压闪络法，它们适用于各种不同类型的电缆故障测试。多年的生产实践已经充分证明了现代脉冲反射测试技术的适用性和准确性，并已日趋成熟与完善。

电力电缆故障的诊断，无论选用哪种测试方法，均需按照一定的程序和步骤进行。现归纳如下。

4.3.1　确定故障性质

当着手对某一故障电缆进行故障测试时，首先要进行的工作是了解故障电缆的有关情况以确定故障性质。掌握这一故障是接地、短路、断线，还是它们的混合；是单相、两相，还是三相故障；是高阻、低阻，还是泄漏性或闪络性故障。只有确定了故障性质，才可以选择适当的测试方法对电缆故障进行具体的诊断。

4.3.2　粗测距离

当确定了故障电缆的故障性质以后，就可以根据故障性质，选择适当的测试方法测出故障点到测试端或末端的距离，这项工作称为粗测距离。粗测距离是电缆故障测试过程中最重要的一步，这项工作的优劣，决定着电缆故障测试整个过程的效率和准确性。因此，常常需要具有相当专业技术基础理论知识和丰富实践经验的人员来进行操作。人们在长期的生产实践中探讨和总结出多种故障距离的粗测方法，即经典法（如电桥法及其变形等）和现代法（脉冲反射法）。

4.3.3　探测路径或鉴别电缆

故障电缆经过粗测以后便得出一个故障距离 L_x，这个故障距离是由测试端（即首端或称始端）到故障点的距离。从理论上讲，以测试端为圆心，以故障距离 L_x。为半径划一个圆，圆周上的所有点都满足故障点到测试端的距离为 L_x 的条件，显然故障点只能是圆周上的某一点，而这一点又必须在电缆上，这是可以借助的另外一个条件。当把电缆路径用线段画出以后，这条线段必将与 $R=$

L_x 的圆相交于一点，这一点才是欲寻找的故障点。

对于直接埋设在地下的电缆，需要找出电缆线路的实际走向（也可以测出埋设深度），即为探测路径。对于在电缆沟、隧道等处的明敷电缆，则需要从许多电缆中挑选出故障电缆，即鉴别电缆。

探测电缆路径或鉴别电缆，通常是向故障电缆（如有完好线芯，一般加在完好线芯上）加一音频电流信号，然后用探测线圈接收此音频信号，从而找出电缆路径或鉴别电缆。

对于干扰较大的复杂环境，鉴别电缆常用钳形电流表来辅助鉴别。从电缆首端或末端加入一电流信号，并做规律性通断变化，然后用钳形表卡在电缆上观察其电流指示值及通断规律，当电流指示值接近于加入端电流值（由于线路损耗而有所减小），并且通断规律相符时，可以确认该电缆为故障电缆。

4.3.4 精测定点

精测定点是电缆故障测试工作的最后一步，也是至关重要的一步。在粗测出故障距离并确定了故障电缆路径或鉴别出故障电缆以后，为什么还需要精测定点呢？因为粗测出的故障距离有一定的误差，故障距离的丈量也有误差。因此，在精测定点前只能判断出故障点所处的大概位置，要想准确地定出故障点所在的具体位置，必须经过精测定点。

电缆故障的精测定点一般采用声测定点法、感应定点法和其他特殊方法。95%以上的电缆故障可以通过声测法确定故障点的位置，金属性接地故障需要用感应法或特殊方法定点。

以上是电缆故障诊断的一般步骤，在具体测试工作中，根据具体情况的不同，有些步骤可以省略。例如，电缆线路标志很清楚的不需要测寻电缆路径或鉴别电缆；明敷短电缆的开放性故障（电缆故障点已暴露在外表）；故障点的可能位置有限（如仅怀疑在某个中间头上）时，也可直接精测定点。电力电缆故障诊断的一般步骤与方法汇总于表 4-3。

表 4-3   电力电缆故障诊断的一般步骤与方法

步骤	内　容	方　法	备　注
1	确定故障性质	测绝缘电阻	
		导通试验	
2	粗测	经典法： ①电桥法 ②驻波法等	高阻故障需烧穿
	距离	现代法(脉冲反射法)： ①低压脉冲法 ②直流高压闪络法 ③冲击高压闪络法	高阻故障无需烧穿
3	探测	音频感应法	
	路径	钳形电流表法	只适用于鉴别电缆
4	精测定点	声测定点法	
		感应定点法	仅适用金属性接地故障
		时差定点法	
		同步定点法	
		其他特殊方法	适用于低压电缆故障

4.4 故障性质的判断

电缆故障性质的判断，是电缆故障测试工作程序中的第一步。电缆故障性质判断的准确与否直接影响粗测方法选择的正确性。有时，由于故障性质的判断失误，导致测试方法的选择错误，直至造成整个测试工作的失败。因此，必须熟练掌握并能准确地判断各类电缆故障的性质。下面，就分运行故障和预试故障两部分来分别介绍故障性质的判断方法及其故障距离测试方法的选择。

4.4.1 运行故障

运行故障是指电缆在运行中，因绝缘击穿或导线烧断而引起的保护器动作而突然停止供电的故障。运行故障可以造成电缆的单相或多相的高阻、低阻、断线性故障，或者是它们的混合性故障。要想掌握电缆故障的确切性质，可进行以下两种电气试验。

（1）绝缘电阻试验

绝缘电阻试验要求将故障电缆两端三相均做开口处理，然后测量各相间、对地的绝缘电阻值。值得提出的是当采用高阻测试仪器测量绝缘电阻时，如果测得结果为零，其故障电阻 R_x 不一定为零（因为其单位为 MΩ），只有改用低阻测试仪器（单位为 Ω 即可）测得的 R_x（Ω），才可以与 Z_c 进行比较，以判断故障性质是高阻还是低阻。

（2）导通试验

导通试验就是鉴别故障电缆导电线芯是否连续的试验。导通试验要求将故障电缆末端三相短路并接地，然后在故障电缆首端逐一测试各相对地电阻 R_x（Ω）。

导通试验一般不允许用高阻测试仪器测量。因为，断线性故障的故障点处绝缘可能炭化并形成较低电阻的炭化通道，从而在高阻测试仪器下可能呈现电阻为零的假象，造成误判断。

典型运行故障的性质判断及粗测方法的选择如表 4-4 所示。

表 4-4　运行故障的性质判断及粗测方法的选择

序号	绝缘电阻试验(末端开口)		导通试验(末端三相短路并接地)	故障性质	粗测方法
	相　间	对地(E)			
1	AB:∞ BC:∞ CA:∞	AE:10MΩ BE:∞ CE:∞	AE:0 BE:0 CE:0	A 相高阻接地；无断线	直闪或冲闪A 相
2	AB:∞ BC:6MΩ CA:∞	AE:∞ BE:4MΩ CE:2MΩ	AE:0 BE:0 CE:0	B、C 两相高阻接地；无断线	直闪或冲闪B、C 相
3	AB:30MΩ BE:20MΩ CA:10MΩ	AE:10MΩ BE:20MΩ CE:100Ω	AE:0 BE:0 CE:0	C 相低阻接地；A、B 两相高阻接地；无断线	低压脉冲 C 相；直闪或冲闪A、B 相
4	AB:∞ BC:8MΩ CA:∞	AE:∞ BE:5MΩ CE:3MΩ	AE:0 BE:∞ CE:0	C 相高阻接地；B 相断线并高阻接地；另一端情况待测	低压脉冲 B 相；直闪或冲闪B、C 相

续表

序号	绝缘电阻试验（末端开口）		导通试验（末端三相短路并接地）	故障性质	粗测方法
	相　　间	对地（E）			
5	AB：∞ BC：∞ CA：∞	AE：∞ BE：∞ CE：∞	AE：∞ BE：0 CE：0	A 相断线；另一端情况待测	低压脉冲 A 相
6	AB：∞ BC：10MΩ CA：∞	AE：∞ BE：10MΩ CE：100Ω	AE：0 BE：∞ CE：0	B 相断线并高阻接地；C 相低阻接地；另一端情况待测	低压脉冲 B、C 相；直闪或冲闪 B 相
7	AB：100kΩ BC：∞ CA：∞	AE：100kΩ BE：10Ω CE：∞	AE：∞ BE：∞ CE：∞	A 相断线并高阻接地；B 相断线并低阻接地；C 相断线；另一端情况待测	低压脉冲 A、B、C 相；直闪或冲闪 A 相
8	AB：100kΩ BC：∞ CA：∞	AE：0Ω BE：100kΩ CE：∞	AE：0Ω BE：∞ CE：∞	A 相金属性接地；B 相断线并高阻接地；C 相断线；另一端情况待测	低压脉冲 A、B、C 相；直闪或冲闪 B 相

4.4.2　预试故障

电缆的预试故障是指在预防性试验中绝缘击穿或绝缘不良而必须进行检修绝缘后才能恢复供电的电缆故障。电缆预防性直流耐压试验的接线方式是在对一相进行直流耐压时，其他各项（单芯电缆除外）连同地线一并接地。由于电缆的预防性试验是逐相进行的，而且能量较小，所以电缆预试故障不可能造成断线故障，一般多为单相及相间高阻、低阻的接地或短路故障。可见，电缆的预试故障性质要比运行故障简单得多。

电缆预试故障的性质比较容易判断。根据预防性耐压试验的结果和故障相绝缘电阻的测量结果即可做出准确的判断。电缆预防性试验采用直流负高压，耐压试验时，要求被测电缆末端三相开口，绝缘电阻试验同样要求被测电缆末端三相开口。

由于预试故障一般不会造成断线性故障，因而在预试故障性质判断时无需做导通试验。典型预试故障性质判断及粗测方法选择见表 4-5。

表 4-5 预试故障性质判断及粗测方法选择

序号	耐压试验	绝缘电阻试验		故障性质	粗测方法
		对 地	相间(E)		
1	A：泄漏大 B：通过 C：通过	AE：10MΩ BE：∞ CE：∞	AB：∞ BC：∞ CA：∞	A 相高阻泄漏性故障	冲闪 A 相
2	A：通过 B：泄漏大 C：泄漏大	AE：∞ BE：20MΩ CE：100kΩ	AB：∞ BC：20MΩ CA：∞	B、C 两相高阻泄漏性故障	冲闪 B、C 相
3	A：击穿 B：通过 C：通过	AE：100MΩ BE：∞ CE：∞	AB：∞ BC：∞ CA：∞	A 相高阻闪络性故障	直闪或冲闪 A 相
4	A：击穿 B：通过 C：击穿	AE：∞ BE：∞ CE：∞	AB：∞ BC：∞ CA：100kΩ	A、C 相间高阻闪络性故障	直闪或冲闪 A、C 相
5	A：击穿 B：击穿 C：击穿	AE：∞ BE：∞ CE：10MΩ	AB：100kΩ BC：∞ CA：∞	A、B 相间高阻闪络性故障；C 相高阻闪络性故障	直闪或冲闪 A、B、C 相
6	A：泄漏大 B：泄漏大 C：通过	AE：∞ BE：∞ CE：∞	AB：10MΩ BC：∞ CA：∞	A、B 相间高阻泄漏性故障	冲闪 A、B 相
7	A：泄漏大 B：击穿 C：泄漏大	AE：∞ BE：100kΩ CE：∞	AB：∞ BC：∞ CA：10MΩ	A、C 相间高阻泄漏性故障；B 相高阻闪络性故障	直闪或冲闪 B 相；冲闪 A、C 相
8	A：泄漏大 B：击穿 C：通过	AE：10MΩ BE：100MΩ CE：∞	AB：∞ BC：∞ CA：∞	A 相高阻泄漏性故障；B 相高阻闪络性故障	直闪或冲闪 B 相；冲闪 A 相
9	A：泄漏大 B：泄漏大 C：泄漏大	AE：100MΩ BE：100MΩ CE：100MΩ	AB：200MΩ BC：200MΩ CA：200MΩ	三相高阻泄漏性故障	冲闪 A、B、C 相

4.5　电缆剩余寿命的预测

4.5.1　电缆使用寿命

电缆生产厂家出厂的合格电缆产品，经敷设安装、检验及验收合格后，由投运当年起在不过载、正常环境条件下运行，其寿命应在 15 年以上，其中聚氯乙烯及聚乙烯电缆应在 20 年以上，尼龙护套电缆使用寿命还会更长些。

4.5.2　聚乙烯绝缘电缆剩余寿命的预测

聚乙烯及交联聚乙烯电缆应用逐年增多，在运行过程中因环境条件影响，常出现"水树"及"硫化树"的所谓"树枝"现象，而使它的寿命受到严重威胁，使用年限减少，这已引起了电缆制造厂及使用单位和有关部门的关注。尤其大型厂矿及地区用户日益重视这类电缆到底能正常运行多长时间，有无正确的估算方法，以便估算已投运的电缆还有多少剩余寿命，做到心中有数，做好更换准备。现将国、内外有关研究分析及估算方法介绍如下。

（1）聚乙烯电缆"树枝"现象影响的定性分析

正因为聚乙烯等塑料电缆在运行中会出现"树枝"现象，国内、外一些专业人员通过多次研究，得出结论：聚乙烯绝缘和交联聚乙烯绝缘电缆在运行中故障率随使用年份的增长而增多，而故障率的增高又是按对数率的关系变化的。因为这类电缆中"树枝"的生长会引起电缆的介质损耗角正切 $\tan\delta$ 的变化。故可以把"树枝"的产生和介质损耗角正切 $\tan\delta$ 的关系与电缆预期的剩余寿命互相联系起来。同时电缆在运行过程中受潮和水分的入侵也是常见的，水分入侵既会降低电缆绝缘电阻，又会使电缆的介电强度严重下降，尤其在电缆进水最初半月内，水分影响介电强度最显著，在这以后还会进一步使电缆的击穿电压值降低，但较前阶段缓慢。但这些研究只判定了电缆的介电强度会因"树枝"现象而降低、介质损耗角正切 $\tan\delta$ 值也会因"树枝"现象的生成和老化而增加的定性关系，尚缺乏足够的数据来说明它们之间的定量关系。

（2）用测电缆的 tanδ 值估算电缆剩余寿命

在定性研究中，一些专业人员的结论是电缆击穿故障的发生与最大的"树枝"现象有关，但它们之间只是弱联系关系；而介质损耗角正切值与电缆的运行工况和平均的水分含量却是有关联的。研究分析证明电缆故障率大致正比于电缆的 tanδ 值，当其 tanδ 值增大到某一临界值时，电缆的故障率增大到难以保证正常运行，即认为电缆已达其使用寿命。专业人员根据不同时期测得的电缆 tanδ 值，采用下式来测算电缆的剩余寿命：

$$L=T_{sy}\frac{100\tan\delta_c-100\tan\delta_t}{100\tan\delta_t-100\tan\delta_0}\qquad(4\text{-}1)$$

式中　L——电缆的剩余寿命估计值，即指自测定年份起至故障率高到不能允许的水平时的年份数；

　　T_{sy}——电缆在测试前已投入运行的年数；

　　$\tan\delta_c$——介质损耗角正切值的临界值，即在电缆故障率（按用户要求而定）达到不能允许的水平时的 tanδ 值。在没有更适当数据以前，建议取 0.1 作为带绝缘屏蔽层的聚乙烯绝缘或交联聚乙烯绝缘电缆的近似值；

　　$\tan\delta_t$——电缆运行 T_{sy} 年后测得的 tanδ 值；

　　$\tan\delta_0$——未经老化的上述电缆的 tanδ 值，典型的 100tanδ 取 0.02。

（3）估算说明

用上述公式估算法是一种非破坏性的估算做法，它无需运行电缆线路先停电，再切除一段试样进行测算，这是目前较为近似的一种估算电缆剩余寿命的方法。随着电缆测试技术的发展和实践经验的积累，更准确的直接或间接电缆剩余寿命的计算或测定方法将会研究出来，并得到推广应用。

4.6　电缆故障的修复

电缆发生故障时，应根据故障类型及故障性质，采取相应的修复措施，以免故障进一步扩大，造成电缆事故。常见的故障修复可分为电缆渗漏油故障修复、电缆电晕放电故障修复、电缆闪络故障修复、电缆绝缘破损故障修复、电缆铅皮龟裂故障修复、电缆外护层故障修复共六大类。

4.6.1 电缆渗漏油故障的修复

由于种种原因，造成铅（铝）包裂口或裂纹，使电缆油向外溢出，电缆发生渗漏油后，会使电缆内油压降低，造成高位电缆缺油绝缘下降，严重的会使空气及水分浸入，最终造成绝缘击穿事故。现场常见的修复方法分为铅焊补漏法、钢套封焊法、环氧带补漏油，现分述如下。

（1）铅焊补漏法（适用于停电条件）

① 将电缆内油压调至允许最低值（对充油电缆而言）。

② 剥去渗漏点的铠装层、外护层、铜带、防水层等，暴露出铅层漏油裂口后，用棉纱团蘸电缆油把铅层表面擦净。

③ 按照铅层上漏油裂口大小，截取适当尺寸的铅皮，作补漏铅皮，并在其上钻一小孔。

④ 将补漏用铅皮包覆在电缆铅层上，盖没漏油点，形成套筒状，在补漏过程中，使小孔位于下方。从电缆内溢出的油从该孔往外淌流，使铅焊顺利进行。

⑤ 铅包覆在电缆铅层上铅套筒边缘（两边圆周及纵向合缝）进行铅封焊，使套筒焊牢在铅层上。焊毕，用小螺钉拧入排油小孔、旋紧，堵住油流，再在外面焊平小孔。

⑥ 铅封焊完毕后，可对电缆补油。

⑦ 重新恢复防水层，加固铜带层、外护层、铠装层，并分别扎紧焊牢。

⑧ 如漏油严重，发生失油时，待补漏完毕后，应进行真空注油处理（35kV 充油电缆）。

（2）封焊法（也称假接头法）

假接头套管用黄铜板（厚度为 2mm）制成，由上、下两半合套在漏油点铅包外面。铜套上、下两半的合缝采用银焊焊接，也可用封铅焊条封焊。铜套外径较铅包外径约大 30mm，以便在焊接铜套本身接缝时，火焰不致烧坏铅包和能容纳焊第二条缝口时的漏油量。当铜套纵向焊缝焊好后，将铜套转至图 4-2 所示的位置，即上、下两个油嘴位置分别处在最高点和最低点，以便于封铅时排油和最后对铜套的充油。在对铜套两端和铅包之间进行封焊时，在铜套的下油嘴上接一铅管，将漏出的油引至集油盘，以免油与喷灯火焰接触发生危险。为了同一目的，将上部油嘴接长，使高温挥发出的油气不致与喷灯火焰接触。封铅完毕，待冷却后，对铜套进行充油，待有适量油溢出后，立即用堵头螺母把上、下油嘴堵住。接着进行外护层的修复。

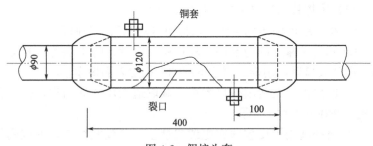

图 4-2 假接头套

（3）环氧带补漏法

前述两种修补方法都需在电缆停电条件下进行，但在实际运行中却不宜停电，这就需用环氧玻璃布带来修补漏油点，但应做好如下安全措施。

① 电缆漏油点铅包应直接接地。

② 补漏人员应利用绝缘板对地绝缘。

③ 操作现场备有防火砂、灭火器等。

其操作方法如下所述。

① 剥去漏油段的外护层，暴露出铅层上漏油裂口，用棉纱团蘸电缆油和苯，把该段铅层擦洗干净。

② 制作堵油层。先根据铅层漏油口的大小，剪取耐油橡皮环一个，放到漏油点铅层表面；再叠盖绕包聚氯乙烯带数层，把耐油

橡皮紧紧地缚牢在铅层上，再在聚氯乙烯带外面紧密绕包一层软铜丝。绕包时要不断擦净绕包层表面杂物和电缆油。

③ 制作加固层。先用锉刀打毛铜丝绕包层两端的铅层表面，以便于粘接面，用苯清洗油污，将铅层擦洗干净；再将配好的环氧树脂涂上，并用除腊烘干的玻璃丝带叠盖绕包数层，并用红外线灯泡或热吹风加热环氧带层，以加速其固化。

④ 经检查无渗漏后，重新修复电缆外护层、补强层。

4.6.2　电缆电晕放电故障的修复

电缆的电晕放电常发生在终端头表面，其原因主要有：终端头表面污秽；三芯分叉处的距离较小，芯与芯之间的空隙形成一个电容，发生游离所致；周围环境潮湿等。

针对以上原因其修复方法如下。

① 若为室外终端头表面发生电晕时，可在清扫后，在电晕放电表面打磨去掉痕迹涂些硅脂。如是环氧头，可用粗砂布或木锉进行打磨清扫后，在平口处加些环氧树脂加高平面。

② 若为室内终端头表面发生电晕时，可在清扫表面污秽后，用玻璃丝带涂环氧树脂整体包绕数层和在尾线部分增绕几层绝缘带，以加强其表面绝缘性能。

③ 若为干包电缆头发生电晕放电现象，可采用等电位的方法解决，即在各芯绝缘表面包上一段金属带，并互相连接，以消除电晕；此外，还可应用应力锥的原理将附加绝缘包成一个应力锥形状，以改善电场分布。

④ 由于潮湿发生的电晕放电，首先应采取排水和改善通风的措施，再用红外线灯泡或热风烘干潮湿表面。

4.6.3　电缆闪络故障的修复

电缆发生闪络故障与电晕放电故障的原因相似，它给电缆终端头表面造成不规则的炭黑痕迹，发展下去容易发生接地或者短路事故，因此必须及时进行修复。具体修复方法可参照电晕放电修复方法。但是要注意，在修复过程中要清除电缆终端头表面的炭黑痕迹，修复后的终端头表面应无尖刺而且光滑。

4.6.4 电缆线路绝缘破损的修复

电缆绝缘的损坏分为内绝缘损坏和外绝缘损坏两种形式，常见的有：电缆绝缘外壳及外瓷套损坏修复、电缆绝缘层损坏进水修复，下面介绍几种常见的修复方法。

（1）电缆绝缘层损坏进水的修复

① 由于油浸纸绝缘电缆中的绝缘纸能够很快吸收来自故障点周围的水分，在修复时，常采取逐步割除的方法检查两侧电缆的油浸纸绝缘是否有水分浸入，直至全部清除为止。检查的具体方法，是将逐层剥下的绝缘纸浸入约150℃的电缆油内进行观察，含有潮气的绝缘纸在热油中将产生泡沫并有声响。清除全部损坏部位后，再用同规格、同类型绝缘材料进行重新包扎。

② 橡塑电缆的绝缘虽然水分渗透很慢，但由于绞线间的空隙具有毛细管作用，也能吸收大量来自故障点周围的水分，而且含有水分的导体容易诱发交联聚乙烯绝缘的水树枝放电。因此首先应进行受潮电缆水分的排除，而后对故障点采取统包热缩绝缘层来修复。

（2）电缆绝缘外壳及外瓷套的损坏修复

① 户外终端头铸铁外壳碎裂的修补

a. 先将由裂缝挤出的绝缘胶刮去，用汽油清洗裂缝。

b. 用钢丝刷将裂缝及两侧铁垢刷净，再用汽油洗净。

c. 用环氧泥嵌填裂缝，把裂缝填满。

d. 用薄铝皮按修补范围筑好外模，再用环氧泥嵌满模缝。

e. 用环氧树脂灌注，待环氧树脂固化后，检查质量合格即可。

② 电缆终端头外瓷套管破损修复

a. 将终端头出线连接部分夹头和尾线全部拆除。

b. 用石棉布包成完好的瓷套管。

c. 将损坏的瓷套管用小锤敲碎、取出，注意碎片弹飞方向避免伤人。

d. 用喷灯加热电缆外壳上半部，使沥青绝缘胶部分熔化。

e. 用工具将壳体内残留的瓷套管取出。

f. 清除壳体内的绝缘胶，并疏通至灌注孔的通道。

g. 清洗电缆芯上污物、碎片，并加包清洁绝缘带。

h. 套上新的瓷套管。

i. 在灌注孔上装上高漏斗，并灌注绝缘胶（同制作工艺一样）。

j. 待绝缘胶冷却后，装上出线部件。

如果是瓷套裙边或者是环氧头外壳稍有损坏，可用环氧树脂粘补，并且用玻璃丝带涂环氧树脂紧固。

4.6.5　电缆铅包龟裂故障的修复

这类故障多半发生在垂直装置高度较高的电缆头下部，一般在杆塔上的电缆比较多见。如发生龟裂后，首先应鉴定其损坏程度，若尚未达到全部裂开致漏的条件，并且绝缘层未受潮时，可采取以下两种修复办法。

① 采用搪铅修补法。该方法适用于龟裂程度范围不大、程度较轻的场所。

② 采用环氧带包扎密封法。该方法适用于龟裂范围较大的场合。见环氧带补漏法内容。

4.6.6　电缆外护层损坏的修复

① 当发现铠装层和加强带损坏后，应选用原铠装层或加强带相同的材料，按原节距绕包在内护层外面。在内护层上应垫 1～2 层塑料带，并且涂沥青漆，绕包的铠装或加强带应长出原破损部位 100～150mm 并搭接电缆本身的铠装层或加强带层。在复制的加强带或铠装外要用镀锡铜丝缠绕并扎紧，在加强带或铠装的搭接处，用焊锡或焊铅将孔线及绕制的加强带与电缆本身的铠装或加强带焊牢，在其外侧涂以防腐材料层。

② 在发现橡塑电缆的外护层损坏后，也应选用与原护层相同的材料，利用补丁块方法用塑料焊枪进行热风吹焊或者用自黏结橡胶带紧密包扎；损坏较多的外护层也可采用套热缩卷包管卷包后，再加热收缩。

第5章 电力电缆故障的测寻

电力电缆在运行中由于各种原因会出现不同的故障，为了抢修电缆，满足生产，减少损失，需要尽快找到故障点，下面介绍几种电缆故障测寻的原理和方法。

5.1 脉冲反射法的基本概念及特征参数

5.1.1 脉冲反射法的分类

脉冲反射法又称行波法，具体分为低压脉冲反射法（简称低压脉冲法）、脉冲反射电压取样法和脉冲反射电流取样法三大类。后两类又可细分为直闪法和冲闪法。下面分别介绍它们的技术特点和应用范围。

（1）低压脉冲反射法

低压脉冲反射法又称雷达法。它是通过观察发射脉冲和故障点反射脉冲之间的时间差 T（μs）来测取故障距离，如果设脉冲电波在电缆中的传播速度为 V（m/μs），则电缆故障距离 L_x（m）可由式(5-1) 计算

$$L_x = \frac{1}{2}VT \qquad (5\text{-}1)$$

低压脉冲反射法的优点是简单，不需要掌握电缆线路的原始资料，如导体截面、长度、电阻率等，无需高压脉冲产生设备，整个测试过程均在低压下进行，更为安全、简便。但低压脉冲法不能测试高阻及泄漏性和闪络性故障。

低压脉冲反射法的适用范围如下。

① 低阻短路或接地性故障。

② 断线性故障。

③ 测量电缆全长。

④ 测量电波在电缆中的传播速度。

在电缆故障测试工作中，无论遇到哪种性质的故障，一般都先用低压脉冲法测量故障电缆的长度 L，若测得的故障距离 L_x 大于 L，显然不合逻辑；若电缆线路图纸标长 L_t 与 L 相差较大，则需要消除这一系统误差。可以通过式(5-2) 将测试故障距离 L_x 换算成图纸上的故障距离 L_{xt}：

$$\frac{L_{xt}}{L_x} = \frac{L_t}{L} \qquad (5\text{-}2)$$

当电缆线路较长，而且图纸标长与测长相差较大时，这一系统误差可能导致几十米的绝对误差，因而必须引起测试者的注意并加以消除。当选用先进的智能测试设备时，可以利用低压脉冲法的电波测速的功能。即以图纸标长为基准，测出电波在电缆中的传播速度，然后再利用这一速度测故障距离。这样就从根本上消除了系统误差，无需再进行换算。

(2) 脉冲反射电压取样法

脉冲反射电压取样法又称闪测法，是 20 世纪 70 年代发展起来的一种高阻故障和泄漏性、闪络性故障的测试方法。它首先使电缆故障点在直流高压（直闪法）或冲击高压（冲闪法）信号的作用下击穿，即发生闪络放电，该闪络则在电缆中产生一个电压跃变（即脉冲），于是，这个跃变的电压脉冲就以电波的形式在测试端与故障点之间来回反射，然后在电缆终端记录该电波的波形，从波形上可以确定脉冲电压在测试端与故障点之间往返一次所需的时间，再根据电波在电缆中的传播速度，就可以由式(5-1) 算出故障点的距离。

脉冲反射电压取样法的重要优点是不必将高阻故障和泄漏性、闪络性故障"烧穿"，降阻而直接测试，并且测试速度快、误差小、操作简单等。但是，脉冲反射电压取样法需要通过电容、电阻分压器测量电压脉冲信号，仪器与高压回路有电耦合，致使测试仪的安全程度不够理想。另外，在冲闪法时，由于高压电容器对脉冲信号呈短路状态,所以需要一隔离电感或电阻,从而降低了电容放电时加到故障电缆上的电压,使故障点不易击穿。

脉冲反射电压取样法对各种电缆故障均适用。其中直闪法对闪络性高阻故障最有效,冲闪法最适合测试泄漏性高阻故障,并对其他各种性质的电缆故障均适用。

(3)脉冲反射电流取样法

脉冲反射电流取样法与脉冲反射电压取样法大致相同。它们的区别只在于:脉冲反射电流取样法是通过记录故障点击穿时产生的电流行波信号在测试端与故障点之间往返一次所需的时间来计算故障点距离。也就是说电流取样法测取的是电流行波信号,电压取样法测取的是电压行波信号。除此以外,它们的测试方法、距离计算公式及其各自的适用范围都完全相同。

实际上,脉冲反射电流取样法和电压取样法,在具体的测试工作中,由于提取的试样不同而使接线方式迥异。在同样的测试方法下,所测得的波形也完全不同,从而波形的分析也相差很大。脉冲反射电流取样法与电压取样法相比具有以下优点。

① 仪器与高压回路没有电的联系,是磁耦合,提高了仪器的安全程度。

② 脉冲电流耦合波形比较简单,易于理解与掌握。

③ 无需在电缆端头与放电间隙之间串联电感或电阻以产生电压信号,从而减小了测试电路的能量损耗和复杂性。

5.1.2　电力电缆的长线等效线路

(1)长线与短线

电力电缆是电力传输线路的一种,传输线路本身几何长度 L 大于它所传输电波的波长 λ(波长 $\lambda =$ 传输速度 V/电波频率 f),或二者可以相比拟时,则称该传输线路为长线,否则为短线。当传输的电波为脉冲波时,波长等于脉冲宽度 τ。可见,长线或短线是相对于电波波长 λ 或脉冲宽度 τ 的相对概念。

在微波技术中,波长的计量单位是米或厘米。因此,长线的几何长度并不一定要很长,有时只不过几厘米或几米就足够了。对于电力传输线路而言，即使线路长度达千米以上，它比起工频信号的波长（6000km）要小得多，因此不能称之为长线。

当在电缆线路上利用脉冲反射测试技术进行故障诊断时，情况就发生变化了。一般来说，低压脉冲的宽度 $\tau=0.2\sim2\mu s$，脉冲电压、电流波的宽度不足 $1\mu s$，而电波在电缆中的传播速度一般不超过 $200m/\mu s$。因此，低压脉冲的波长 $\lambda=40\sim400m$，而脉冲电压、电流波的波长不大于 200m。可见，当电缆线路长度在几十米以上时就可以等效为长线。

（2）长线等效电路

电力电缆被看作长线时，就不再是简单的导体（线芯）-绝缘-对地（外护套）回路，而是由许许多多的等效电阻、电导、电感、电容构成，这些参数沿整个电缆线路均匀分布，故称之为分布参数。电缆等效长线分布参数电路如图 5-1 所示。

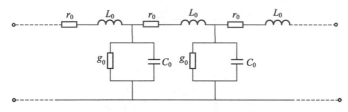

图 5-1　电缆等效长线分布参数电路

r_0—电缆线路单位长度的电阻；g_0—电缆线路单位长度的电导；

L_0—电缆线路单位长度的电感；C_0—电缆线路单位长度的电容

当信号电流流过每一单位长度电缆线路上的电阻和电感时，都会产生电压降，并会通过电导和电容分流而中途返回。当电缆传输高频电波时，可以忽略电阻和电导的损耗，即认为 $r_0=g_0=0$，这种电路被称为无损耗电路。如无特别说明，所讨论的电缆等效电路均指这种无损耗电路。电缆无损耗等效长线分布参数电路如图 5-2 所示。

5.1.3　电波在电缆中的传播速度

如图 5-2 所示，在电缆的一端施加电压后，电缆的另一端并不

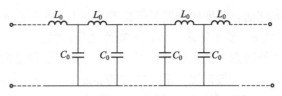

图 5-2　电缆无损耗等效长线分布参数电路

能立即得到电压，这是由于 L_0 和 C_0 的惰性所致。由于电感 L_0 中的电流不能立即产生，电容 C_0 上的电压不能马上建立，都需要一定的时间才能在 L_0 和 C_0 中逐一（由始端向终端）产生和建立起电流和电压，最后到达电缆另一端（即终端）。可见，电压波从电缆的始端到达终端需要经历一定的时间，即电波在电缆中是以一定的速度传播的。

若一电波从长度为 L 的电缆始端传到终端需要经过的时间为 T，则该电波在电缆中的传播速度 V 为

$$V = \frac{L}{T} \tag{5-3}$$

分析计算得

$$V = \frac{1}{\sqrt{L_0 C_0}} = \frac{L}{\sqrt{\varepsilon \mu}}$$

即

$$V = \frac{1}{\sqrt{\varepsilon_0 \varepsilon_r \mu_0 \mu_r}} = \frac{1}{\sqrt{\varepsilon_0 \mu_0} \times \sqrt{\varepsilon_r \mu_r}} \tag{5-4}$$

式中　ε_0——真空介电系数，$\varepsilon_0 = 1/(36\pi \times 10^9)$；

μ_0——真空磁导率，$\mu_0 = 4\pi \times 10^{-7}$；

ε_r——相对介电系数；

μ_r——相对磁导率。

把 ε_0、μ_0 代入式(5-4) 得

$$V = \frac{1}{\sqrt{\frac{1}{36\pi \times 10^9} \times 4\pi \times 10^{-7}} \times \sqrt{\varepsilon_r \mu_r}} = \frac{1}{\sqrt{\frac{1}{9 \times 10^6}} \times \sqrt{\varepsilon_r \mu_r}} = \frac{3 \times 10^8}{\sqrt{\varepsilon_r \mu_r}}$$

则

$$V = \frac{C_0}{\sqrt{\varepsilon_r \mu_r}} \tag{5-5}$$

式中　C_0——光速，$C_0 = 3 \times 10^8 \text{m/s}$。

由式(5-5)可知，电缆中电波的传播速度只与电缆绝缘材料的相对介电系数和相对磁导率有关，而与电缆的长度、结构、导体材料等无关。由于不同绝缘材料的介电系数差别较大，所以电波在不同绝缘材料电缆中的传播速度也互不相等。但对于同种绝缘材料电缆中的电波传播速度却是恒定的常数。

采用脉冲反射法测试电缆故障距离时，测取量是电波在故障电缆的测试端到故障点之间往返一次的传播时间 T，而故障距离 L_x 是由式(5-1)计算而得，式中电波在电缆中的传播速度 V，需要预先掌握。现将常用电力电缆的电波传播速度计算值与推荐使用值列于表 5-1 中，以便读者参考。

表 5-1　常用电缆电波传播速度参考值

名　称	电缆绝缘材料		波速/(m/μs)	
	μ_r	ε_r	计算值	推荐值
油浸纸	1	3.0～3.8	154～173	160
不滴流纸	1	4.0～4.6	140～150	144
聚苯乙烯	1	2.5～2.6	186～190	184
交联聚乙烯	1	2.4	194	172
聚氯乙烯	1	4～5	134～150	142
天然橡胶	1	2.5	190	190
乙丙橡胶	1	2.2	202	200
丁苯橡胶	1	2.0～2.8	179～212	195
丁基橡胶	1	2.3	198	200

注：1. 各种绝缘材料的磁导率均为近似值。

2. 计算值是按纯净绝缘材料计算而得。

3. 推荐值是经过大量实测统计而得。

5.1.4　电缆的特性阻抗

当电缆被等效地看作长线时，可以用一个特性参数来描述电缆中电压与电流的对应关系。这个特性参数就是特性阻抗，又称波阻抗。一般地，电缆中的电压波和电流波是互相伴随着向前传播的。

把从电缆始端推进的入射电压波 U^+ 与入射电流波 I^+ 之比定义为电缆的特性阻抗 Z_c，则 Z_c 可表示为

$$Z_c = \frac{U^+}{I^+}$$

经分析计算得

$$Z_c = \sqrt{\frac{L_0}{C_0}} \tag{5-6}$$

式中　L_0——电缆线路单位长度的电感；

　　　C_0——电缆线路单位长度的电容。

　　式(5-6)中的 L_0、C_0 除了与电缆所用的绝缘材料的介电系数和磁导率有关外，还与电缆的几何结构（如电缆的截面结构、绝缘层厚度、线芯与外护层间的距离等）有关。因此，不同种类、不同规格的电缆，其特性阻抗不同，而且电缆线芯的截面积越大，其特性阻抗值越小。例如：10kV、240mm² 电缆的特性阻抗大约为10Ω，10kV、35mm² 电缆的特性阻抗大约为40Ω。

　　反射电压波 U^- 和反射电流波 I^- 的比值也等于电缆的特性阻抗 Z_c，只是由于把 I^- 的方向假设与 I^+ 一致，而实际传播方向相反，所以它们的关系是

$$Z_c = \frac{U^+}{I^+} = -\frac{U^-}{I^-} \tag{5-7}$$

　　线路上电流行波的流动方向是电压行波前进的方向，规定电流的正方向与距离的正方向一致，假设电压行波极性为正，显然，正向电流行波的流动方向与距离方向一致，为正极性；而反向电流行波的流动方向与距离方向相反，为负极性。

　　如上所述，电缆的特性阻抗为一纯电阻，其基本单位为 Ω。其数值的大小只与电缆的几何结构和绝缘介质有关，而与电缆的长度、导体材料、所传播电波的频率等无关。电缆的特性阻抗是电缆中一对正向或反向电压、电流波之间的幅值比，而不是任意点电压、电流瞬时值之比。因为，电缆任意点电压、电流的瞬时值是经过该点的许多个正、反向电压、电流波的叠加。

电缆等效长线结构如图 5-2 和图 5-3 所示。通过分析推导可得其特性阻抗的计算公式。

同轴线特性阻抗计算公式为

$$Z_c = 60 \sqrt{\frac{\mu_r}{\varepsilon_r}} \ln \frac{b}{a} \qquad (5\text{-}8)$$

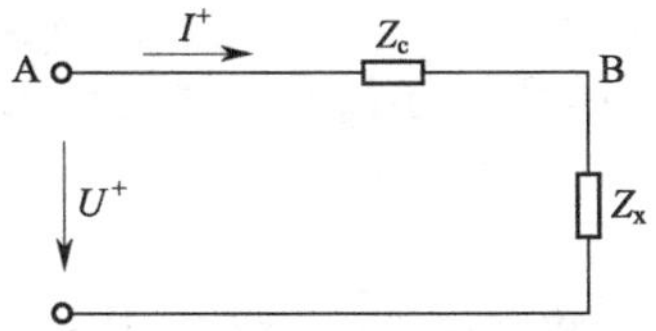

图 5-3   反射系数推导电路

式中　a——导体半径；

　　　b——绝缘层外半径。

双导线特性阻抗计算公式为

$$Z_c = 120 \sqrt{\frac{\mu_r}{\varepsilon_r}} \ln \frac{2D-d}{d} \qquad (5\text{-}9)$$

式中　D——两导线中心距离；

　　　d——导线直径。

5.1.5　电缆中电波的反射

电缆中电波的传播情况是由电缆线路阻抗决定的。两条特性阻抗不同的电缆连接时，连接点处将出现阻抗失配；当电缆线路中出现低阻或断线故障时，故障点的等效阻抗与特性阻抗不相等，也将出现阻抗失配现象；当电缆中间头结构较电缆本体改变较大或材料特性差异较大时，该电缆中间头部位的阻抗也就产生了较大的改变，形成阻抗失配。当电波到达这些阻抗失配点时，会产生部分或全部的反射，即行波回送。在低阻故障（故障电阻不为零）时，还会有电波透射现象，即有一部分电波越过故障点继续往前运动。

电波的反射强度可用发生反射的阻抗失配点的反射电压（电流）与入射电压（电流）之比来表示，这个比值称为反射系数 P。

如图 5-3 所示，设入射波由 A 端进入，终端（或故障点）B 的等效阻抗为 Z_x，入射波到达终端（或故障点）而产生反射时，其 B 端电压、电流分别为 U_x、I_x，则它们应为入射电压（电流）和反射电压（电流）之和。即

$$U_x = U^+ + U^- \qquad (5\text{-}10)$$

$$I_x = I^+ + I^- \tag{5-11}$$

另外，U_x 与 I_x 的比值等于 B 端的等效阻抗 Z_x，即

$$Z_x = \frac{U_x}{I_x} \tag{5-12}$$

将式(5-7)、式(5-10)～式(5-12)联解，不难求出电压反射系数 P_u 和电流反射系数 P_i，即

$$P_u = \frac{U^-}{U^+} = \frac{Z_x - Z_c}{Z_x + Z_c} \tag{5-13}$$

$$P_i = \frac{I^-}{I^+} = \frac{Z_x - Z_c}{Z_x + Z_c} = -P_u \tag{5-14}$$

根据式(5-13)、式(5-14)，讨论以下几种特殊情况。

① $Z_x = Z_c$ 时，$P_u = P_i = 0$，即反射系数为零，这时无反射波产生，这种现象称为匹配。终端匹配时，入射波到达终端后，长线上的电压和电流就不再发生变化了，也不发生反射，而是被 Z_x 全部吸收。这样，长线终端得到和始端相同的电压和电流，只是在时间上略有延迟。

② $Z_x \to \infty$ 时，$P_u = 1$，$P_i = -1$，这种状态为开路状态。开路状态造成电压的全反射。电压反射波与入射波极性相同。开路端的实际电压是入射电压和反射电压之和，因此出现电压加倍现象。由于 $P_i = -1$，反射电流与入射电流大小相等，方向相反，开路端的实际电流是二者之和，因此为零。

③ $Z_x \to 0$ 时，$P_u = -1$，$P_i = 1$，这种状态为短路状态，短路点的反射电压与入射电压大小相等，方向相反，其合成电压为零。由于短路点电流反射系数 $P_i = 1$，反射电流与入射电流大小相等，方向相同。因此，短路点出现电流加倍现象。

5.1.6 故障点的闪络机理

故障点的形式多种多样，故障点的阻值也是千变万化的，十分复杂。电缆故障点的闪络机理是脉冲反射法最根本的理论依据。如果故障点不发生闪络击穿，则故障波形就不可能产生。

电缆故障，除金属性接地故障不放电以外，其余情况下，由于绝缘介质被破坏，其介电强度下降，在不同的加压方式（直流电压

或冲击电压）下，只要外加电压达到或超过绝缘介质的耐电强度，故障点就会发生介质的闪络击穿，其机理简述如下。

在强电场下，固体导体中因冷发射或热发射而存在一些电子，这些电子一面在外电场作用下被加速获得动能，一面与晶格相互作用而激发晶格振动，把电场的能量传递给晶格，当这两个过程在一定的条件下（电场强度和温度）平衡时，固体介质就具有稳定的电导；当电子从电场中得到的能量大于损失给晶格振动的能量时，电子所具有的能量就会越来越大，当电子的能量增大到一定值时，电子与晶格的相互作用便导致介质的碰撞电离，从而产生新的电子，而这些新产生的电子同样重复上述过程。这样就使介质中的自由电子数量迅速增加，即形成"电子雪崩"。因此介质的电导打破原来的稳定状态而急剧增加，于是击穿开始发生，使故障点被强大的电子流瞬间短路。

介质发生雪崩击穿，需要一定的时间，这种现象称为延迟效应。电缆故障点在闪络击穿过程中，由于电流和损耗的存在，而伴随着热效应的作用，从而导致故障点绝缘状态进一步恶化，故障电阻不断降低，进而加速故障点的击穿进程。

5.2　脉冲反射法基本原理

5.2.1　低压脉冲反射法的基本原理

低压脉冲反射法，又称雷达法。它是根据传输线理论，在被测电缆上送入一脉冲电压，当发射脉冲在电缆线路上遇到故障点、电缆终端或中间头时，由于该处阻抗的改变，而产生向测试端运动的反射脉冲，利用仪器记录下发射脉冲与反射脉冲的时间差 T，即发射脉冲在测试端与故障点之间往返一次所需的时间。则故障距离 L_x 可由下式求得：

$$L_x = \frac{1}{2} VT \tag{5-15}$$

式中　V——电波在电缆中的传播速度，m/μs；

T——电波在故障点与测试端之间往返一次所需的时间，μs；

L_x——故障距离，m。

低压脉冲反射法只适用于低阻短路或接地及断线性故障的测试。对于高阻故障，由于故障点的等效阻抗几乎等于电缆的特性阻抗，造成故障点阻抗突变不明显，反射系数近似为零，产生的反射脉冲相当微弱。因此，低压脉冲反射法不能有效地测试高阻故障，这时需要采用下面介绍的直流高压闪络法或冲击高压闪络法进行测试。

5.2.2　脉冲反射电压取样法的基本原理

脉冲反射电压取样法又称闪络测距法，简称闪测法。闪测法具有直流高压闪络（直闪）方式和冲击高压闪络（冲闪）方式之分别。它们的测试原理是：根据电缆故障性质的不同，在故障电缆上施加直流电压（直闪方式）或冲击电压（冲闪方式），使故障点击穿放电，即发生闪络。根据传输线理论，该闪络将在电缆中产生一个电压跃变（即脉冲），这个跃变的电压将以电波的形式在电缆的测试端与故障点之间来回反射。这时，如果在测试端记录下电波的波形，则可以从电波波形上测出电波来回反射一次的时间 T，再根据电波在电缆中的传播速度 V，就可以利用式(5-15)求出故障距离 L_x。这就是脉冲反射电压取样直闪或冲闪法的基本原理。

脉冲反射电压取样法适用于低阻、高阻、泄漏性、闪络性等所有故障。其中直闪方式对闪络性故障最有效，冲闪方式对泄漏性故障最有效，并对其他所有故障均十分有效。脉冲反射电压取样法在脉冲反射诊断技术中应用最为广泛，多年的应用实践，对它的有效性和准确性，给予了充分的肯定，但也发现了它的不足之处。脉冲反射电压取样法是通过电容、电阻分压器测量电压脉冲信号的，仪器与高压回路有电耦合，安全性不够理想。耦合出的电压信号波形上升不够尖锐，有时识别起来有一定的困难，尤其是在特殊波形的分析中，需要有较好的基础理论与实践经验。在采用冲闪方式测距时，由于高压电容器对脉冲信号呈短路状态，所以需要一隔离电感或电阻，这样就增加了接线的复杂性，而且降低了电容器放电时加到故障电缆上的电压，使故障点不容易被击穿，这些不足，有的可以通过测试仪器性能的不断提高与完善加以消除或削弱。

5.2.3　脉冲反射电流取样法的基本原理

脉冲反射电流取样法与脉冲反射电压取样法都是利用行波技术，只是脉冲反射电流取样法所利用的是电流行波信号，而脉冲反射电压取样法利用的是电压行波信号。

脉冲反射电流取样法同样也可以分为直流高压闪络（直闪）方式和冲击高压闪络（冲闪）方式。它们都是根据电缆故障性质的不同，在故障电缆上施加直流电压（直闪方式）或冲击电压（冲闪方式），使故障点击穿放电，即发生闪络。然后通过记录测量故障点击穿时产生的电流行波信号在测试端与故障点之间往返一次所需的时间 T，再根据电波在电缆中的传播速度 V，就可以利用式(5-15)求得故障距离 L_x。可见脉冲反射电流取样法与电压取样法的基本原理完全相同。

脉冲反射电流取样法的电流脉冲信号，是利用线性电流耦合器（Linear Coupler）来测量流入充电电容的脉冲电流信号。当放电脉冲电压（或故障点反射电压）信号到达测试端时，高压电容器呈短路状态，产生很强的脉冲电流信号，被仪器记录下来的就是线性耦合器输出的、与高压回路电流成正比的尖锐脉冲电流信号。

脉冲反射电流取样法的应用范围与脉冲反射电压取样法完全相同。其中电流取样直闪法也是最适合于闪络性故障的测试，电流取样冲闪法对泄漏性故障及其他性质的故障均十分有效。

5.3　电力电缆故障距离的粗测

粗测（初步确定）电缆故障点的距离，是排除电缆故障的一个很重要步骤。所谓粗测，就是测出故障点到电缆任一端的大致距离。粗测是故障精确定点前的必要准备。无论电缆仪的分辨率有多么高，所读出的故障点距离仅仅代表了从电缆测试端到故障点的电缆长度。由于电缆的埋设路径不可能是一条直线，而且每一个端头和中间头都不可避免存在预留长度，以便出故障后检修之用。所以电缆仪读出的故障距离不可能和地面度量距离完全一致，有时相差数十米也是合理的。电缆仪的读数只能作为精确定点时的重要参考。

近些年来，国内外很重视电力电缆故障探测技术的开发研究。早期的方法是，使高阻故障经过烧穿后变成低阻故障，而后再用电桥法或低压脉冲反射法进行粗测。因为采用这种方法进行"烧穿"很费时间、人力和电力，而且需要庞大的设备，目前已经开发出可靠的冲击高压闪络法、二次脉冲法、智能高压电桥法等先进测试技术。所以，现在探测电力电缆故障时，不再将高阻故障"烧穿"，而是直接对故障电缆的故障相施加直流高压或冲击高压，使故障点电离放电闪络，然后再通过闪络脉冲的反射波粗测出故障点的位置。

粗测法实际上可归纳为两类，即经典法（如电桥法等）和现代法（如闪络法等）。现代法与经典法相比，具有不需要有关电缆的精确数据（如电缆长度、截面、接头数等），测寻速度快（不需要"烧穿"）等优点。

5.3.1 经典法简介

（1）测量电阻电桥法

在20世纪60年代之前，世界各工业发达国家都广泛采用此法，故国外称之为"经典"方法。此方法几十年来几乎没有什么变化。对于短路故障、低阻故障，此法测起来甚为方便。

测量电阻电桥法线路连接如图5-4所示，被测电缆末端无故障相与故障相短接，电桥两输出臂接无故障相与故障相。图5-4电桥法原理图可等效为图5-5。

仔细调节 R_2 的数值，总可以使电桥平衡，即 CD 间的电位差为零，无电流流过检流计。此时，据电桥平衡原理可得

$$R_1 R_4 = R_2 R_3$$

即
$$\frac{R_3}{R_4} = \frac{R_1}{R_2}$$

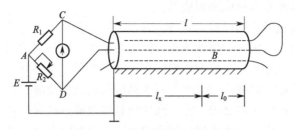

图 5-4　测量电阻电桥法原理

由于 R_1、R_2 为已知电阻，设 R_1/R_2 的值为 K，则

$$\frac{R_3}{R_4}=K \text{ 或 } R_3=KR_4$$

又由于电缆直流电阻与其长度成正比，由图 5-5 可知，R_3 可用 $l+l_0$ 代替，R_4 可用 l_x 代替。故上式可改写成

$$l+l_0=Kl_x$$

而　$l+l_0+l_x=2l$

所以 $l_x=\dfrac{2l}{K+1}$　　　　　(5-16)

由上面推导得知：只要精确知道电缆长度 l 和测出电桥两已知电阻臂的比值 K，就能精确计算出短路故障点距测试端之间的距离了。此法至今仍广泛地在无脉冲测距仪和闪络仪的各单位中采用，效果良好。

电桥法因电源电压低和检流计电表灵敏度低，仅适用于对低阻故障的探测，一般要求故障点的电阻不超过 100kΩ，最高也不得超过 500kΩ，通常以 2kΩ 以下为宜。

使用电桥法对电力电缆故障点进行粗测时，常用单臂电桥（如 QJ23 即 850 型和惠斯登电桥）、双臂电桥（如横河双臂电桥）和自制电桥（如滑线电桥）等。QF1-A 型电缆探

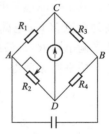

图 5-5　电阻电桥法
　　　　等效电路
R_1—已知测量电阻；
R_2—精密电阻箱；
R_3—CB 两点间电阻；
R_4—BD 两点间电阻

伤仪也是根据电桥原理制成的。

一般电桥法的优点是简单、方便、精确度高。但它的重要缺点是不适用于高阻与闪络性故障。因为在故障电阻很高的情况下，电桥回路电流很小，一般电桥检流计灵敏度较低，很难判断电桥平衡与否。实际上电缆故障大部分属于高阻与闪络性故障。在用普通电桥法测量故障距离之前，需用高压设备将故障点烧穿，使其故障电阻值降到可以用电桥法进行测量的范围，而故障点烧穿是件十分困难的工作，往往要花费数小时、甚至几天的时间，十分不方便，有时会出现故障点烧断，故障电阻反而升高的现象（这在交联电缆故障中常见），或是故障电阻烧得太低，呈金属性短路，以致不能用放电声测法进行最后定点。电桥法的另一缺点是需要知道电缆的准确长度等原始技术资料，当一条电缆线路内是由两种以上导体材料或截面不同的两段以上电缆组成时，还要进行换算。电桥法还不能测量三相短路或断路故障。所以电桥法的局限性很大。

（2）电容电桥法

当电缆故障呈断线性质时，由于直流电阻电桥法中测量桥臂不能构成直流通路，所以电阻电桥法将无法测量出故障距离，这时采用电容电桥法即可测出故障距离。

电容电桥法的接线原理如图 5-6 所示，其等效电路如图 5-7 所示。其工作原理与电阻电桥法基本相同，不同之处在于：直流电源换为交流 50Hz 电源，检流计换成交流毫伏表（见图 5-6）。仔细调节平衡电阻 R_2，最终可使毫伏表指示为零，即达到电桥平衡，根据电桥平衡原理得

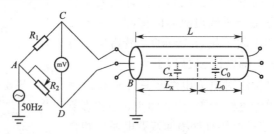

图 5-6　电容电桥法接线原理

$$R_1 X_x = R_2 X_0$$

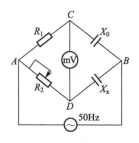

图 5-7　电容电桥法
等效电路

式中　R_1——标准电阻；

　　　R_2——平衡电阻；

　　　X_x——故障相上的容抗；

　　　X_0——无故障相上的容抗。

由于电缆上分布电容与电缆长度成正比，所以上式可改写为

$$\frac{R_2}{R_1} = \frac{X_x}{X_0} = \frac{L_x}{L}$$

设：$R_2/R_1 = k$ 则

$$L_x = kL \tag{5-17}$$

由式(5-17) 可知，只要精确地掌握电缆全长 L，电桥平衡时测出 k 值，就可以计算出故障点距测试端的距离 L_x。

需要注意的是：使用电容电桥法测试电缆故障时，其断线故障的绝缘电阻应不小于 $1M\Omega$，否则会造成较大的误差，从而限制了电容电桥法在实际测试工作中的应用。

（3）烧穿降阻法

电力电缆的高阻故障几乎占故障总数的 90% 以上，对于这些高阻故障，经典的测试方法是毫无效果的。因为高阻故障的故障电阻很高，测量电流极小，即使用足够灵敏的仪表也难以测量；对于低压脉冲法，由于故障点等效阻抗几乎等于电缆的特性阻抗，即反射系数几乎为零，所以得不到反射脉冲而无法测量。为了使经典法能够测试高阻故障，必须通过烧穿降阻法把高阻故障变为低阻故障。烧穿的原理电路如图 5-8 所示。

为利用电缆中电渗透效应的优点，烧穿设备的输出通常是直流负高压。大量的实践证明，用负高压烧穿故障点的效果要比正高压或交流高压烧穿故障点好得多。烧穿电流一般为毫安级。那种认为烧穿须用大电流的概念是错误的，事实上，在直流负高压下，数毫安的电流即可使故障点的绝缘物炭化。烧穿电流太大时，虽然烧穿速度快，但烧穿过程不易控制，极易引起故障点的炭化熔烧，形成

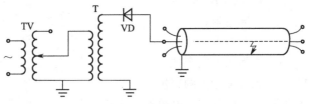

图 5-8 烧穿原理电路

金属性接地故障,从而增加了故障定点工作的难度。

当故障点形成低而稳定的电阻通道时,即可使用低阻测试方法进行故障距离的测试。顺便提一下,并不是所有的高阻故障都可以用烧穿法降为低阻故障(如某些电缆中间头)。对于油浸纸绝缘电缆,由于绝缘油的渗透作用,常使烧穿后的故障阻值回升而影响测试工作,有时需要反复烧穿。

5.3.2 低压脉冲反射法

利用这种方法,可以直观地从电缆故障仪显示屏上直接观察出故障点是开路还是短路性质的故障,并且还可以用光电游标直接显示出故障点距测试端的距离。对于低阻、短路故障及断路故障。最简单直观的测试方法莫过于脉冲测量法了。

电缆故障仪显示屏所提供的波形,对于判断较为复杂的线路结构上的故障往往具有相当重要的参考价值。

用电桥无法解决的问题(如线路上有 T 接头,或中间有一段并联运行电缆,或故障相断路,或三相都是低阻故障等),低压脉冲测试法都可以提供相当多的分析资料。当然,要解释波形中所观察到的各种复杂现象,是需要技术人员经过基本的测试训练和具有大量实践经验与技巧的。现在所能利用的各种各样的脉冲测距仪,其测量精度在某种程度上取决于操作人员的实践与经验。

(1)低压脉冲法的工作原理

测试时,在故障相上输入低压发送脉冲,该脉冲沿电缆传播直到阻抗失配的地方,如中间头、T 形接头、短路点、断路点和终端头等。在这些点上都会引起波的反射,反射脉冲回到电缆测试端时被试验设备接收。故障点回波脉冲和发送的测量脉冲之间的时间间隔与故障点在实际电缆上距测试端的距离成正比。

故障的性质类型,可由反射脉冲极性判断。如果发送测量脉冲是正极性的,回波脉冲是正极性的脉冲,表示是断路故障或终端头开路;回波是负极性脉冲,则是短路接地故障。

故障距离由测量脉冲与回波脉冲之间的时间差推算出来,这就涉及电波在电力电缆中传播的速度问题。在各种不同导体截面积的电力电缆里,经过反复多次的测试得知,电波在油浸纸绝缘电缆中的传播速度 v 均在 160m/μs 左右(计算中近似取 $v=160$m/μs)。因此只要测得发送脉冲(即测量脉冲)与反射脉冲(即回波脉冲)间的时间差 t(μs),便可利用下列公式求得故障距离 l。即

$$l=\frac{1}{2}vt \quad 或 \quad l=80t \tag{5-18}$$

从有关的理论和实际测量中得知,电波在电缆中传播,其传播速度只与绝缘介质的相对介电常数有关,而与其横截面积大小无关。电波在油浸纸绝缘中的传播速度大约是 160m/μs。但如要测塑料绝缘电力电缆和其他类型的电力电缆、通信电缆的故障距离,则必须重新测量电波在该电缆内的传播速度。

电波传播速度的测量方法如下。

如果电缆的全长 l(m)是已知的,根据终端反射脉冲与测量发送脉冲之间的时间差 t(μs),可推算出准确的传播速度来。即

$$v_1=2l/t \tag{5-19}$$

低压脉冲反射法,又叫雷达法。脉冲反射测距法原理还可由图 5-9 直观地表示出来。不同的故障性质具有不同的反射波,通过观察故障点反射脉冲与发射脉冲的时间差测距。低压脉冲反射法的优点是简单、直观、不需要知道电缆的准确长度等原始技术资料,根据脉冲反射波形还可以容易地识别电缆接头与分支点的位置。

低压脉冲反射法的缺点是仍不能适用于高阻和闪络性故障的测量。

(2) 波形比较法判断故障点

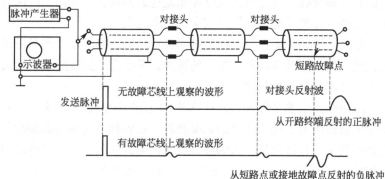

(a) 无故障相和短路故障相上的脉冲反射波形

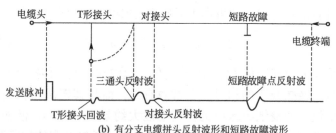

(b) 有分支电缆拼头反射波形和短路故障波形

图 5-9 低压脉冲反射测距法中的各种故障波形示意

为了更好地判别分析故障点反射脉冲，有的仪器还采用了脉冲反射波形比较测量法。

实际电缆结构可能比较复杂，比如存在分支点等，脉冲反射波形比较复杂不容易理解，而用脉冲反射波形比较测量法判别故障点时相对就容易得多，也不至于产生误判。

如图 5-10(a) 所示，一中间带接头的电缆发生了单相接地故障。首先在良好的芯线上测得一波形，如图 5-10(b) 所示。然后在故障芯线上测量波形，如图 5-10(c) 所示。把两者进行比较，在波形上 F 处两波形明显出现差异，这是由于故障点反射脉冲所造成的，如图 5-10(d) 所示，该点所代表的距离即是故障点位置。

利用现代微处理技术，使低压脉冲反射法仪器具有波形记忆功能，即以数字的形式把波形保存记忆起来，同时把最新测量波形与记忆波形同屏显示。利用这一特点，操作人员可以通过比较电缆良好线芯与故障线芯脉冲反射波形的差异处来寻找故障点，避免了理解复杂脉冲反射波形的困难。故障点容易识别，灵敏度高。实际电力电缆三相均有故障的可能性很小，只要有良好的线芯存在，可方便地利用波形比较法测量故障点。

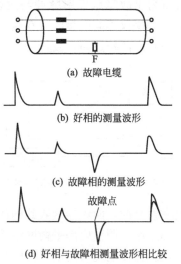

(a) 故障电缆

(b) 好相的测量波形

(c) 故障相的测量波形

(d) 好相与故障相测量波形相比较

图 5-10　波形比较法测量
单相对地故障

利用波形比较法，可精确地测定电线长度或校正波速度。由于脉冲在传播过程中存在损耗，电线终端的反射脉冲传回到测量点后，波形上升沿比较圆滑，不好精确地标定出反射脉冲到达时间。特别是当电缆故障距离较长时，这一现象更突出。而把端点开路与短路的波形同时显示时，两者的分叉点比较明显，容易识别，如图 5-11 所示。

（3）内部阻抗平衡技术

有的仪器为了减少低压脉冲法的近距离测试盲区，采用了内部阻抗平衡技术。使用内部阻抗平衡技术的目的在于压缩甚至消除掉仪器接收（并显示）的发送脉冲，从而减少或消除掉测量盲区。并且可以较大限度地增加放大电路增益，提高故障点反射脉冲的幅值，而不会因放大电路"阻塞"造成脉冲反射波形失真。

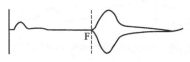

图 5-11　电缆终端开路与短路脉
冲反射波形比较

低压脉冲测距仪发送的脉冲有一定的宽度，由于仪器的输出阻抗与电缆波阻抗不匹配，电缆上得到的或者是仪器接收电路感受到的发送脉冲拖了一个尾巴，在屏幕上故障点反射脉冲与发射脉冲重叠，会造成显著的测量盲区。如果仪器同时接收并在显示器上显示发送脉冲与反射脉冲，当故障点距离较远时，发送脉冲的幅值远大于故障点反射脉冲，如通

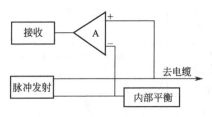

图 5-12　内部阻抗平衡网络的作用

过提高放大器增益来达到提高故障点反射脉冲幅值的目的，将造成信号放大电路的饱和，出现所谓的"阻塞"现象。

如图 5-12 所示，仪器同时向被测电缆与内部平衡网络发射脉冲，而仪器接收到的信号是被测电缆与内部平衡网络上信号的差值，调节内部平衡网络参数，使其与电缆的波阻抗一致，则发送脉冲在电缆与内部平衡网络上产生的信号同相，仪器接收到的信号为零，而当反射脉冲到来时，内部平衡网络上无信号出现，反射脉冲全部送到仪器接收电路上去。

有无内部平衡作用的仪器测量波形如图 5-13 所示。图 5-13（b）中的波形是使用内部平衡网络的脉冲反射波形是从波形上消除了发送脉冲后，提高仪器增益测得的，基线平直且回波明显。而从图

5-13（a）看出，当发送脉冲的波形与回波脉冲同屏出现时，因发送脉冲幅值远大于故障点反射脉冲，如果提高仪器放大增益来达到提高故障点反射脉冲幅值的目的，将导致仪器输入信号过大，造成信号放大电路饱和出现所谓的"阻塞"现象，波形如图 5-13（c）所示。

为了简化操作，实际的低压脉冲反射仪器往往采用固定的平衡网络，而不是由操作人员调节。

仪器采用内部平衡技术压缩显

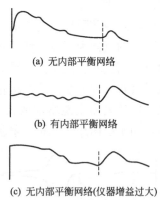

(a) 无内部平衡网络

(b) 有内部平衡网络

(c) 无内部平衡网络(仪器增益过大)

图 5-13　有无内部平衡网络的脉冲反射波形比较

示波形的发送脉冲后。利
用波形比较法，能很方便
地测出电缆始端头故障。
首先测得一完好电缆芯线
的脉冲反射波形，储存起
来，然后再测量故障芯线。
把先后两次测量波形比较，
在波形起始处，二者有明

图 5-14　利用波形比较法测
量电缆头故障

显的差别，说明是电缆始端头故障。图 5-14 给出了一电缆头附近
处有短路故障的线芯与完好线芯的波形比较。

5.3.3　直流高压闪络测试法

直流高压闪络测试法（简称直闪法）用于测量闪络击穿性故
障，即故障点电阻极高，用直流高压试验设备把电压升到一定值时
就会产生闪络击穿的故障。

据统计，能用直闪法测量的电缆故障，约占电缆故障总数的
10%，在预防性试验中出现的电缆故障多属于该类故障。直闪法获
得的波形简单、容易理解，且读数精度高。但一些故障点在几次闪
络放电之后，往往造成故障点电阻下降，形成炭阻通道，以致不能
再用直闪法测试。故实际工作中应珍惜能够进行直闪测试的机会。

（1）接线

直闪法接线如图 5-15 所示，T1 为调压器，T2 为高压试验变
压器，输出电压在 30～60kV 之间；C 为储能隔直电容器，容量在
0.5～4.0μF 之间；L 为线性电流耦合器。

线性电流耦合器 L 的输出经屏蔽电缆接测距仪器的输入端子。
注意：一般线性电流耦合器 L 的正面标有放置方向，应将电流耦
合器按标示的方向放置，否则，输出的波形极性会反相，但不会影
响正常测试和读数，只是对操作人员来说不一定习惯而已。

电容器 C 对高频行波信号呈短路状态，在故障点击穿产生的
电压、电流行波到达后，起产生电流信号的作用，可选用脉冲电容
器，也可使用 6kV（直流高压在 30kV 以下时）或 10kV（直流高

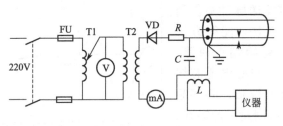

图 5-15　直闪法接线

压在 30~50kV 之间时）电力电容器，电容器容量宜选在 $1~4\mu F$。实际测试中，应尽可能使电容容量大一些，这有助于使故障点充分放电，获得的脉冲电流波形规范，容易识别。

在实际测试中，往往出现因接线或线性电流耦合器 L 放置不当而造成的波形不规范，不容易识别故障点距离。应严格按图 5-15 接线，把高压发生器接地线与电容器低压侧出线连接在一起后接电缆的外皮。应尽量缩短电容与电缆之间的连线，以避免因导引线过长造成波形失真。线性电流耦合器应放在电容器低压侧出线上。为安全起见，高压设备、电容器的外壳、电缆的完好线芯一定要就近接电站的接地网。

图 5-16 是相对相间闪络故障的接线。对于相对相故障来说，可把其中一个故障芯线与地接在一起后进行测试。其故障点击穿产生的电流波过程与相对地类似，故不再单独叙述。

（2）故障点击穿与否的判断

逐渐升高加在电缆上的直流电压，当电压超过故障间隙击穿电压时，故障点击穿放电。故障点击穿后，除了测量仪器被触发显示出波形外，还可通过以下现象判断。

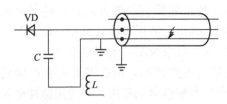

图 5-16　相间闪络故障的接线方法

① 电压突然下降（电压表指针向刻度零点摆动）。

② 直流泄漏电流突然增大（微安表指针突然向上摆动）。

③ 与试验设备相接的

地线处出现"回火"，听到"啪，啪"的响声。

（3）直闪脉冲电流波形

设时间 $t = 0$，电缆故障点在外加电压 $-E$ 作用下击穿，形成短路电弧，从而使故障点电压突跳为零。此时，在故障点处产生一个与 $-E$ 相反的正突跳电压 E，以及相应的电流 $i_0 = E/Z_0$ 向电缆两端传送（规定电流从测量点流向电缆故障点为正。因突跳电压 E 产生的电流是从故障点流向测量点的，故为负。Z_0 为电缆波阻抗）。图 5-17 中，在时间 $t = \tau$ 时，电流波 i_0 到达测量端，而电容对高频行波信号呈短路状态，电流行波在测量端被全部反射回故障点；而在故障点，因电弧短路又被完全反射回来；在 $t = 3\tau$ 的时刻到达测量点，产生第二次反射；这样来回反射，直到能量耗尽，整个瞬态过程结束。

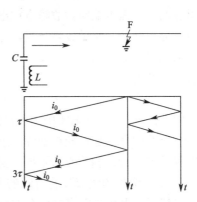

图 5-17　直流闪络电流行波网格图

测量点的电流是所有电流波的和。把图 5-17 时间轴上的电流波逐点相加，可得到如图 5-18(a) 所示的电流。电流的初始值为 $2i_0$。即电流入射波 i_0 到达测量点后，产生了电流加倍现象。而线性电流耦合器的输出则只反映电流的突变成分，如图 5-18(b) 所示。

由图 5-18(b) 可见，与 $t_1 = \tau$、$t_2 = 3\tau$ 时分别出现两个负脉冲，第一个负脉冲是故障点放电脉冲到达测量点

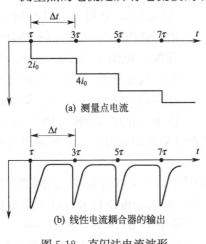

图 5-18　直闪法电流波形

引起的，可简单地叫做故障点放电脉冲；第二个负脉冲是故障点反射脉冲引起的，叫做故障点反射脉冲。它们之间的距离对应电流脉冲从测量端运动到故障点又返回的时间差 $\Delta t = t_2 - t_1 = 2\tau$ 计算出故障距离为

$$L_T = v\Delta t/2$$

式中　　v——行波在电缆中的传播速度。

上面的分析是在理想条件下进行的，与实际的直闪脉冲电流波形（见图 5-19）相比有所不同，实际的波形有以下特点。

① 电缆中的电流随着时间的增加逐渐趋近于 0。这是由于故障点击穿后，电缆与电容中储存的能量消耗完毕的缘故。

② 由于电流波在电缆中存在传播损耗，电流波形及线性电流耦合器的输出，随着时间的增长变化愈来愈平滑，幅值亦愈来愈小。

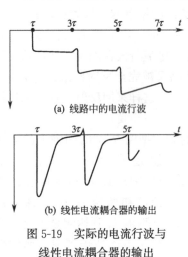

(a) 线路中的电流行波

(b) 线性电流耦合器的输出

图 5-19　实际的电流行波与线性电流耦合器的输出

③ 由于电容 C 不能被看成绝对短路，在电流行波到达后，电容 C 逐渐地被充电，电流也逐渐下降。所以，应是类似锯齿的波头，如图 5-19(b) 所示，而不是如图 5-19(a) 所示的直角方波。如图 5-19(b) 中所示，故障点反射脉冲有一小的正脉冲出现。这是电容器本身及测试导线存在的杂散电感 L_s 的影响。L_s 一般只有几个微亨，但对高频行波信号而言，它的影响却不容忽略。

图 5-20(a) 为测量端等效电路，C 为电容器电容。对高频行波来说，可认为 C 是短路的。来自故障点的电流行波可认为是负极性直角波，电感 L_s 引起的反射如图 5-20(b) 所示。开始电感上电流不能突变，相当于开路，电流行波反射系数为 -1，出现负反射，

波形向正方向变化。随着时间增加，电感上电流进入稳态，电感相当于短路，电流行波反射系数为 +1，出现正反射，波形再向负方向变化，故在波形上出现一小的正脉冲。正脉冲的宽度及大小取决于杂散电感 L_s 与电缆波阻抗 Z_0 可用下式表达

$$t_0 = \left(\frac{L_s}{Z_0}\right)\ln 2 \approx \frac{L_s}{2Z_0} \qquad (5-20)$$

式中，t_0 一般在 $0.1\mu s$ 左右。

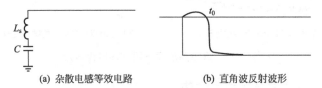

(a) 杂散电感等效电路　　　　　(b) 直角波反射波形

图 5-20　杂散电感等效电路图及对电流直角波的反射

　　以图 5-20 实际的电流行波与线性电流耦合器的输出波形为例，必须把第二个脉冲开始上升的时刻认为是故障点反射波到来的时间，这样的读数最为精确。但是当故障点距离较远时，故障点反射波到达测量点时，因传播衰减的影响，正脉冲已变得不明显，如图 5-21 所示，只能以脉冲下降处时间计算故障点距离。这样显然会引起误差。误差一般在 10% 范围内，故障距离只能是估读。方法是：估读出距离后再减去读数的 10% 左右才是故障点到测试端的大致距离。

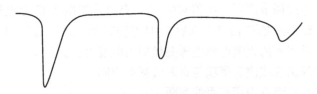

图 5-21　远距离故障直闪脉冲电流波形

　　图 5-22 给出了两个近距离故障的直闪脉冲电流波形。图 5-22（a）是一个故障距离为 20m 的波形，故障点反射波很快回到测量端，叠加到前一个脉冲上去，相邻脉冲靠得很近，且幅值较小。图

5-22(b) 是电缆头上故障的波形。故障击穿时，在电缆头上形成短路电弧，电容本身及测试导引线的杂散电感构成放电回路，产生振荡电流，经线性电流耦合器变换后，形成如图所示衰减的余弦振荡波形。

(a) 故障距离20m的脉冲电流波形   (b) 故障点在电缆头的脉冲反射波形

图 5-22　近距离故障直闪脉冲电流波形

5.3.4　冲击高压闪络测试法

在故障点电阻不很高时，如果用直闪法，因直流泄漏电流较大，电压几乎全降到了高压试验设备的内阻上去了，电缆上电压很小，故障点形不成闪络。必须使用冲击高压闪络测试法，简称冲闪法。冲闪法亦适用于测试大部分闪络性故障、断路和低阻、短路性故障。当然，由于直闪法波形相对简单，容易获得较准确的结果，应尽量使用直闪法测试。

（1）接线

冲闪法接线如图 5-23 所示，它与直闪法接线（见图 5-15）基本相同，不同的是在储能电容 C 与电缆之间串入一球形间隙 G。首先，通过调节调压升压器对电容 C 充电，当电容 C 上电压足够高时，球形间隙 G 击穿，电容 C 对电缆放电，这一过程相当于把内阻接近于零的直流电源电压突然加到电缆上去。

冲闪法接线注意事项与直闪法基本相同。

（2）故障点击穿与否的判断

冲闪法的一个关键是判断故障点是否击穿放电。一些经验不足的测试人员往往认为，只要球间隙放电了，故障点就击穿了。显然这种想法是不正确的。球间隙击穿是否与间隙距离及所加电压幅值有关。距离越大，间隙击穿所需电压越高，通过球间隙加到电缆上

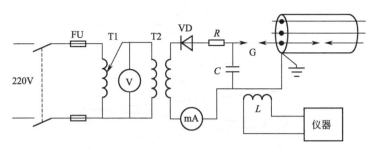

图 5-23　冲闪法接线

的电压越高。而电缆故障点能否击穿取决于故障点电压是否超过临界击穿电压，如果球间隙较小，电缆上得到的冲击高压小于故障点击穿电压，显然，就不会出现击穿现象。

　　除根据仪器记录波形判断之外，还可通过以下现象来判断故障点是否击穿。

　　① 电缆故障点没击穿时，一般球间隙放电声嘶哑，不清脆，而且火花较弱；而故障点击穿时，球间隙放电声清脆响亮，火花较大。

　　② 电缆故障点未击穿时，一次电流表摆动较小；而故障点击穿时，电流表指针摆动范围较大。

　　(3) 故障点不击穿时的脉冲电流波形

　　图 5-24 给出了故障点不击穿时的冲闪测试行波传播网格图、电流波形以及线性电流耦合器的输出。

　　下面分析一下电流波形的产生过程。如图 5-24(a) 所示，球间隙放电后，即被电弧短路，储能电容相当于直流电源，对高频行波信号呈短路状态，电流波反射系数 $\Gamma_1 = +1$；而电缆远端开路，电流波反射系数 $\Gamma_1 = -1$。假设在 $t=0$，电容上电压为 $-E$ 时，球间隙击穿，产生沿电缆向前运动的电流波 $i_0 = -E/Z_0$。电流波在电缆远端产生负的反射波 $-i_0$，返回测量端，远端反射电流波在测量端产生正的全反射，运动到远端后，又被倒相反射回来……电流波如此来回反射，直到能量全部消耗掉。把测量端所有电流行波相加

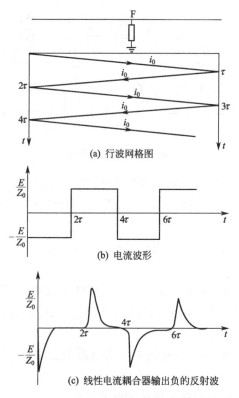

(a) 行波网格图

(b) 电流波形

(c) 线性电流耦合器输出负的反射波

图 5-24 故障点不击穿时脉冲电流波形

后，可得到如图 5-24（b）所示的电流波形。图 5-24（c）对应的是线性电流耦合器输出。可见，故障点未击穿时，脉冲电流波形是交替变化极性的脉冲，相邻脉冲之间的距离对应电缆长度。

（4）直接击穿的脉冲电流波形

在高压设备通过球间隙加到电缆上的高压信号幅值大于故障点临界击穿电压时，电压波穿过故障点一定时间后，故障点电离，击穿放电，这种情况叫高压脉冲直接击穿。如图 5-25（a）行波网格图所示。球间隙击穿后，高电压波 $-E$ 沿电缆向前运动，相应的电流波为 $i_0 = -E/Z_0$，经时间 τ 后，高电压波到达故障点，故障点

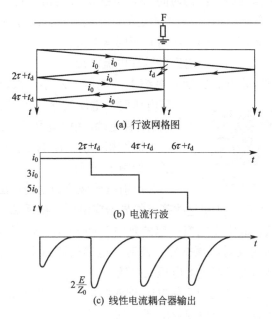

图 5-25　直接击穿的脉冲电流波形

开始电离，在经放电延时 t_d 后击穿放电。电压从 $-E$ 跳到 0，产生如直闪法击穿类似的行波过程，相应的电流波形与线性耦合器的输出分别如图 5-25(b) 与图 5-25(c) 所示。

脉冲电流波形的第一个脉冲是球间隙击穿时电容对电缆放电引起的，第二个脉冲则是由故障点传来的故障点放电电流脉冲以及在测量点反射脉冲叠加的结果，幅值是故障点放电电流脉冲的两倍，即为 $2E/Z_0$（考虑传播损耗，实际值要小）。以后的脉冲则是电流行波在故障点与测量点之间来回反射造成的。波形上第二个负脉冲与第三个负脉冲之间的时间差 $\Delta t=2\tau$，对应于电流脉冲在故障点与测量点之间往返一次所需的时间，可用来计算故障点与测量点间的距离。

注意不要把电容对电缆的放电脉冲与故障点放电脉冲的时间差（即波形上第一个与第二个负脉冲之间的时间）误认为是脉冲在故

障点与测量点往返一次的时间 2τ，由图 5-25 看出，它比 2τ 多出了放电延时时间 t_d，而 t_d 是不确定的。它与施加到故障量上的电压、故障点破坏程度、电缆绝缘材料等因素有关。

（5）远端反射电压击穿的脉冲电流波形

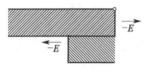

图 5-26　远端反射电压

在球间隙击穿，施加到电缆上的电压$-E$ 小于故障点临界击穿电压时，电压波穿过故障点运动到电缆的开路远端，由于电压反射系数为$+1$，产生极性相同的$-E$ 电压波向测量端回送，如图 5-26 所示。

反射电压波所到之处，出现电压幅值加倍（$-2E$）。如超过故障点临界击穿电压，在远端反射电压波穿过故障点，故障点电离一定的延时时间 t_d 后，击穿放电，这种情况称为远端反射电压击穿。此时，电缆故障点上获得的实际电压，比由高压设备产生的电压大一倍。

图 5-27(a) 是远端反射电压击穿的电流行波网格图。

虚线代表电容对电缆放电产生的电流行波 $i_0 = -E/Z_0$。它运动到电缆的开路远端后，被倒相反射回到测量端。在远端反射电压穿过故障点 t_d 时间后，故障点击穿，出现电弧短路。在此之后，由远端电流反射波引起的在测量端的反射波$-i_0$ 将在测量点与故障点之间往返运动，在网格图中用虚线表示。故障点击穿后，电压从$-2E$ 突跳为 0，突跳电压 $2E$ 产生电流行波 $i_0 = -E/Z_0$（因电流波向测量点运动，为反向行波，故电流为负值）。该电流波类似于直闪法产生的电流行波，在故障点与测量端之间往返运动，在网格图中用实线表示。电缆中的电流行波如图 5-27(b) 所示，是网格图中虚线与实线所代表的所有电流行波的和，图 5-27(c) 给出了相应的线性电流耦合器的输出。波形上第二个负脉冲是故障点放电脉冲以及在测量点反射脉冲的叠加，幅值为 $4E/Z_0$，即 4 倍于（考虑传播损耗后，实际上小于 4 倍）电容对电缆放电产生的电流脉冲。

在图 5-27 中，第一个正脉冲与第二个正脉冲之间的时间，以

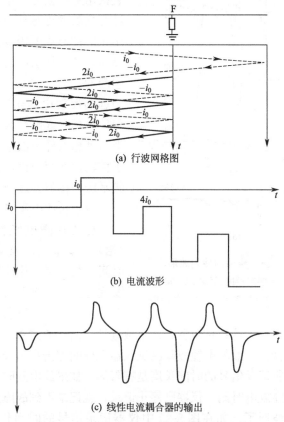

(a) 行波网格图

(b) 电流波形

(c) 线性电流耦合器的输出

图 5-27　远端反射电压击穿后的电流波形

及故障点放电脉冲引起的负脉冲（波形上第二个负脉冲）与相应的故障点反射脉冲（波形上第三个负脉冲）之间的时间，均对应于行波在故障点与测量点之间往返一次所需的时间。可用于计算故障距离。实际测试中，一般选用第二个负脉冲与第三个负脉冲之间的时间测距。

（6）典型的冲闪波形

图 5-28 给出了几个典型的冲闪波形，图中实线标出故障点放电脉冲的起始处，虚线标出故障点反射脉冲起始处。图 5-28(a) 是

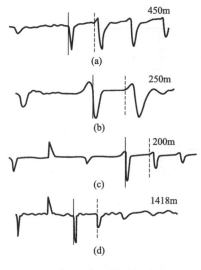

图 5-28 典型的冲闪波形

(a) 直接击穿脉冲反射波形；(b)～
(d) 有不同击穿放电延时的实测波形

直接击穿的波形。第三个负脉冲起始处的正脉冲与直闪波形中正脉冲形成原因类似，是由高压设备与导引线的杂散电感引起的。图 5-28(b)～(d) 均为远端反射电压击穿的波形，但放电延时逐渐变大。四个波形与理想条件下波形相比，由于传输损耗等原因，脉冲变化较平缓，幅值亦逐渐变小。

(7) 长放电延时

有的故障电缆铠装及铅（铝）护套破裂，未及时处理，时间一久，潮气往往从破裂处渗透进去，形成大面积长距离受潮。这时，故障点放电延时时间往往很长，达数百微秒，甚至数毫秒，而一般故障点击穿延时仅几个微秒。一般的电缆故障测试仪器在球间隙击穿后开始记录信号。仪器所记录信号的时间长度是有限的。如果放电延时过长，在故障点击穿放电时刻，仪器已停止记录，就记录不到故障点放电的脉冲电流波形了。如在图 5-29 中仪器记录信号的时间长度为 t_0，而故障点击穿时间（图 5-29 中 A 点）已超过 t_0，故仪器可能记录不到故障点放电脉冲电流波形。这时从球间隙放电声音等现象判断，故障点已击穿，但从记录的波形上却观察不到故障点放电的迹象。

电缆故障仪的延时再触发功能可以对付这种情况。仪器从球间隙放电时开始计时，预定时间后，仪器自动复位。待故障点放电脉冲到来后，再次

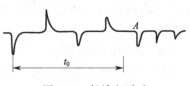

图 5-29 长放电延时

被触发、记录信号。仪器所选择的再触发延时，应接近或大于仪器记录信号的时间长度。在该时间后，经球间隙击穿加到电缆上去的电流波在经过来回数次反射后，已变得相当平缓，线性电流耦合器无脉冲信号输出，不会造成误触发。而在故障点放电电流脉冲到来后，可以保证仪器被可靠触发，记录故障点放电产生的脉冲电流波形。

仪器记录下的长放电延时的脉冲电流波形，类似于直闪测试所得到的波形。

(8) 电缆故障点的击穿

不论是直闪法还是冲闪法，只有使故障点放电并且是充分放电，获得正确的脉冲电流波形，才能保障正确地测量故障距离。此处讨论电缆故障点的击穿形式以及如何使电缆故障点充分放电的措施。

① 电缆故障点击穿的形式。电缆故障点击穿基本上可分为电击穿与热击穿两种形式。电击穿是当电压很高，场强足够大时，介质中存在少量的自由电子将在电场作用下产生碰撞游离，自由电子碰撞中性分子，使其激励游离而产生新的电子和正离子，这些电子和正离子获得电场能量后又和别的中性分子相互碰撞，这个过程不断发展下去，使介质中电子流"雪崩"加剧，造成绝缘介质击穿，形成导电通道，故障点被强大的电子流瞬间短路。在电缆故障测试中，使用直流高电压或冲击高电压使电缆故障点击穿，作用时间很短，属于电击穿。

热击穿是电缆绝缘介质在电场的作用下，由于介质损耗所产生的热量使绝缘介质温度升高。若发热量大于向周围媒质散发出的热量，则温度持续上升。随着温度不断升高，使绝缘介质发生烧焦、开裂或局部熔断，最后导致击穿。热击穿电压作用时间长，一般发生在电缆运行过程中。

图5-30给出了电缆绝缘介质击穿后，出现的放电通道。电缆故障测试中，故障点在直流或冲击高压的作用下产生电弧，出现击穿现象，每一次击穿，将使绝缘介质进一步遭到破坏，放电通道进

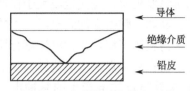

图 5-30 电缆故障点放电通道

一步扩大。一般来说，将使故障点电阻降低，临界击穿电压下降。而在一些特殊情况下，比如故障点受潮比较严重时，由于故障点放电电弧产生的热量使故障点水分蒸发，起到干燥作用，反而会出现故障点绝缘电阻升高的现象。

② 如何使故障点充分放电。由高压设备供给电缆的能量可由下式计算

$$W = \frac{CU^2}{2}$$

由上式可看出，高压设备供给电缆的能量与储能电容量 C 成正比，与所加电压 U 的平方成正比。在故障点不击穿放电或虽有放电现象，但放电不充分时，将观察不到故障点反射回波。可通过增大储能电容量 C 或提高冲击电压 U，使故障点充分放电。

进行直闪测试时，提高直流电压到规定值并维持足够的时间（如 6kV 油浸纸绝缘电缆，规定的预试电压为 30kV，试验时间5min），直至故障点击穿为止。如仍不击穿，可经过一段时间后再试，往往边缘冷却后，可使故障点击穿。

进行冲闪测试时，加大球间隙，提高施加到电缆上的电压，可使故障点容易击穿。电缆故障点往往是由远端反射电压造成的加倍电压而击穿的，如球间隙放电冲击电压为 10kV，电缆上故障点可获得接近 20kV 的电压。因此，实际测试时应注意选择冲击电压值最好不要超过规定的电缆泄漏试验电压的 50%～70%。

提高储能电容的容量，加大了高压设备供给电缆的能量，实际上也增加了电缆上电压持续时间，有利于故障点的击穿。

图 5-31 给出了典型的电缆故障点击穿电压与时间的关系曲线 A，以及不同电容量 C 时，电缆上得到的电压与时间的关系曲线 1、2、3、4（不考虑远端反射电压的影响）。当后者与曲线 A 相交时，即可发生直接击穿。同样冲击电压的前提下，曲线 1、2 的电

容较大，与曲线 A 有交点，故会使故障点击穿；而曲线 3、4 电容量较小，尽管电缆上电压较高，但衰减快，与曲线 A 无交点，故不会造成故障点击穿。

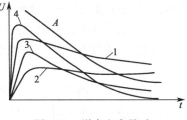

图 5-31　增大电容量对故障点击穿的影响

进行冲闪测试时，使球间隙多次放电。用冲击电压把故障点烧一段时间后，所产生的"累积效应"，故障点会被进一步破坏，使得击穿电压降低，放电延时缩短。

5.3.5　故障距离测试中的问题与处理

（1）故障点未击穿

在冲闪发测试中，缺乏经验的人员常认为球间隙放电时，故障点也同时放电；或认为只要球间隙放电，就可以测到所需的波形，其实这两种观点都是片面的。球间隙的击穿，取决于球间隙距离的大小与所加电压的高低。距离越大，击穿所需的电压越高，击穿时加到电缆上的电压也越高。而故障点的击穿与否是取决于故障电阻的大小与电缆上受到的冲击电压的高低。对于具有某一故障电阻值的故障点，若球间隙太小，球间隙击穿时加到电缆上的电压就很低，甚至可能低到无法电离击穿故障点。

判断故障点是否闪络击穿放电的方法主要有以下两种。

① 通过检测高压整流回路中的电流来判断故障点是否闪络击穿放电。一般来说，放电电流不大于 10mA 时，故障点未被击穿；放电电流大于 20mA 时，故障点已闪络击穿；放电电流在 10～20mA 时，常常表现为放电不充分。故障点已充分放电时，球间隙的放电声音清脆而响亮。

② 通过观察闪测仪测试波形来判断故障点是否闪络击穿放电。对于直闪法，若故障点闪络放电，仪器屏幕上就会显示直闪波形，否则将无任何波形显示。对于冲闪法，故障点未击穿时，测得的波形上只有终端反射脉冲，而没有故障点放电脉冲。当故障点放电不

完善时，屏幕上会出现一些无规律的波形，而不是大余弦振荡波形。

当故障点不放电或放电不完善时，将造成无故障点反射波形或波形不规则，给测距工作带来困难。这时，可以考虑增大冲击放电能量。

加大电容量和提高冲击电压均可增大冲击放电能量，当电容量足够大（不小于 $4\mu F$ 时），提高冲击电压的效果更明显。

（2）故障点产生二次放电

在实际测试中，有些故障点因某种原因，在一次测试过程中产生两次（或两次以上的）闪络放电，使测试波形变得更加复杂。二次放电现象，一般是由于冲击电压过高造成的，可以通过降低冲击电压，来测得理想的波形。

（3）多点故障的同时放电

在实际测试中，有时存在故障电缆的一相上有两点（或两点以上）故障的情况。对这类故障进行闪络方式测试时，往往会出现两个（或多个）故障点同时放电的现象。一般来说，在测试端得到的是较近故障点的放电波形，后面故障点产生的反射波因前面故障点已被放电电弧短路而不能到达测试端。但也有可能出现较近的故障点没有被放电电弧完全短路的情况，这样，测得的波形就比较复杂了，是一个叠加着两个故障点反射的合成波形。该波形可由电波的叠加原理进行分析。

出现多点故障叠加波形时，如果难以分析与测量故障距离，可以改变测试参数使多点故障的击穿不同步，逐个故障点分别测试。

（4）放电延迟时间太长

采用直闪法测试电缆故障时，不存在放电延迟的问题。而采取冲闪法测试电缆故障时，就产生了放电延迟的问题。由于故障点放电延迟时间太长，经常造成故障点没放电的错误判断。

故障点放电延迟时间较长时，不影响故障距离的粗测结果。但对故障点的精测有一定的影响。提高冲击电压会明显地缩短故障点的放电延迟时间。

（5）冲击电压过高

在冲闪法测试过程中，不应使冲击直流高压太高。因为，过高的冲击直流高压会引起测试波形的畸变。当被测试相上有两个以上的故障点时，可能引起多个故障点同时放电，使测试波形复杂化。过高的冲击直流高压可能会将故障点电阻降低太快，甚至变成金属性接地故障，从而给定点工作带来麻烦。

基于上述三个原因，冲闪法测试电缆故障时，冲击直流高压应由低到高逐渐调整，并且能使故障点充分放电即可。

（6）故障电缆严重受潮

在电缆故障的实际测试中，有时会遇到这种情况：故障电缆的泄漏电流很大，根本加不上直流高压而无法使用直闪法。当采用冲闪法测试时，从球间隙击穿放电的声音及冲击电流数值上看，都可以判断故障点已被电离击穿，但闪测仪并不显示出放电波形。造成这种现象的主要原因是故障部位大面积受潮。

当电缆故障部位大面积受潮时，由于故障点放电面积大、爬距长、能量不集中，电弧不足以使故障点形成瞬间短路，因此不能形成理想的放电波形。受潮严重的故障电缆，虽然不能测得较为理想的波形，却往往在故障部位附近，能听到清晰的放电声，这对故障的定点极为有利。另外，受潮严重的故障部位，经过长时间冲击放电而发热，当停止冲击放电而冷却时，将进一步吸潮（水），这时常使故障电阻显著下降，甚至可降低成为低阻故障。

（7）陈旧式接头故障

故障点发生在电缆本体，一般来说是容易判断的，无论是采用低压脉冲法，还是直闪法或冲闪法，都会测取到较为典型的测试波形。但是，如果故障点发生在油浸纸电力电缆的陈旧式中间头或终端头时，往往会发生判断困难，而且还可能会出现一些不易理解的怪现象。

常见的电缆接头有五种：环氧树脂接头、沥青接头、充油接头、热缩接头和冷缩接头。而环氧树脂接头和沥青接头又是极普遍的。往往由于做接头时的拙劣工艺而使接头存在空气泡、电裂纹及有害杂质，造成事故隐患。即使是热、冷缩接头，它的地线连接工艺、线芯绝缘剥离工艺和接头封装工艺稍有疏忽，都会造成事故隐患。在环境温度、湿度变化大，长期超负荷运行及预防性试验时都有可能形成故障。电缆头（接头、终端头）出现了故障，测试时可能出现以下现象。

① 粗测时，开始故障点电阻值较低，由于加不上直流高压而使直闪法失效，加冲击高压后，绝缘电阻越来越高，测得的波形上往往没有故障点反射波出现，也就是故障点未被电离击穿。

② 在采用冲闪法测试时，球间隙放电声音清脆响亮，似乎故障点已被击穿，但是观察不到故障点反射脉冲波。

③ 做预防性耐压试验时，泄漏电流特别大，而在冲击电压很高（35kV 左右）时，仍无故障点反射脉冲波。

实测中，如果出现上述反常现象，则应考虑故障点发生在陈旧式接头处，此时的处理办法是增大储能电容器的容量或提高冲击电压。

(8) 闪络性高阻故障的暂闪过程

由于直闪法具有波形比较简单、变化小、特征拐点明显、测量误差小等优点，因此测试闪络性高阻故障的首选方法是直闪法。但在实际测试工作中，相当一部分闪络性高阻故障，只存在几次暂闪过程，如果把握不好，常使直闪法测试失败。暂闪过程通常有以下三种情况。

① 几次闪络过后，故障点转变为泄漏性高阻故障或低阻故障。这时应立即停止直闪测试，改用冲闪法或低压脉冲法测试。从这方面来讲，在进行直闪法测试时，用电流表检测电缆的泄漏电流是十分必要的。

② 几次闪络过后，故障点转变为泄漏性高阻故障。改用冲闪法测试后，尚未测出比较理想的波形，故障点闪络放电就消失了，又变为闪络性高阻故障，如此反复变化。

③ 暂闪过程结束后，故障点也随之"消失"，经过一段时间以后，暂闪过程又重新开始。对这种较为特殊的故障，应采用直闪法测试，特别之处在于所施加的直流电压更高些（但不得高于直流耐

压的标准值），直至使故障点闪络放电。这种类型的故障一般出现
在陈旧式的注油接头中。

（9）故障测试误差

闪测仪是电缆故障距离的粗测设备，其测试误差的主要来源有
以下几个方面。

① 仪器误差。测试仪液晶显示屏像素 1024×640，最小读数分
辨率为 0.67m，因此仪器自身误差很小，可以忽略不计。

② 速度误差。由于电波在电缆（等效为长线）中的传播速度
与电缆的绝缘介质有关，因此不同绝缘介质的电缆，其电波传播速
度不同。就是同种电缆，由于其制造工艺或老化状况的差异，其电
波传播速度也不完全相同。仪器中预存的几种速度是平均值，在测
试工作中，最好首先校准一下速度，以求更加精确。

③ 丈量误差。用闪测仪测试电缆故障距离时，测得的数据是
故障点到测试端的实际电缆长度，而丈量时对电缆的预留余量，自
然弯曲，绕过障碍物等因素很难估算准确。因此，丈量距离总是小
于仪器的测试距离。实际上，丈量误差是主要的误差来源。

④ 取点误差。当故障点距离测试端较近时，测试波形中反射
波比较密集；而在故障点距离测试端较远时，测试波形产生畸变，
拐点比较圆滑或不明显。在这两种情况下，要准确地将游标移到反
射波的特征拐点处是很困难的。可见游标取点不当会给测试结果带
来一定的误差，特别是在压缩波形下，这种测试误差还会增大。

5.4　电力电缆故障的精确定点

探测电缆故障的一般步骤是：确定故障性质、粗测距离、探测
路径和精测定点四步。精测定点是电缆故障测寻工作的最后一步，
也是十分重要的一步。定点的准确与否，直接影响故障处理工作的
效率，对于直埋电缆也决定着开挖土方量的大小。

电缆故障的精测定点，视其故障电阻的高低，可分别采取不同
的方法。一般来说，95％以上的电缆故障是故障电阻不等于零的非

金属性接地故障，它们均可采用声测定点法精测定点。但是，在实际测试时，音响效果与故障电阻成正比，对于不足 5% 的金属性接地或电阻极低的故障，由于声测定点法的音响效果太差，难以精测定点，此时应采用音频感应法精测定点。下面介绍几种精确定点法，使用时可根据实际情况选择合适的方法。

5.4.1　声测定点法

声测定点法，首先需要有一个能使故障点产生规则放电的装置，利用该装置使故障点放电，然后才可以在初测的距离附近，沿电缆线路，用拾音器来接收故障点的放电声波，以此来确定故障点的精确位置。如图 5-32 所示，图中 B 为拾音器，其余各参数均与冲击高压闪络法粗测距离时接线图中的对应参数相同。

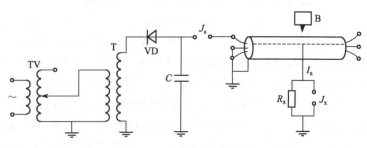

图 5-32　声测定点法原理

（1）基本原理

如图 5-32 所示，声测定点法是利用直流高压设备，向电容器充电、储能，当电容器电压达到球间隙击穿值时，电容器通过球间隙放电，向被测电缆的故障线芯施加冲击电压，当故障点击穿时，电容器中储存的电能将通过等效故障间隙 J_x 或故障电阻 R_x 放电，与此同时，将产生机械振动波和电磁波，然后利用拾音器，在粗测的故障距离附近，沿电缆路径进行听测，地面上振动最大、声音最响处，即为故障点的实际位置。

声测定点法简便、易行，准确性好，其绝对误差不大于 ±0.4m。

储能电容器的放电能量为 $W_c = \dfrac{1}{2}CU^2$，当该放电能量不能使故障点击穿时，就需要提高放电能量 W_c。途径之一是增加电容器的电容量 C，途径之二是提高电容器的放电电压 U。一方面，电容器具有足够的电容量（一般为不小于 $4\mu\text{F}$）的情况下，提高电容器放电电压 U 的效果显著；另一方面，故障点的放电能量与放电电流 I_x 的平方成正比，与故障电阻 R_x 成正比。因此，当故障电阻 R_x 很低或金属性接地（$R_x = 0\Omega$）时，由于放电能量太小，而使声测的音响效果极差，甚至听不到放电声音。这就是声测定点法不适于极低故障电阻或金属性接地故障的原因。因此，在实际测试工作中，当故障点放电声音太小或听不到音响时，切不可盲目增加放电能量。

（2）测试设备与仪器

① 冲击放电设备。声测定点法的冲击放电装置与前面介绍的直闪、冲闪法粗测距离时所用的直流高压试验装置完全相同，图 5-32 中各元件的符号及参数如下。

TV——调压器：$0 \sim 200\text{V}$，$2\text{kV}\cdot\text{A}$；

T——高压变压器：$0 \sim 50\text{kV}$，$1 \sim 2\text{kV}\cdot\text{A}$；

VD——高压整流二极管：反向电压大于 200kV，正向电流大于 100mA；

C——储能电容：10kV，$2 \sim 4\mu\text{F}$ 电力电容器或专用脉冲电容器；

J_s——放电球间隙；

B——拾音器；

I_x——放电电流；

R_x——故障电阻；

J_x——等效故障间隙。

② 定点仪

a. 技术性能。定点仪是用于声测法定点和感应法探测电缆路径的专用设备，其主要技术性能和指标如下。

ⓐ 在输入信号为 300Hz，幅值为 $100\mu\text{V}$ 时，可保证 2V 不失

真输出。

ⓑ 在2V不失真条件下，使输入为零，定点仪的内部噪声电平不大于150mV。

ⓒ 工作种类："定点"确定电缆故障点位置时使用；"路径"探测电缆路径和埋设深度时使用，此时需配用探棒。

ⓓ 工作电压：9V±10%。

ⓔ 工作电流：>10mA。

ⓕ 输入阻抗：>1kΩ。

ⓖ 环境温度：−40~40℃。

ⓗ 质量：1.0kg。

b. 组成部分。定点仪由以下几个部分组成。

ⓐ 主机（定点仪）。定点仪内部由放大部分、滤波电路和15.5kHz振荡器及差拍检波系统构成。

ⓑ 接收线圈（探棒）。在 ϕ10mm×140mm 的中波磁棒上，绕285匝漆包线，两端并联0.2μF的电容器，构成15kHz振荡回路。在探测电缆路径时，接在定点仪的输入端，并将定点仪的"工作种类"旋钮置于"路径"挡使用。

ⓒ 压电晶体探头。探头内具有压电晶体片，其作用是将机械振动声波信号转换成电信号，然后输入定点仪进行放大收听。压电晶体探头在定点时使用，使用时将探针轻轻插入土内或置于硬质地表面（此时取下探针）仔细听测，并每间隔1m左右移动一次，直至找到故障点。

ⓓ 耳机。定点仪配备一套2×2200Ω耳机。在使用定点仪探测路径和定点时，均需将耳机插头插在定点仪的输出孔内，以收听接收信号。

（3）测试步骤

① 按图5-32接好线路。当故障为相间或相地形式时，被测电缆末端应开路；当故障为断线形式时，被测电缆加信号相的末端应接地。

② 将调压器TV调回零位。

③ 适当调整球间隙距离，以控制放电电压的高低。一般地，放电电压不宜太高，只要故障点能够连续良好放电即可。对于低压电缆，放电电压应控制在 10kV 以内；对于 10kV 电缆，放电电压应控制在 25kV 以内；对于 35kV 电缆，放电电压应控制在 40kV 以内。当冲击放电电压较高时，应考虑储能电容器的承压能力。

④ 合上电源开关，调节调压器匀速升压，根据放电电压的高低，重新调整放电球间隙的距离，直至达到所需要的放电电压，放电间隔时间以 3～4s 为宜。每次停电调整球间隙时，应进行充分放电，并挂牢地线，以免伤人。

⑤ 做好上述工作以后，即可按每间隔 3～4s 放电一次的规律进行冲击放电，同时在粗测的故障距离附近，沿电缆线路进行听测。在听测过程中，需要有人监护冲击放电系统的工作状态，以免发生意外。

⑥ 故障定点以后，应立即将调压器调回零位，切断电源，在电缆线芯及电容器上进行充分放电，并挂牢地线。

（4）测试技巧

① 当故障相加上直流高压，使故障点产生闪络放电时，既发射电磁波，又有机械振动波，定点仪接收的是机械振动波。当定点仪屏蔽不够理想时，电磁波可能会窜入，并形成假信号。电磁波与机械振动波的区别方法是：由于电磁波的音响是均衡的（无强弱变化），因此，可以将探头离开地面听测，此时如果仍然有放电信号，则该信号为窜入的电磁波造成的假信号；此时若无放电信号，则探头放在地面上所听到的放电信号，就是故障点放电的机械振动波。

② 有时因环境干扰大，土质或电缆具体损坏情况不同等因素，故障点闪络放电传给探头的机械振动波很弱（塑料电缆易发生这种情况），定点比较困难。这时可以利用电缆故障点闪络放电时即发射电磁波又有机械振动波这一现象，使用两台定点仪，一台配用探头，工作在"定点"挡；另一台配用探棒，工作在"路径"挡。当两台定点仪在同一时刻，都接收到"啪！啪！"的音响信号时，说明该音响信号确为故障点发出的放电信号（电磁波和机械振动波），

再找出最响点，即可定出准确的故障点。

③ 寻找最响点的方法是：在定点过程中，如果已经听到有规律的"啪！啪!"的机械振动声（放电声）以后，故障点就在离此不远的地方，此时应沿电缆走向，前后移动定点仪进行比较测量，同时减小定点仪的输出音量，逐渐缩小听测范围，最后集中于一个最响点。

④ 对于极少数的（5%以下）金属性接地或故障电阻极低（$R_x <$ 10Ω）的电缆故障，由于故障点根本不放电或放电能量太小，不产生机械振动波或机械振动波极其微弱，也就无法听到音响信号，此时用声测定点法已不能确定故障点，应改用音频感应法精测定点。

（5）注意事项

① 采用声测法进行定点时，放电球间隙不宜调得太大，以免由于长时间、高冲击电压的作用，使故障点转变成金属性接地故障而不再放电，造成定点的困难与麻烦。

② 定点仪在使用中要注意保护探头，探针插入土地时，应按既定方向（一般是垂直于地面）稍用力插，不得撬、旋转和摔跌，探头和探棒均不可随意拆卸，以免损坏。

③ 若需要在硬路面或水泥路面上定点时，可将探头上的探针拧下，然后将探头平置于地面进行听测。

④ 定点仪不用时，应及时关闭电源，以节约电池。

⑤ 定点仪若出现杂音变大、灵敏度降低时，可能是电池不足，可将定点仪上的电池插门推开更换新电池。

⑥ 若耳机中出现广播电台声，可能是输入馈线屏蔽层接触不良，及时修理馈线即可得到改善。

5.4.2　音频感应定点法

音频感应定点法适用于故障电阻小于10Ω的低阻故障定点。对于这种故障，当采用低压脉冲法粗测出大概的故障距离并确定好路径以后，由于故障点放电的机械振动波的传导受到屏蔽或相当大的外界干扰，或因故障电阻太小，放电能量极低，机械振动微弱，因而声测定点法不易定点。特别是金属性接地故障，由于故障点根本不放电，而使声测定点法无法定点，这时就需要采用音频感应法进行定点测量。

（1）基本原理

音频感应定点法和音频感应法探测电缆路径的原理是一样的。即将音频信号发生器（路径仪）的输出端接在被测电缆的两故障相上，音频电流将从一芯通过故障点传到另一线芯，并回到音频信号源，然后用接收线圈（探棒），采用音峰法沿被测电缆的路径，接收音频信号电流的电磁波信号，根据耳机中音量的高低（或指示仪表指针偏转角的大小）来确定故障点的位置。

当音频电流沿电缆一芯通过故障点，并经过另一线芯回到音频信号源时，沿途各点的电磁效应由于音频电流"去"和"来"的方向相反而趋于抵消。但由于电力电缆在制造成缆时，各线芯是互相扭绞在一起的，因此沿线任意点两被测线芯的连线可能垂直于地面，也可能平行于地面。这样，沿线各点的电磁场的合成量就是不一样的。当在地面上采用音峰法探测时，测得的信号强度随两线芯相对于地面的相对位置而变化。当两线芯连线与地面垂直时，接收到的信号较强；当两线芯连线与地面平行时，接收到的信号较弱。在故障点，由于短路电流的磁通相同不能抵消，所以接收到的信号最大。最后，测到的信号最大值处即为故障点。过了故障点以后（大约 1.5m），由于电缆内只有杂散电流而无音频电流，所以接收到的信号几乎为零且振幅不变。如图 5-33 所示。

（2）仪器与设备

① 音频信号发生器。音频信号发生器是音频感应定点法的主要设备，可

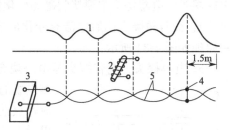

图 5-33　音频感应定点法原理
1—音量曲线；2—接收线圈；3—音频信号
发生器；4—故障点；5—电缆线芯

分为电子管和晶体管音频信号发生器两大类，前者虽然输出功率大，但其体积大、笨重、携带不方便，因此应用较少。目前，应用最广的是 15kHz、50W 断续方波信号发生器，即路径仪。

② 接收机。在故障电缆线路上，根据故障性质的不同，选用不同的探头来接收故障点磁场或电场的变化，并将接收的信号送入接收机进行放大，然后输出给耳机或指示仪表。测试人员根据耳机中信号音量或指示仪表指针的偏转角来判断故障点的位置。

实际上，接收机就是一个低频放大器，对它主要有如下三点要求。

a. 放大倍数。一般来讲，放大倍数越大，接收机的灵敏度越高。但是，当放大倍数过大时，外界干扰也就显得更加突出了，这个矛盾由以下两点要求来解决。

b. 选频特性 。要使接收机具有良好的选频特性，一般可采用两种方法，其一是在接收机中采用双 T 电桥选频网络，即由 RC 构成选频网络；其二是使用有源滤波器，只让某一频带的音频信号通过。

c. 滤波特性。主要是在接收机中使用滤波电容，以滤去 50Hz 的工频干扰。

③ 接收机用探头

a. 电感探头。在 $\phi10\text{mm} \times 140\text{mm}$ 的中波磁棒上，绕 285 匝漆包线，两端并联 $0.2\mu\text{F}$ 的电容器，构成 15kHz 振荡回路，亦即电感探头。电感探头主要接收磁场变化信号。一般在相间短路（或接地），而且故障点前后电流有变化的场合使用电感探头。电感探头原理如图 5-34 所示。

b. 电容探头。电容探头是由一块金属片制成的。主要用于探测电场的变化。在电缆发生断线时，故障点前电位高、电场强；故障点以后电位趋于零、电场弱；故障点处电场最强，音量最大。根据电容探头探测到的故障点前后的电场强

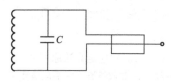

图 5-34　电感探头原理

弱变化，即可判断出断线故障点的准确位置。可见，电容探头适用于探测断线故障，电容探头原理如图 5-35 所示。

　　c. 差动电感探头。差动电感探头是由两个相同的电感探头组合而成。它通过输出变压器 T，与放大器的输入端相接，主要用于具有强电场干扰的场合探测直埋电缆的故障点，特别适用于短路或接地性故障。差动电感探头原理如图 5-36 所示。

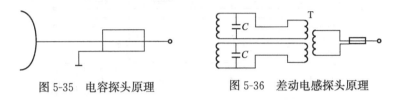

图 5-35　电容探头原理　　　　图 5-36　差动电感探头原理

　　（3）测试方法

　　① 相间短路故障的探测。采用音频感应定点法探测两相或三相的相间短路故障点位置时，是向两短路线芯施加音频电流，然后在地面上用电感探头接收信号，并将其送入接收机进行放大，再用耳机或指示仪表鉴别信号的变化。沿电缆线路，直至测到信号的最后一个峰值和突然中断处，即可判断出故障点的准确位置。其接线原理和音量曲线请参阅图 5-33。相间短路或接地故障，采用音频感应定点法确定故障点比较灵敏。

　　② 单相接地故障的探测。单相接地故障点位置的探测，首先应将音频信号发生器的输出端接在被测电缆的故障相与地线（金属铠装或铅包）上，当所施加的音频电流，到达故障点以后，经过故障电阻 R_x 分成两路。一路 I_e 由故障点沿电缆地线（金属铠装或铅包）和大地直接返回测试端；另一路 I_e' 经由电缆地线（金属铠装或铅包）和大地流向电缆的末端，再经大地返回到测试端。这样就使整个电缆线路都有音频信号电流流过。如图 5-37 所示。

　　根据图 5-37，可以做出以下简单的定量分析。

　　因为

$$I = I_e + I_e'$$

所以故障点之前的合成电流 $I_合$ 为

$$I_合 = I - I_e$$

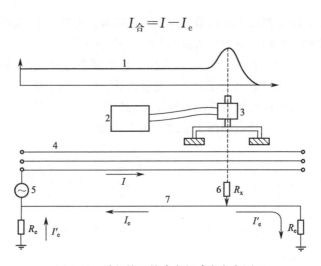

图 5-37　单相接地故障音频感应定点原理

1—音量曲线；2—接收机；3—差动电感探头；4—电缆线芯；

5—音频信号发生器；6—故障电阻；7—电缆金属护套或钢铠

故障点之后的合成电流 $I'_合$ 为

$$I'_合 = I'_e = I - I_e$$

由此可见，在故障点前后，产生磁通的电流（或合成电流）$I_合$ 与 $I'_合$ 大小相等，方向相同。此时若采用一般的电感探头接收信号，则会在整个电缆线路都能接收到大小相等的均衡信号，因而无法确定故障点。

遇到上述情况，必须采用特殊的差动电感探头来测试。使用差动电感探头时，在故障点之前和之后，由于差动的作用，接收到的信号都极弱。在故障点之前，因为电缆线芯绞合的缘故，可以接收到略大于故障点之后的信号。但是，当差动电感探头跨越故障点时，由于故障点前后的信号强度略有差异，因此，差动电感探头可以接收到很强的信号。根据这一现象，即可确定故障点的准确位置，参见图 5-37。

在使用差动电感探头时，应让探头的两个探棒都平行于电缆，并沿电缆的走向进行探测，不应偏移或转向。若发现差动不起作用，杂散干扰大，可将两个探头中的任意一个，在水平面内旋转180°即可。

③ 断线故障的探测。在探测电缆断线故障时，被测电缆的末端应连同金属铠装（或铅包）一同短路并接地。而被测电缆的测试端与音频信号发生器的连接方法，要视断线的相数情况而定。

a. 单相断线。音频信号发生器的两输出端分别接在断线相和另外两好相上。

b. 两相断线。音频信号发生器的两输出端分别接在两断线相和另一好相上。

c. 三相断线。音频信号发生器的两输出端分别接在三个断线相和地（金属铠装或铅包）上。

在探测断线故障时，应尽量提高音频信号发生器的输出功率，然后采用电容探头接收该电场的变化信号。在故障点之前，接收到的信号较强，但恒定不变；在故障点处，接收到的信号有峰值产生；过故障点之后，接收到的信号骤然下降。如图 5-38 所示，峰值下面即为故障点。

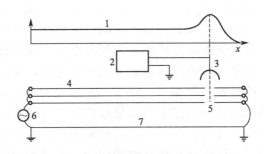

图 5-38　断线故障音频感应定点原理

1—音量曲线；2—接收机；3—电容探头；4—电缆线芯；5—故障点；
6—音频信号发生器；7—电缆金属护套或钢铠

（4）注意事项

在采用音频感应定点法进行定点时，感应线圈在地面上接收到的信号往往会突然变弱，甚至完全消失，其原因大致有以下三点。

　　① 电缆的埋设深度突然增加。

　　② 电缆上面有铁质覆盖物。

　　③ 电缆穿入铁质导管中。

　　实际上，在现场应用音频感应定点法确定故障点的精确位置并不十分容易，因为有许多随机变化的因素。例如合成电磁场的幅值、相角与故障电阻的大小有关，与故障点前后电缆的长度有关，也与所采用的音频信号的频率有关。所以，在实际测试工作中，真正能熟练掌握这种方法的人并不多，这主要还是实际中的纯短路故障极少，人们用该方法实践的机会与条件匮乏的缘故。

5.4.3　时差定点法

　　时差定点法接线原理图与声测定点法完全相同，各对应参数也相同，只有图 5-32 中的拾音器不同。时差定点法采用的时差定点仪，可以同时接收放电声信号和电磁波信号，并显示出它们的时间差。

　　当采用高压冲击放电装置对故障电缆施加高压（20～30kV）冲击脉冲（周期为 3～4s）时，电缆故障点闪络放电，产生很强的闪络声，同时也将产生瞬时强磁场。闪络声和电磁场均由同一点在地下向外传播，利用时差定点仪接收器在地面接收这两个信号，磁场的传播速度近似于光速，而闪络声在地下与空气中的传播速度相当。由于光速远远大于声速，因此电磁场与闪络声到达同一接收点（接收器所在位置）的时间是有差异的，故障点与接收器所在处的距离越小，这个时间差值就越小。时差定点仪将自动探测两种信号，并指示出时间差。移动接收器的位置，直至时间差达到最小值时，接收器就在故障点的正上方。

　　时差定点法能有效地避免声测定点法时异常声响对测试工作的干扰。

　　时差定点法的测试方法与测试注意事项与声测定点法完全相同，这里不再赘述。

5.4.4　同步定点法

同步定点法接线原理图与声测定点法完全相同，各对应参数也相同，只有图 5-32 中的拾音器不同。同步定点法采用的同步定点仪可以同时接收放电声信号和电磁波信号，用这两个信号来共同控制输出门电路。与时差定点法类似，当故障电缆处于噪声较大的环境周围时，噪声干扰严重影响了声测定点法的定位精度，此时可选择时差定点法，也可采用同步定点法。同步定点法如同时差定点法一样，首先使故障点放电，放电产生的声信号和电磁信号都将被同步定点仪接收，而且只有在同时接收到声信号和电信号时，控制门才能有输出，耳机中才可以听到清晰的"啪！啪"声，同时微安表才有输出指示。否则输出为零，即耳机中无声响，微安表无指示。沿电缆线路移动接收器的位置，直至耳机中声音最响，同时微安表输出最大时，接收器就在故障点的正上方。

同步定点法的测试方法与测试注意事项与声测定点法完全相同，这里不再赘述。

5.4.5　特殊定点法

在电缆沟、隧道、桥架等裸露部位明敷的电缆发生低阻故障时，由于故障电阻太低（$R_x < 10\Omega$）或金属性接地等原因而使声测定点法失效。对于多根并列运行的电缆，用一般的音频感应定点法也难以判断故障点的位置，这时可以使用下面介绍的简单、直观、方便的特殊方法来进行精测定点。

①局部过热法。在粗测出故障距离以后，对故障电缆进行冲击放电，或用直流耐压击穿故障点的方法，使故障点通过一定的电流，由于故障点具有一定的电阻，当电流流过该电阻时，将产生热效应。经过一段时间（20～30min）的冲击放电（或反复的耐压击穿）后，停止冲击放电，并进行充分放电，挂牢地线，然后立即在粗测的故障距离附近用手触摸电缆，故障电缆上的温度最高点，即为故障点。

这种方法适用于电缆三头部位和电缆线路上便于用手触摸部位

的故障点定点。该方法能准确地确定故障点的位置。但是，在应用过程中必须注意安全，用手触摸前，一定要充分放电并挂牢地线。

② 跨步电压法。对于单相接地或多相短路或接地故障，特别是金属性接地故障，只要是明敷的裸露电缆均可采用跨步电压法进行精测定点。

跨步电压法的测量方法是：在故障相与地（金属屏蔽层或铅包）之间，接上可调的直流电源，然后在粗测出的故障距离附近，在跨距 500mm 的两端，轻轻撬起一小块外护层和钢带，露出屏蔽铜带或铅包并处理干净，上述准备工作就绪以后，接通直流电源，使故障点流过 5～10A 的电流，同时用毫伏表或微安计测量跨步电压，如图 5-39 所示。

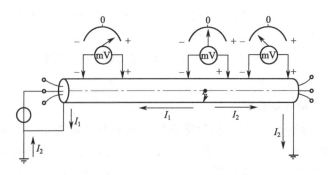

图 5-39　跨步电压法原理

根据图 5-39，加在电缆故障相上的直流电流 I，沿电缆线芯流向故障点，到达故障点以后分成两路：一路沿电缆金属屏蔽层（或铅包）和大地直接返回测试端，即 I_1；另一路沿电缆金属屏蔽层（或铅包）和大地流向电缆末端，然后经大地返回测试端，即 I_2。可见，故障电缆金属屏蔽层（或铅包）上的电流方向以故障点为界，两端的电流方向是相反的。根据这一现象，将毫伏表或微安计两表笔方向恒定，在粗测出的故障点附近，测量电缆金属屏蔽层（或铅包）上的跨步电压或电流。测得的跨步电压或电流的方向，在故障点前后是相反的。当故障点位于两表笔之间时，跨步电压或电流为零，这样即可精确地确定故障点的具体位置。

该方法的定点精度很高，但在测试时需要多次破坏电缆外护层，因此在实际测试工作中应尽量避免使用。采用该方法定点以后，应立即将电缆外护层的破损处修复。

③ 偏心磁场法。对于单相接地，特别是金属性接地故障，在故障相与地之间通入电流 I，当电流 I 到达故障点后，流入钢铠或铅包，并分成两路向故障电缆的两端流去，从而引起整个电缆线路都有音频信号电流。其原因已在前文中做过详细的阐述，这里不再赘述。

发生上述情况时，除整个电缆线路上都有音频信号电流以外，还有另一个特点。即由于该电流是加在电缆单芯上的，偏离了电缆的中心轴线（单芯电缆除外），因此它产生的磁场也是偏离电缆中心轴线的，称之为偏心磁场。根据这一特点，在故障点之前，由于音频电流产生偏心磁场，当接收线圈绕故障电缆周围表面旋转一周时，线圈中接收到的磁场（音量）信号将有强弱变化；而在故障点之后，由于只有均匀分布的钢铠或铅包电流，无线芯电流，则接收线圈围绕故障电缆周围表面旋转一周时，线圈中接收到的磁场（音量）信号无强弱变化，因此可以确定故障点的位置。偏心磁场法原理如图 5-40 所示。

5.4.6　低压电力电缆故障的定点

这里所谈的低压电力电缆，是指 220～380V 动力电缆。低压电力电缆多以橡胶或塑料作为绝缘材料，其绝缘层厚度较薄，在结构上，一般没有屏蔽层。因此，在测寻低压电力电缆故障时，不能照搬高压电力电缆故障的测寻方法。对于故障距离的粗测和路径的探测，可参照高压电力电缆故障的测寻方法，但精测定点时有所不同，高压电力电缆多采用声测定点法，其冲击放电电压可达 20～30kV，这样高的冲击电压如果长时间作用于低压电力电缆，则对绝缘层是不利的。因此，测寻低压电力电缆故障时，应尽量避免采用高压冲击放电的方式进行较长时间的精测定点。若采用声测定点

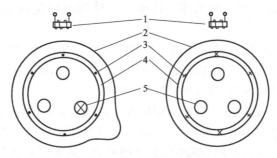

图 5-40 偏心磁场法原理

1—接收线圈；2—音量曲线；3—音频电流方向；
4—电缆金属护套或钢铠；5—电缆线芯

法进行较长时间的精测定点时，应首先根据电缆的绝缘材料及其厚度和导体线芯的半径，推算出绝缘层的耐电强度，调整冲击放电电压，不得超过绝缘层耐电强度的 2/3，以免损伤绝缘层。一般来讲，低压电力电缆应采用以下办法定点。

（1）断线故障的定点

低压电力电缆的截面一般较小，多为明敷且移动频繁，容易受到损伤，造成断线故障。这类故障在粗测出故障距离以后，应采用音频感应法定点，最好配合使用电容探头接收电场变化信号。

电场的强弱与电位的高低有关。在故障电缆埋设较深、外界干扰较强的情况下，除需要一台灵敏度高、抗干扰能力强的接收机以外，还应提高音频信号发生器的输出量。直埋电缆故障的探测要比明敷电缆故障的探测困难得多。

（2）相间短路和接地故障的定点

低压电力电缆相间短路和接地故障的测寻，在相间短路（两相或三相短路故障）或一相接地（单相接地）时，其定点的方法应采用音频感应定点法。

测寻相间短路故障时，应采用电感探头；测寻单相接地故障时，特别在干扰较大的情况下，最好采用差动电感探头。

以上提到的各种探头与定点方法，其具体的测试步骤与方法，同本章前文介绍的完全相同，此处略去，不再赘述。

上述低压电力电缆故障的测寻方法，也适用于通信电缆的故障测试。

5.5 HD-5816 型电力电缆故障测试仪简介

5.5.1 测试仪概述

为了便于维修电工学习，比较直观地了解电缆故障测试过程，下面介绍一种目前许多厂家使用的扬州华电电气有限公司生产的 HD-5816 型电缆故障测试仪。

该仪器可用于检测各种动力电缆的高阻泄漏故障、闪络性故障、低阻接地和断路故障。该仪器采用了目前国际上先进的"二次脉冲法"技术，加之自主开发的测试技术和高频高压数据信号处理装置，使其具有很好的电缆故障波形判断能力和简单方便的操作系统。

二次脉冲法的先进之处在于使现场测得的故障波形得到大大简化，将复杂的高压冲击闪络波形变成了容易判读的类似于低压脉冲法的短路故障波形，降低了对操作人员的技术要求和经验要求。极大地提高了现场故障的判断准确率。一般操作人员都能方便、准确地判读波形，标定故障距离，达到快速准确测试电缆故障的目的。

HD-5816 电缆故障测试仪采用真彩显示触摸屏幕，波形显示直观、清晰。由于采用定义清晰的屏幕模拟按键，使得操作也变得十分简单。

5.5.2 主要技术指标

① 测试方法：二次脉冲法、冲击高压电流取样法、低压脉冲法。

② 冲击高压低于 35kV。

③ 数据采样速率：48MHz、24 MHz、12MHz、6MHz。

④ 测试距离大于 16km。

⑤ 读数分辨率 1m。

⑥ 系统测试精度小于 20cm。

⑦ 测试电缆长度设有短距离（＜1km）、中距离（＜3km）、长距离（＞3km）三种，测试脉冲幅度约 400VPP。

⑧ 二次脉冲发送及故障反射信号的自动显示，使得故障特征波形的表示极为简单。所有的高阻故障波形仅有一种，即类似低压脉冲法测试的短路故障波形。

⑨ 具有测试波形储存功能，能将现场测试到的波形按规定顺序方便地储存于仪器内，供随时调用观察。可以储存大量的现场测试波形。

⑩ 能将测得的故障点波形与好相的全长开路波形同时显示在屏幕上进行同屏对比和叠加对比。使得故障距离的判断更加准确。

⑪ 内置电源充满电后可连续工作 1h，亦可外接交流电源工作。

⑫ 工作条件温度－10～45℃，相对湿度 90％，大气压力（750±30）mmHg**❶**。

5.5.3　仪器功能与技术特点

① 可测 35kV 以下等级所有电缆的高、低阻故障，适应面广。

② 采用国际先进的"二次脉冲法"测试技术，同时还有传统的冲击高压闪络法和低压脉冲法。

③ 任何高阻故障均呈现类似低压脉冲法测试短路故障的波形特征，极易判读。

④ 具有方便用户的软件和全中文菜单以及荧屏触摸按键操作。按键定义简单明了。

⑤ 大液晶屏作为显示终端，仪器具有强大的数据处理能力和友好的显示界面。

⑥ 具有极安全的采样高压保护措施，测试仪器在冲击高压环

---

❶　1mmHg＝133.322Pa。

境中不会死机和损坏。

⑦ 具有标准打印机接口。

⑧ 无测试盲区。

⑨ 内置电源,可在无电源环境下测试电缆的开路及低阻短路故障。

5.5.4　仪器的系统组成和工作原理

电缆故障测试系统的组成方框图如图 5-41 所示。

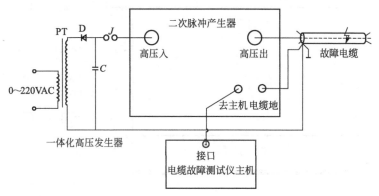

图 5-41　电缆故障测试系统组成方框图

作为采用二次脉冲法的电缆故障测试系统,该套仪器包括可以产生单次冲击高压的"一体化高压发生器"、"高频高压数据处理器"、"二次脉冲自动触发装置"和测试波形分析处理的电缆故障测试仪。为叙述方便起见,将"二次脉冲自动触发装置"和"高频高压数据处理器"组合在一起,统称为"二次脉冲产生器"。

简单工作原理:"二次脉冲产生器"的作用是将"一体化高压发生器"产生的瞬时冲击高压脉冲引导到故障电缆的故障相上,保证故障点充分击穿,并能延长故障点击穿后的电弧持续时间。同时,产生一个触发脉冲启动"二次脉冲自动触发装置"和电缆故障测试仪。"二次脉冲自动触发装置"立即先后发出两个测试低压脉冲,经"高频高压数据处理器"传送到被测故障电缆上,利用电缆击穿后的电流、电压波形特征,形成两个完全不同的反射脉冲记录在显示屏上。一个脉冲波形反映电缆的全长，另一个脉冲波形反映电缆的高阻（短路）故障距离。

5.5.5 HD-5816 型电力电缆故障测试仪操作面板说明

（1）仪器面板结构示意（图 5-42）

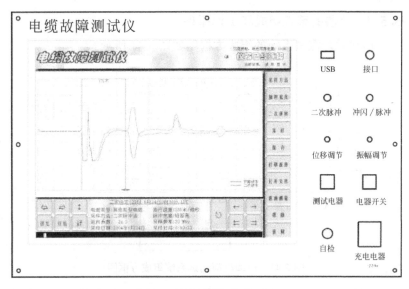

图 5-42 仪器面板结构示意

（2）面板结构说明

面板的左边是仪器的显示屏，此显示屏为触摸屏。各种功能键都在荧屏的右侧和下侧。面板的右边为仪器的电源开关、位移和幅度调节旋钮、自检按钮、"USB"接口和信号接口、机内电池充电接口以及工作状态指示灯。其屏幕下方还有当前设置参数提示。

（3）荧屏触摸键说明

荧屏有二十一个模拟触摸按键，分为三大功能模块，操作内容定义清晰，实际操作时很简单，相当于屏幕菜单的快捷键操作。

荧屏右侧按键模块，只是在仪器进入设置界面时，对电缆类型、采样脉冲宽度、延迟时间等内容选择确定后就不用了。电波测速、打印波形、打开文件和保存文件的操作。只要点击相关模拟键，屏幕将弹出二级菜单引导操作人员逐项选择相关命令，仪器便开始执行此项菜单的相关命令，完成操作者意图。

（4）二次脉冲产生器的面板结构示意（图 5-43）

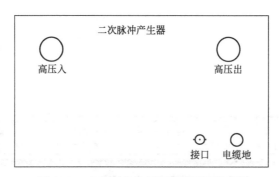

图 5-43　二次脉冲产生器的面板结构示意

5.5.6　HD-5816 型电力电缆故障测试仪操作流程

由于该仪器主要在高压环境下工作，在现场使用此仪器检测电缆故障前，应详细阅读使用说明书中的有关仪器测试原理、接线方式和使用注意事项，以免发生人身事故和损坏仪器设备。

（1）用低压脉冲法测试电缆的低阻接地、短路、断路故障

① 此时不接入二次脉冲产生器。直接在电缆故障测试仪信号接口接出一根夹子线。将夹子线的红夹子夹在故障电缆故障相芯线上，黑夹子夹在电缆的外皮地线上。

② 启动仪器电源（按下"测试电源"和"电源开关"），屏幕将在完成自检程序后自动进入设置界面。此时仪器默认的状态是"二次脉冲法"。应根据现场被测电缆种类、长度和初步判断的故障性质选择使用方法，按屏幕上的触摸"操作"模块中的相关键完成初始状态设置。设置在"低压脉冲法"时，面板右侧的"闪络/脉冲"指示灯为绿色。其设置界面如图 5-44 所示。

③ 完成设备参数设置后，点击"采样"键，屏幕进入测试和波形处理界面，自动发出测试脉冲。此界面将显示电缆的开路（全

图 5-44　仪器的初始设置完成后的界面

长）波形或低阻接地（短路）故障波形。再次点击"采样"键，仪器将自动不断地进行测试采样，操作者应不断调节"波形位移"和"输入振幅"两个旋钮，并观察采到的波形，直到操作者认为波形的幅度和位置适合分析定位为止，点击"取消采样"键，仪器将停止采样。仪器的参数设置、测试时间等基本信息也在屏幕下方显示。界面如图 5-45 所示。

　　④ 如果需要保留测试结果，利用仪器中的"保存"功能，可点击"保存"键，根据二级菜单提示选项进行留存。

　　"保存"键操作步骤：点击"保存"键，屏幕将弹出数据库菜单，如默认菜单上提示的参数，点击二级菜单上的"保存"键便自动将此次测试的波形存入数据库了。如图 5-46 所示。若考虑到要输入测试地址、测试人员等相关资料，可按正常的汉字输入法在表中填写文件名和相关的信息（汉字输入时，应将标准键盘接到面板的"USB"接口），点击菜单中的"保存"模拟键，便完成波形数据的保存。

　　⑤ 打开文件。在图 5-44 界面也可以点击"打开文件"，观察

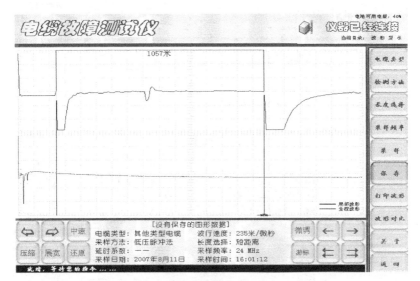

图 5-45　低压脉冲法测试的开路全长波形界面

以前测试的历史记录。操作过程与"保存文件"相似。此不赘述。

⑥ 打印波形。在图 5-45 测试结果界面，如需要打印，可以将此次测试结果通过"USB"接口，在外接打印机上打印出来。请参阅图 5-63。

（2）用二次脉冲法测试电缆的高阻泄漏、高阻闪络性故障

在现场，首先将高压发生器、二次脉冲产生器、电缆故障相、电缆地、电缆故障测试仪连接起来。仔细检查接线确保无误。现场接线如图 5-47 所示。

启动仪器电源，屏幕将在完成自检程序后自动进入设置界面。根据现场被测电缆种类、长度、选择脉冲宽度和延时系数，按照屏幕模块中的相关键完成初始状态设置。设置好后的界面如图 5-48 所示。

完成设置界面后，界面下方一栏中将显示此次设置的所有参数值。

① 系统功能自检。在按要求连线接好各种接线之后，应首先进行系统功能自检。此步骤目的是检查接线是否正确，调整振幅和位移旋钮，使将要采集到的波形显示在屏幕的最佳位置，以便判读

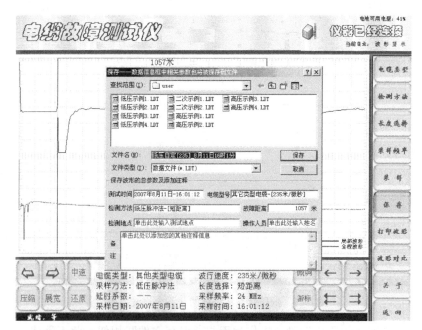

图 5-46　保存波形时的提示界面

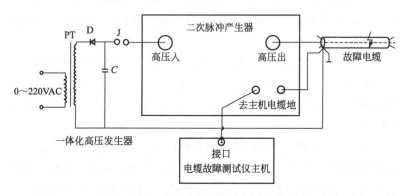

图 5-47　现场电缆故障测试接线示意

故障距离。

系统功能自检的方法如下。

仪器接通电源，完成界面相关参数的设置后，按一下面板上的

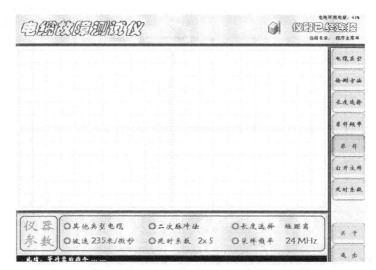

图 5-48　　二次脉冲法完成设置后的界面示意

"自检"键。屏幕上会出现上下两个完全相同的低压脉冲测试波形。此波形实际上反映的是电缆开路全长。每次按一下面板上的"自检"键，仪器将完成一次数据采集过程，不断调节"振幅调节"和"位移调节"两个电位器，直到操作者认为屏幕上显示的测试波形位置和幅度有利于判读为止。

系统功能自检界面如图 5-49 所示。

② 正式进行二次脉冲法测试电缆故障。完成仪器自检后，按一下荧屏上的"采样"键，仪器界面进入待测试状态。屏幕中心提示菜单显示"采样中"界面如图 5-50 所示。此时可启动高压产生器。

③ 将冲击高压调到 10kV 左右，先进行测试。如加冲击高压后测得的波形仍如图 5-49 所示的自检波形，即上下两波形完全一样。两个回波脉冲的极性与发射脉冲的极性一致，游标定位显示的是电缆全长，说明故障点未被冲击高压击穿。需重新按"采样"键（以后仪器进入自动采样状态），并逐渐升高冲击电压。一边升高冲击电压，一边进行采样和屏幕监视。并同时调节"位移"和"振幅"电位器，直到看见屏幕下面的波形出现与发射脉冲极性相反的回波脉

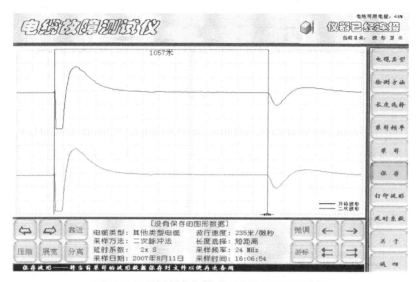

图 5-49　二次脉冲法测试电缆故障时自检波形

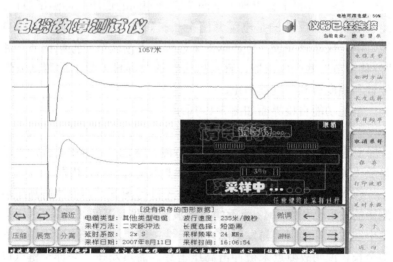

图 5-50　二次脉冲法采样待测试界面

冲立即终止采样（上面的波形一直不会变化）。这时屏幕显示的测
试波形应该是最终采样结果。最终采样结果界面如图 5-51 所示。

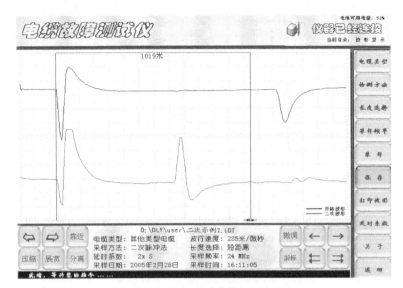

图 5-51　最终采样结果界面

④ 按荧屏下方模块中的"展宽"或"压缩"键，使测试的波形宽度比较适合故障距离的判读。然后，按"靠近"键，将上下两波形重叠。可以看出，故障回波前的那部分重叠较好，故障回波后的波形部分有明显的发散。波形操作结果应如图 5-52 所示。

⑤ 移动游标判读故障距离。在键盘上有"游标切换"和相应左右游标的左右快移和慢移相关键。按"游标"键时可看到游标线下部的双箭头在两游标线间来回切换。箭头在哪条游标下便可移动哪条游标。最终应将两条游标分别移到起始波形和回波的拐点。

在完成上述操作后，两游标间显示的数字即为故障点到测试端的距离。其最终测试结果界面如图 5-52 所示。

⑥ 测试完毕后，如果操作者认为此次测试结果有保留价值，可点击屏幕右边的"保存"键。界面将弹出文件保存的二级菜单。点击二级菜单上的相关键后，由"确认"键或"取消"键确定此次测试结果的保存或取消。

(3) 用冲击高压闪络法测试电缆的高阻泄漏、高阻闪络性故障

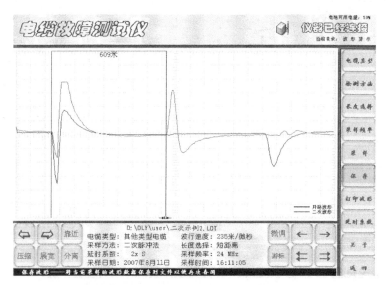

图 5-52   最终测试结果显示界面

  该仪器可用冲击高压闪络法测试电缆的高阻泄漏故障。冲击高压闪络法测试电缆的高阻泄漏故障是目前在国内流行的传统检测方法。很多用户都习惯使用此方法，它是二次脉冲法测试电缆故障的一种补充方法。外接线路较为简单，但是波形分析的难度较大，只有在大量测试的基础上，有一定经验后才能熟练掌握，虽没有二次脉冲法测试的波形简单，但也是一种行之有效的测试方法。

  冲击高压闪络法的接线方式如图 5-53 所示。

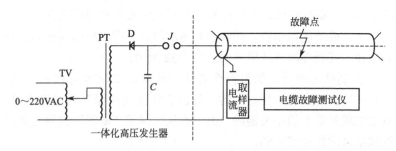

图 5-53   冲击高压闪络法的接线

闪络性故障时，禁止接入二次脉冲产生器。

将仪器附带的电流取样器用双 Q9 线与主机连接后放在电缆与高压设备间的接地线旁即可。只要冲击高压发生器输出的电压足够高，故障点在此冲击高压的冲击下被击穿，电缆中就会产生电波反射。电流取样器将地线上的电流信号通过磁耦合取得的感应电动势传给电缆故障测试仪，经过 A/D 采样和数据处理，并将采得的波形显示在屏幕上进行故障距离分析。

仪器的预置方法和二次脉冲法的预置一样，只是在预置时将"检测方法"设置为高压闪络法即可。预置界面如图 5-54 所示。

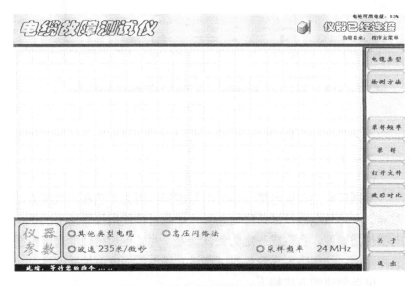

图 5-54　冲击高压闪络法预置界面

电缆类型和采样频率确定以后就可以点击"采样"键，进行采样等待。一旦高压发生器进行冲击高压闪络，仪器就自动进行数据采集和波形显示。如果采样波形不理想，可以再次点击"采样"键，进行第二次采样。以后仪器便进入自动采样程序。高压闪络一次，仪器采样一次，在此过程中可不断调节"位移"和"振幅"电位器，认为波形适合分析定位为止，再次点击"采样"键终止采样。采样结果如图 5-55 所示。

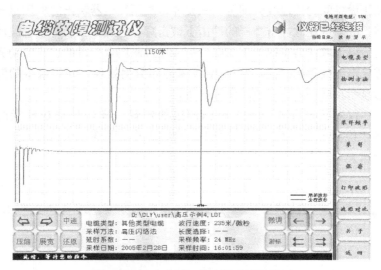

图 5-55　冲击高压闪络法测试结果界面

当采集到较为理想的波形后，便可使用"展宽"、"压缩"等模拟按键标定故障距离。

（4）波速测量

不同厂家生产的电缆，尽管型号相同，因为工艺和介质配方的差异，会导致电波传播速度的差异。如果直接使用仪器给出的平均电波传播速度，会造成一定的测试误差。为了更加精确地测试电缆故障距离，往往需要重新核对（测试）该电缆的电波传播速度。

电波测速的方法如下。

① 首先选一段已知长度被测电缆。如果此次被测电缆的长度为已知，也可以此电缆进行测速。

② 仪器进入设置界面后，将仪器设置在低压脉冲法测试状态。选取适当的采样频率和脉冲宽度。"电缆类型"预置在默认值"油浸纸电缆"。仪器的测量夹子线接在被测电缆的芯线和外皮上。点击"波速测量"键，并点击"确认"键。屏幕自动弹出"波速测

量"过渡界面二级菜单"请选择波速的计算方式"。屏显如图 5-56 所示波速测量过渡界面 1。

图 5-56　波速测量过渡界面 1

　　先确认"用适时通讯数据计算速度",再点击二级菜单中的"测量吧"模拟键,仪器自动发出一个测试脉冲,在电缆终端将产生一个开路反射脉冲。此过程产生的测试波形记录在下一个过渡界面上屏幕上。通过波形"扩展、压缩"操作和"游标"操作,将两游标对准发射脉冲和回波脉冲的前沿拐点。两游标间的读数为两脉冲间的间隔时间。弹出过渡界面 2,如图 5-57 所示。

　　③ 再点击此界面中右边的"计算速度"模拟键,仪器又进入下一个过渡界面。在界面中间弹出二级菜单"请输入两游标间距离"的过渡界面 3,如图 5-58 所示。此时,将被测电缆的实际全长数用数字键输入即可。此时再点击二级菜单中的"确定"键,界面进入显示波速测量结果界面。在此界面的二级菜单中的数字就是该被测电缆的电波传播速度,如图 5-59 所示的过渡界面 4。如果需要重新计算,可点击菜单中的"重算"键,重复上述电波测速过程。如认可此次测试结果,点击菜单中的"离开"键,仪器自动进入现场故障测试状态。界面回到仪器如图 5-44 的初始设置界面,进行

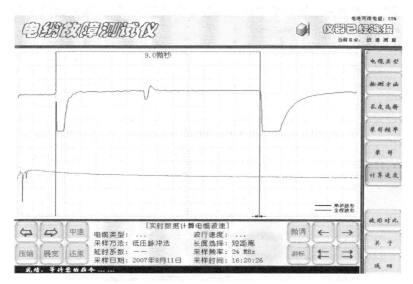

图 5-57 波速测量过渡界面 2

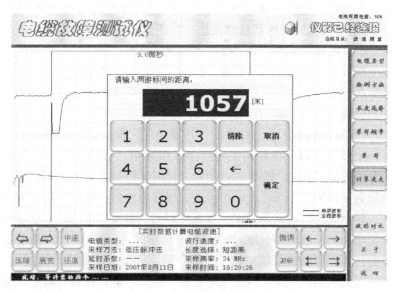

图 5-58 波速测量过渡界面 3

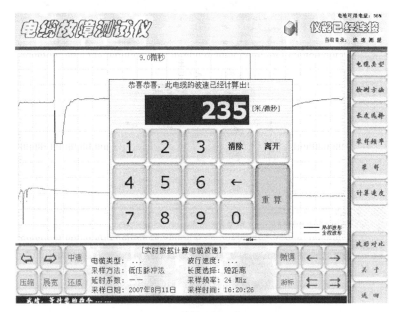

图 5-59　波速测量过渡界面 4

正式故障测量。不过，点击"开始检测"键后荧屏弹出二级菜单"请输入自定义电缆的传播速度"，还要进一步"确认"界面中二级菜单此次测量的电波传播速度，如图 5-60 所示。仪器才正式发送低压脉冲进行测量。测试波形如图 5-61 所示界面。点击荧屏左下角的"展宽"或"压缩"键和荧屏右下角的游标"左"、"右"移动键，使两游标对准发射脉冲和回波脉冲的前沿拐点。两游标间显示的距离数即为电缆的开路故障（全长）或短路故障的距离。

此界面下方的设备参数设置栏显示了重新设置的电波传播速度和所有的当前设置参数与测试时间。

（5）测试结果的保存

如要将测试结果保存下来，可在图 5-61 的基础上点击荧屏右侧模拟按键中的"保存"键。荧屏将弹出保存数据库的二级菜单，如图 5-62 所示。此时点击二级菜单中的"保存"键，仪器将自动把此次测试波形和结果保存在仪器的数据库中。

图 5-60　波速测定后进行故障测试时再次确认的界面

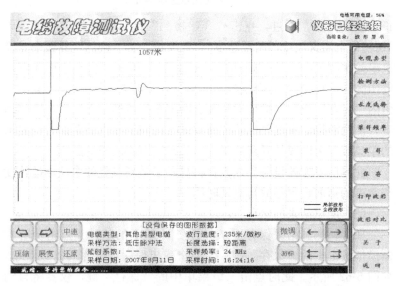

图 5-61　确定新的电波传播速度后的故障实测界面

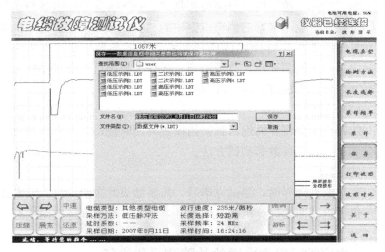

图 5-62　测试结果保存界面

（6）测试结果的打印输出

有时，需要将测试波形以文件形式打印输出，可利用仪器的打印功能完成。例如图 5-63 所示测试结果需要打印输出，将仪器面

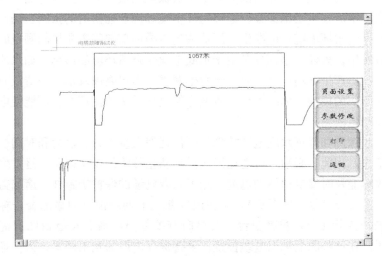

图 5-63　测试结果打印输出界面

板上的"USB"接口用一根两头都是"USB"插头的连接线与通用打印机相连。点击屏幕右侧模拟键中的"打印波形"键。打印机将自动打印出如图 5-63 所示的图形和右下角的参数表格。表格中的一些内容，如检测地点、故障距离、操作人员等可由现场操作人员填写（需外接 USB 接口标准键盘）。

（7）返回

此键在需要将界面返回到初始设置界面时使用，以便重新设置电缆测试的各种参数和测试方法。

（8）退出

在数据处理界面，测试完毕后，需要结束此次测试时，点击此键，仪器自动回到计算机的桌面系统。进入关机或其他应用状态。

5.6　水底敷设电力电缆的故障测寻和修复

5.6.1　水底电缆故障分析和探测

（1）水底电缆故障的成因

水底电缆的故障大部分是由于机械原因造成的，主要有船舶随意抛锚后发生走锚又强行起锚勾坏电缆和渔业捕捞时的张网、插网及撑篙损坏电缆；电缆生产厂造成的电缆内部缺陷等质量问题也时有发生；另外一小部分是由于水底电缆受自然环境的影响，如水流的冲击产生振动以及与岩、土发生摩擦，海水腐蚀及水污染造成有害物质的侵蚀；电缆运行时所发生的电化学腐蚀损坏亦有可能使电缆产生故障。

探测和修理水底电缆故障是一件耗费大量人力、财力和时间的工作。因此，必须尽可能地采取措施防止故障的发生以及一旦发生故障能及时修复损坏的电缆。除了采取电缆的保护措施外（诸如盖板、关节套管、埋深等），应在电缆敷设的两端设有明显的警告标志，甚至设全天候瞭望台，及早向有关部门申请颁布航道图或海图，在这些图上标出电缆位置；妥善保存电缆的施工档案，为一旦发生故障，在资料分析后找出故障位置。购置电缆时应考虑向制造厂订购适当数量的水底电缆修理接头材料和备用电缆。

　　水底电缆发生故障后，如果护层破损进水，水会很快沿着护套、绝缘和线芯流动，扩大故障范围，甚至造成整个线路报废。因此，水底电缆的故障探测和修复应该越快越好。同时，一根设计完善的水底电缆应该有纵向阻水措施，以减缓水底电缆进水后故障扩大的速度。对充油油浸纸绝缘的电缆发生故障后，应密切注意观察油压的变化，发现有渗油、漏油现象发生时，则应及时补充，使电缆油压维持在允许压力范围内，同时抓紧时间抢修。

　　(2) 水底电缆故障点的检测

　　① 绝缘电阻比较法。用电桥分别测量各相的绝缘电阻数值，比较后很容易找出其故障相。通过计算亦能大致得出故障相电缆的故障点所在位置。

　　② 耐压试验法。通过直流高压发生器对电缆各相进行耐压试验，能很快确定故障相和大概推断故障受损情况，但故障点的位置无法得出。

　　③ 示波器法。用电缆故障测距仪，读取故障相上故障点的波形及其位置，可直接读出故障的确切位置。受仪器量程的限制，长度超过 10km 的电缆可由两端分别读取，观察其位置吻合情况。

　　④ 声波测试。采用电容方法对电缆进行脉冲放电，一人持听棒沿故障相电缆搜寻，亦可将听棒水密后放在水中，用小艇沿路由移动，根据声响大小来判断故障点位置。

　　上述检测设备可根据需要，配合使用。

5.6.2　水底故障段电缆的修复

　　排除水底电缆故障点一般的方法是切除电缆的故障点，重新接上一段完好的电缆。这时，需要制作两个修理接头，两个修理接头间的距离至少应大于水深的 1.2 倍。这些接头的材料及工艺由制造厂提供。接头的制作必须由有经验的接头工操作。故障段电缆修复的主要工序如下。

　　(1) 电缆故障点的切割

　　切割在打捞船上进行。切割前确认电缆两端是否被牢固可靠地绑扎固定在两舷的弧形架内，防止切割后，电缆因自重而滑入水中。切割工作由外向内人工进行，先逐一用大力钳将撬出的粗钢丝铠装逐一剪断，并分别向两侧扳开，为防止钢丝散开，两侧应用铁丝将电缆扎住。最后用锯切割电缆的铅包、绝缘和导体，使电缆分成两段。切下的故障段电缆应妥善保管，供解剖查明故障成因。必须指出，切割张力很大的电缆是一件危险的工作。除了采取可靠绑扎措施保护人员外，还要防止铠装钢丝剪断后，所有的张力将作用在电缆的铅包和导体上，极有可能是使其内部发生断裂，形成新的故障。因此，在切割电缆作业时，最好先剪断外层2～3根铠装钢丝，然后用尖头凿凿断电缆内部结构，使铅包、芯线等不受张力，然后剪去全部铠装。

（2）制作修理接头

将置于打捞船上的一端电缆做封头后套上网套，栓上钢绳放于水中（钢绳的一端可绕在卷扬机上）。沿轴线向另一侧移动船位，使另一端电缆进入甲板，其长度满足接头和操作要求。将备用电缆从盘内拉出与两端电缆连接（制作两个修理接头）。修理接头的绝缘结构与陆上电缆的中间接头相同，接头的外壳有加强铠装和防腐蚀保护。修理接头是由制造厂提供的，制作时必须严格按照安装说明书操作。

第6章 电力电缆路径的探测

6.1 地下电缆磁场分析

在对电缆故障进行测距之后，要根据电缆的路径走向，找出故障点的大体方位来。由于有些电缆是直埋式或埋设在沟道里，而图纸资料又不齐全，不能明确判断电缆路径。这就需要专用仪器测量电缆路径。在地下管道中，往往是多条电缆并行排列，还需要从多条电线中找出故障电缆。

下面首先对地下电缆的磁场进行简单地分析，然后分别介绍探测电缆路径以及识别电缆的方法。

目前，在现场主要是检测地下电缆上方地面上的磁场来探测电缆路径。对一些短路或电阻很低的电缆故障点来说，由于很难检测到故障点放电的声音，也主要是通过检测地面上磁场的变化来确定故障点位置。为了便于读者理解利用磁场进行电缆路径探测及故障定点的原理，本节简单地分析地下电缆地面上磁场的产生及分布规律。

6.1.1 相地连接时电缆的磁场

相地连接是指将信号源接到待测电缆的一相导体与电缆的金属护套外皮（简称外皮）之间，经电缆末端的短路环或故障点形成回路。如图 6-1 所示。

相地连接时，主要存在着两个电流回路，一个是导体与外皮形成的回路，再就是外皮与大地构成的回路，其等效电路如图 6-2 所示。两个回路之间有互感（M）产生的磁耦合，以及互阻抗（外皮阻抗）造成的电耦合。电源施加在导体与外皮之间的回路里，产生电流。由于有电磁耦合，在外皮与地之间的回路产生电流 I'。导体、外皮与大地中的电流分别是 I、$I-I'$ 及 I'。电流 I' 的大小与信号的频率、电缆的材料及周围介质等因素有关，它是随着频率的增加而减少的。对一般的电力电缆来说，在数千赫的频率范围内，电流 I' 在 $10\%I$ 数量级上变化。

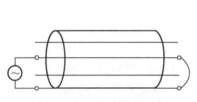

图 6-1　相地连接接线示意

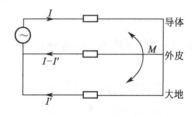

图 6-2　相地连接等效电路

　　电缆周围的磁场可以看成是由在导体与外皮之间流动的电流 I 产生的磁场以及金属外皮与大地之间的电流 I' 产生的磁场叠加形成的。电缆的导体是包在环形金属外皮里边的，由于金属护套的屏蔽作用，回路电流 I 在电缆上方地面上产生的磁场很小，地面上的磁场主要是在金属外皮与大地之间的回路电流 I' 产生的。

　　大地中返回电流的分布是比较复杂的。理论分析表明，在研究磁场的分布时，可用在电缆下距离为 h' 的一载流导体来近似等效大地返回电流。h' 的大小取决于信号的频率、电缆的埋设深度及周围大地的电阻率等因素。大地和地面上的空气磁导率均接近真空中的磁导率，电缆周围的磁场可以近似看成电流为 I'、距离为 h' 的上下平行的载流导体产生的合成磁场，其磁力线在与电缆垂直的横断面上从电缆的一侧越过电缆进入另一侧，如果电缆是与地面平行铺设的，在电缆的正上

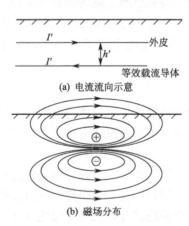

(a) 电流流向示意

(b) 磁场分布

图 6-3　大地电流等效电路及其磁场分布

方磁力线与地面是平行的，磁场强度在电缆的正上方也达到最大值，如图 6-3 所示。

6.1.2　相相连接时电缆的磁场

相相连接是指将信号源接到待测电缆的两相导体之间，两个相

导体与电缆末端的短路环（路径探测时）或故障点（低阻故障时）形成回路。如图 6-4 所示。

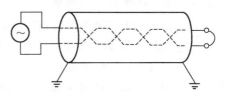

图 6-4　相相连接接线示意

为了保证电缆三相阻抗参数的平衡，减少对外的电磁影响，电缆的三相导体实际上是沿电缆扭绞前进的。两个导体之间的相对位置是沿电缆变化的，因此造成了地面上的磁场也是沿电缆变化的。具体变化规律取决于导体所在平面与地面的相对位置。

下面介绍两种特殊情况下的磁场分布。

在两个通电导体所在的平面处于与地面垂直的位置上时，地面上的磁场分布与图 6-3 所示相地连接时的磁场类似。不过，由于两个导体之间的距离很小，在电流相同的情况下，相相连接时地面上磁场强度要小得多。在两个导体所在的平面与地面平行时，地面上的磁场分布如图 6-5 所示。两个导体产生的磁场在电缆的正上方叠加使磁场强度达到最大值，而

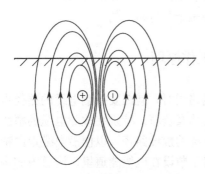

图 6-5　平行导体地面上方磁场分布

在稍偏离电缆正上方的位置上，两个导体产生的磁场相抵消，使磁场强度急剧下降。磁力线在电缆的正上方进入地面。

电缆金属护套外皮两端是接地的，外皮与大地构成了回路。电

缆导体电流产生的磁场在这一回路里产生感应电流，外皮回路的感应电流产生的一部分磁场与导体回路的磁场相抵消（即屏蔽层发挥了作用），地面上的实际磁场强度比已分析的要小。金属外皮的屏蔽作用随着频率的增加而增强。

6.1.3 暂态脉冲电流的磁场

以上关于电缆磁场的分析是针对正弦稳态电流的，而电缆故障点放电电流是一暂态脉冲电流。在分析暂态脉冲电流产生的磁场时，可以把暂态脉冲电流看成许多个不同频率的正弦稳态电流的代数和。分别计算每一频率分量产生的磁场，然后把它们合成在一起。实际应用中可近似地认为暂态电流的磁场与稳态电流磁场的变化规律是基本一致的。

应该指出，地下电缆的电流分布及磁场是很复杂的，以上只是粗略的分析。不过在实际应用中，往往并不需要精确地知道地面上某一点磁场的具体数值。只是通过测量地面上不同点磁场的相对数值及方向的变化来达到探测电缆路径或故障定点的目的。

通过本节的内容，基本上可以掌握电缆磁场的分布规律，对于分析解决实际工作中遇到的问题是十分有帮助的。

6.2 电缆路径探测仪基本工作原理

直埋电缆若无翔实的电缆线路图时，就需要探测电缆的路径走向与埋设深度，以便建立准确的档案资料。特别在故障电缆的精测定点之前，尤其需要准确测出电缆的敷设路径，以便沿电缆走向精确地确定故障点的具体位置。对于敷设在电缆隧道里、沟道内的多根电缆，有时需要将故障电缆或其中的一根电缆区别出来。以上工作都可以利用"路径仪"进行准确的测试。

采用路径信号产生器（即路径仪），向被测电缆中输入一音频电流，由此产生电磁波，然后用电感线圈接收音频信号，该接收信号经放大后送入耳机或指示仪表，再根据耳机中的音峰、音谷或指示仪表指针的偏转程度来判别电缆的埋设路径、深度，这种方法称为音频感应法。

我国所采用的路径信号产生器多为 15kHz 的音频信号发生器，再配以作为接收信号用的"定点仪"，用其"路径"挡作为接收机使用，即可完成电缆路径的测试工作。路径仪的组成框图如图 6-6 所示。

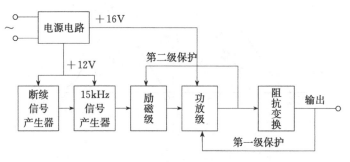

图 6-6　路径仪组成框图

随着电力电缆日益增多，各种电磁波也越来越多。当被测电缆是若干根并列运行电缆其中之一时，运行电缆中的零序电流与高次谐波电流，也将产生干扰电磁波，因此采用音频信号发生器，发送区别于一般工频电流、高次谐波电流和其他干扰电磁场所发出的信号，并使其有节奏地间断发出，使耳机或接收仪器中得到有规律的信号，以区分其他任何干扰信号，减少外界影响，提高测量精度。

6.2.1　探测电缆路径

（1）音谷法

音谷法的接收线圈轴线与地面始终保持垂直，当接收线圈（即探棒）位于被测电缆的正上方时，由于音频电流磁力线垂直于接收线圈轴线，即不穿过线圈，因此线圈中无感生电动势，接收机中亦无音频信号产生。当接收线圈向被测电缆两侧（垂直于电缆走向）移动时，就有音频电流磁力线穿过接收线圈，接收线圈中亦将产生感生电动势，随着移动距离 X 的变化，其感生电动势也将发生变

化，使其接收信号发生变化。当接收线圈移动到 A 或 A' 点时，接收线圈中穿过的音频电流磁力线最多，其感生电动势最大，即产生的信号电流最大，此时耳机中音量或指示仪表指针偏转角最大。当接收线圈移动的距离 $|X|$ 继续增大时，音频磁场逐渐减弱。因此，音量（或指示仪表指针的偏转角）与距离 X 的关系曲线为对称的马鞍形"双峰曲线"，如图 6-7 所示。

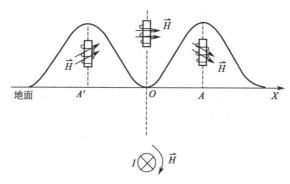

图 6-7　双峰曲线

由图 6-7 可知，接收线圈位于电缆正上方时，音量为零，形成音谷。而在电缆两侧的音量形成峰值（音峰），如 A、A' 点。该测量方法由于电缆位于音谷的下面而称为"音谷法"。

（2）音峰法

音峰法的接收线圈轴线与地面始终保持平行且与电缆走向垂直，当接收线圈位于被测电缆正上方时，穿过接收线圈的磁力线最多，因此耳机中的音量或指示仪表指针的偏转角最大。当接收线圈向被测电缆的两端（垂直于电缆走向）移动时，穿过接收线圈的音频电流磁力线逐渐减少，耳机中的音量或指示仪表的指针偏转角也就越来越小。音量或偏转角与移动距离 X 的关系曲线——单峰曲线如图 6-8 所示。

由图 6-8 可知，接收线圈位于被测电缆正上方时音量（偏转角）最大，即形成音峰。而在电缆两侧的音量（偏转角）较小，也就是说电缆位于音峰下，因此该测量方法称为"音峰法"。

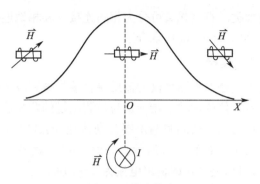

图 6-8　单峰曲线

6.2.2　探测电缆埋设深度

采用音谷法先测量出电缆的埋设路径，再将接收线圈轴线垂直于地面放置。在被测电缆的正上方找出音谷点，如图 6-9 中的 A 点，并做好标记；然后在垂直于电缆路径的平面内（A 点在该平面上），将接收线圈轴线倾斜 45°，并向左或右移动，找出另一音谷点 B，则 AB 的距离即为电缆的埋设深度。

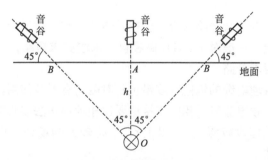

图 6-9　电缆的埋设深度

6.3　电缆路径的探测方法

使用路径仪（音频信号发生器）探测电缆路径、鉴别电缆和测量电缆埋设深度时，路径仪与被测电缆的连接方式主要分为直接式和耦合式两大类。直接式又可分为相间连接法和相地连接法；耦合式可分为直接耦合法和间接耦合法。

6.3.1 直接式连接

直接式连接是指将路径仪的输出端直接与被测电缆相连接的测量方式。当路径仪的两输出端分别与被测电缆的两相连接时，称为相间连接法；当路径仪的两输出端分别接地和被测电缆的一相时，称为相地连接法，如图 6-10 所示。一般 15kHz 路径仪的输出电流为 1～2A，1kHz 路径仪的输出电流为 5～10A。

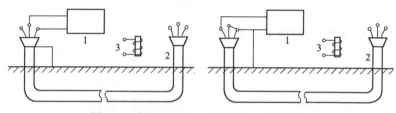

图 6-10　相间连接法、相地连接法接线原理
1—音频信号发生器；2—被测电缆；3—接收线圈

（1）相间连接法

被测电缆末端开路与否，应视具体条件和使用不同的音频信号发生器而定。一般对于 1kHz 路径仪，末端要求短路；15kHz 路径仪，末端要求开路。

由于直埋电缆的钢铠（或铅包）对磁场有屏蔽作用，当加入同样大小的音频电流时，相间连接法要比相地连接法接收信号弱。因此，在电缆埋设较深（1m 以上）、干扰较大的场合，相间法效果不如相地法。

（2）相地连接法

电缆末端情况与相间法相同。对于 1kHz 路径仪，电缆末端应短路接地；15kHz 路径仪，电缆末端应开路。

电缆的容抗直接影响音频电流输出的大小，即控制着接收信号的强弱。电缆的电容量与电缆绝缘材料的介电系数、电缆线芯截面积、电缆的长度均成正比；与电缆的绝缘等级成反比。而电缆的容抗不仅与电缆的电容量有关，还与音频电流频率的高低有关，电容量越大、频率越高、容抗越小。在实际测试工作中，应根据上述原理选择适当的接线方式和参数。

（3）相间连接法与相地连接法的比较

① 相间连接法比相地连接法更灵敏。采用音谷法探测电缆路径时，相间连接法可得到明显骤减的音谷，而相地连接法的音谷就不太明显；若采用音峰法探测电缆路径，相地连接法的音峰范围太宽，不易确定峰的顶点，而相间连接法就显得非常优越。

② 在输出相同音频电流的情况下，由于电缆铠装对音频电流磁场的屏蔽作用，使得相间连接法接收的信号比相地连接法弱，因此，在电缆埋设较深（1m 以上）或外界干扰较大时，相地连接法比相间连接法更适用。

6.3.2　耦合式连接

耦合式连接的路径仪输出端与电缆各相均没有电的联系，而是通过耦合的方式把音频信号加在电缆上。耦合的方法有直接法和间接法两种。

（1）直接耦合法

将音频信号发生器的输出端，直接与绕在被测电缆上的耦合线圈相连接。该耦合线圈的匝数以 5～7 匝为宜。直接耦合法的原理是通过耦合线圈向被测电缆发射一音频电流，此时可将电缆等效为一个电感，其产生的感生电流发出电磁波，然后由接收线圈接收，以确定电缆路径。

直接耦合法最大的优点，是可以在不停电的情况下探测电缆路径。但也有一定的缺点，由于电磁波在传播过程中损耗大、衰减快，因而探测距离较近，一般仅为几百米，在无干扰的良好测试

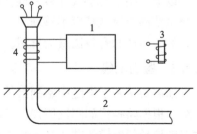

图 6-11　直接耦合法接线原理

1—音频信号发生器；2—被测电缆；

3—接收线圈；4—耦合线圈

环境下，也不超过 1000m。如图 6-11 所示。

（2）间接耦合法

当需要了解某一局部区域地下是否有地下电缆或金属管道时，使用音频信号发生器和一平板接收线圈（电容探头），且以该接收线圈为中心，将音频信号发生器的发射线圈的纵向轴线对准该中心，沿着半径为 R（一般为 10m）的圆周进行探测，当移动发射线圈经过地下电缆或金属管道的正上方时，接收机中的接收信号将出现峰值。如图 6-12 所示。

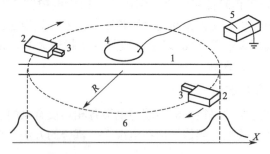

图 6-12　间接耦合法接线原理

1—被测电缆或金属管道；2—音频信号发生器；3—发射
线圈；4—电容探头；5—接收机；6—音量曲线

间接耦合法的实质是，靠地面上的发射线圈发射电磁波，耦合到地下的电缆或金属管道上，再用接收机接收这一耦合信号。

以上介绍了直接式连接和耦合式连接的探测方法。由于耦合法的测试范围与测试精度不够理想，在实际测试工作中应用较少。直接式的音峰法和音谷法最为常用。

6.3.3　鉴别电缆

如需要从若干电缆中鉴别出某一根时，可以使用路径仪来识别电缆。根据路径仪的测试原理，采用直接式相地法接线时，由于通过音频信号的电缆线芯不位于电缆轴线上（单芯电缆除外），因此采用音峰法接收信号时，在电缆周围可以得到具有强弱变化的信号，如图 6-13 所示。当采用直接法相间接线时，利用音谷接收信号，在电缆周围可以得到对称变化的信号，如图 6-14 所示。

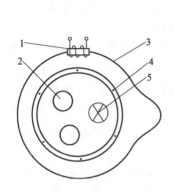 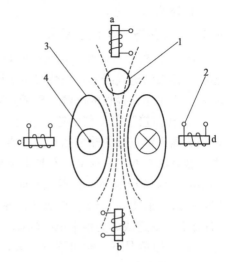

图 6-13　相地法识别电缆

1—接收线圈；2—电缆线芯；3—音
量曲线；4—电缆铠装层中的电流
方向；5—音频电流方向

图 6-14　相间法识别电缆

1—电缆线芯；2—接收线圈；
3—磁力线；4—电流方向；
a，b 处出现音峰；c，d 处出现音谷

6.4　路径仪的使用方法与注意事项

目前，国内使用的路径仪大都是 15W、15kHz 正弦信号发生器。使用大功率管在工作中易发热，而使用小功率管在干扰较大的场合，会给电缆路径探测带来一定的困难。下面简要介绍一下 HW2000 型电缆故障智能测试仪配套路径仪的技术指标、使用方法与注意事项。

6.4.1　技术指标

信号频率：15kHz 断续方波

输出功率：大于 50W

仪器电源：交流 220V±10％　50Hz

仪器电源：80mm×120mm×150mm

仪器质量：1kg

6.4.2　使用方法与注意事项

① 将仪器的测试线（输出端的 Q9 电缆）接在被测电缆上。红色线夹接被测电缆线芯，黑色线夹接地线，然后开机。注意：关机时，应先关闭路径仪的电源，再断开测试线。

② 探棒接于定点仪的输入插孔，定点仪工作于路径状态，耳机插头插入定点仪的输出插孔。探棒（绕有线圈的磁棒）与地面垂直（音谷法）并左右移动，在耳机中听到的音频信号（嘟嘟声）大小不同，当信号最小（音谷点）时，探棒下面即是电缆的埋设位置，一边向前走，一边左右摆动探棒，耳机中听到的音量最小点（音谷点）的连线即为地下电缆的埋设路径。

③ 一般情况下，输出不宜过大，以信号清晰为原则，以防止在多根电缆并列运行的情况下，由于相互感应而产生测量偏差。

④ 如欲判断电缆的埋设深度，如前所述，可在已测准的电缆路径上某一点，将探棒与地面倾斜 45°，垂直于该段电缆路径的走向，向左或右移动，当耳机中音量信号最小时，探棒所平移的距离，即为电缆的埋设深度。

⑤ 在测试电缆较长（一般为 800m 以上）时，电缆的终端可以短路，以增大电缆沿途的信号强度。当电缆较短时，由于其直流阻抗较低，不可将被测电缆终端短路，必须终端开路，否则路径仪将发生"自保"而停止工作。

⑥ 当电缆发生三相短路故障，且故障距离较近时，为避免路径仪的自保现象，可在路径仪与被测电缆之间串接一个 20Ω 左右的 10W 电阻，以确保信号的正常输出。

⑦ 若探棒有故障需要修理时，可参考以下数据：在 $\phi10mm\times140mm$ 的中波磁棒上，绕 285 匝漆包线，两端并联 $0.2\mu F$ 的电容器，构成 15kHz 谐振电路。在 70 匝处抽头，与插头的隔离芯线相连接，在线圈的始端与隔离线相连接。

第7章 电力电缆故障的在线监测

通常只有在停电状态下对电力电缆进行各种试验，特别是绝缘试验。这些常规的预防性试验，一般要定期（如一年或两年）或不定期必要时进行，不然很难发现电力电缆中随时可能出现的问题。电力电缆故障的测试技术，也是在电缆停电状态下进行的，因为电力电缆已不能正常运行或完全不能运行了。本章中叙述的电力电缆在线监测技术，是在电缆的运行状态下，连续或随机检测电力电缆的绝缘状况好坏，以及电力电缆绝缘有问题点的位置，以便于早期发现问题和鉴定绝缘老化状况，确保供电系统的安全运行。但这一技术在目前主要应用于重要的电缆线路和 66kV、110kV 及以上的高压电缆线路。

7.1　电力电缆绝缘在线监测技术

电力电缆主要是交联聚乙烯（XLPE）电力电缆的在线监测技术，近几年来越来越变得成熟和实用，现分别介绍如下。

7.1.1　交联聚乙烯电缆绝缘电阻在线监测

通常采用"直流叠加法"在线测试 XLPE 电缆的绝缘电阻，其测试原理如图 7-1 所示。

工作时，开关 S1、S2 处于断开状态，直流电源 E_N（约 50V）通过接地电压互感器的中性点、运行母线加到电缆的三相。因此电缆同时施加有工频交流和直流电压，通过 LC 滤波器，滤除测试回路中的交流成分，只检测由电源 E_N 流过电缆绝缘层的微弱直流电流，最后计算出电缆的绝缘电阻。

根据经验及有关规定，采用直流叠加法测得的电缆绝缘电阻磁，

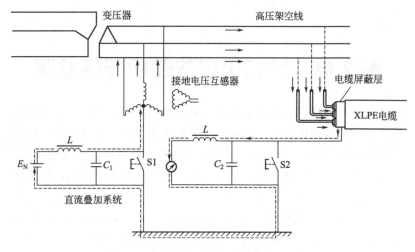

图 7-1　直流叠加法测电缆绝缘电阻原理

其大致判断结果：当 R_g > 1000MΩ，电缆绝缘良好；当 100MΩ < R_g < 1000MΩ，属绝缘轻度问题，可继续使用；当 10MΩ < R_g < 100MΩ，属绝缘中度问题，应时刻关注，也可继续使用；当 R_g < 10MΩ，属绝缘严重问题，应停电检修或更换电缆。

直流叠加法也可用于电缆护套绝缘电阻的在线测试。

7.1.2　交联聚乙烯绝缘电缆 tanδ 在线监测

对于三相金属屏蔽层分离或三相独立绝缘的电力电缆，可采用在线方式检测其电缆绝缘的 tanδ 值，以便及时发现电缆的普遍性缺陷，其测试原理如图 7-2 所示。

通过分别测试电缆三相电压及电流，可分析计算出电缆的 tanδ 值。电缆的三相电压可由变电站母线电压互感器获取，三相电流可分别由电缆的金属屏蔽层接地线上获取。通过多路转换装置可同时监测多条电力电缆的 tanδ 值。

根据经验，可按以下参考标准来在线判断电缆的整体绝缘状况：若 tanδ < 0.2%，说明电缆绝缘良好；若 0.2% < tanδ < 5%，说明电缆有水树枝形成；若 5% < tanδ，说明电缆水树枝较严重。

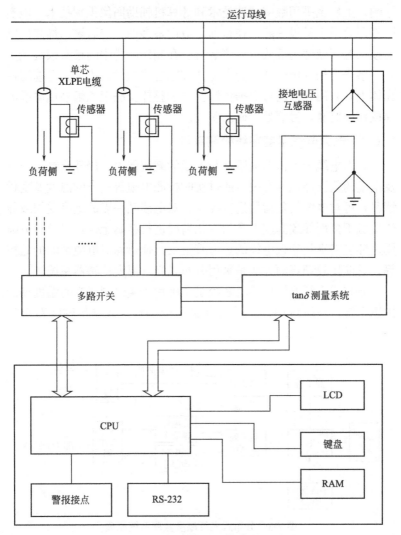

图 7-2　电力电缆 tanδ 在线测试原理

7.1.3　电力电缆局部放电在线监测

在理论上讲，局部放电试验是评价交联聚乙烯电力电缆绝缘状况的最佳方法。由于受到检测设备测试灵敏度以及现场各种干扰的影响，虽然也采用数字滤波技术和计算机辅助图像识别技术，但实际应用效果不是很理想。在目前，应用最多的是交联聚乙烯高压电缆接头等区域性局部放电监测装置。在制作电缆中间接头或终端头时，事先将局放传感器（分电感式和电容式两种）集成在电缆附件壳体上，采用光纤进行数据传输。对于整体交联聚乙烯高压电缆的局放在线监测，目前处于研发阶段。

7.1.4 电力电缆温度在线检测系统

电力电缆的本体温度通常与电缆的载流能力、局部绝缘受损以及电缆的敷设环境等有关。通过实时检测电缆每一点的温度及变化情况，可对电缆的负荷量进行控制，对电缆某一点的绝缘受损或导体接触不良而导致温度上升的变化情况进行精确定位，以及对电缆周边环境特别是靠近电缆的热力管道及其他热源对电缆影响的监控等。目前比较理想的方法是采用分布式光纤温度传感器系统。

分布式光纤温度传感器系统是一种用于实时测试空间温度场的传感系统，在系统中，光纤具有温度传感器、数据传输线双重作用，其系统组成如图 7-3 所示。

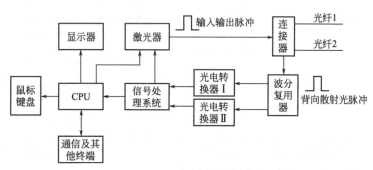

图 7-3　分布式光纤温度监测系统原理

激光器发射一定能量及宽度的光脉冲到光纤，利用光纤的拉曼光谱效应，通过光脉冲所产生的背向散射光波实时显示光纤所处空间各点的温度值。利用光时域反射技术（类似于行波法测电缆故障的原理），由光脉冲发射到背向散射光脉冲回来时间及光纤中的光波传输速度，系统采用双通道、双波长、高速瞬态采样、信号累加方法可准确地测得光纤中每一点的温度值。

采用光纤测温系统进行电缆温度在线监测，其主要优点是具有阻燃、防爆抗腐蚀、抗电磁干扰、有较高的绝缘性能等。

7.1.5　电力电缆直流分量在线监测法

对于塑料电缆，一般因电缆中存在的"水树枝"引起绝缘缺陷并形成故障，利用水树枝在电缆中存在的整流效应现象，通过检测电缆接地线的交流电流所含的微弱直流成分，来对电缆的绝缘劣化程度进行诊断，即所谓的"直流分量法"，其测试线路如图 7-4 所示。

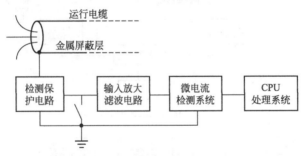

图 7-4　"直流分量法"电缆在线监测系统

研究发现，水树枝愈严重，所测得的直流分量也愈大。根据国外检测经验及有关资料：若测得的电流 I_g＞100mA，表明绝缘有严重问题；若 1mA＜I_g＜100mA，表明绝缘有问题需要关注；若 I_g＜1μA，表明绝缘良好。但由于"直流分量法"所测的直流分量电流很小，实际使用中容易受到干扰。

7.2　电力电缆故障在线测试

电力电缆在运行过程中，当电缆中某一点绝缘受损，间歇性表现出瞬间闪络放电（如过电压或过热等），或电缆中某一点闪络放电后会使其绝缘电阻变低。特别是我国，由于采用中性点不接地供电系统，在电缆出现严重故障后还要运行几十分钟，容易出现严重后果。通过电缆故障在线监测系统，可及时检测出故障点的位置并进行报警，SCA-6000 型电力电缆故障在线测试系统测试原理框图如图 7-5 所示。

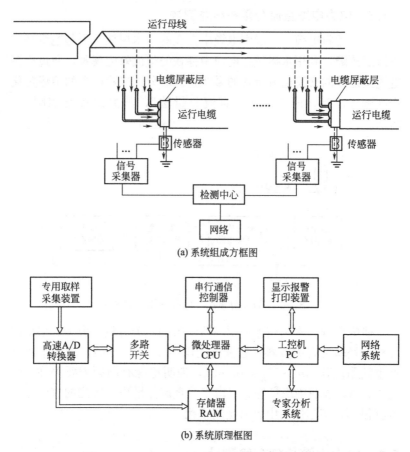

(a) 系统组成方框图

(b) 系统原理框图

图 7-5　SCA-6000 型电力电缆故障在线测试系统

电缆故障在线监测系统主要由传感器、信号采集器和监测中心三大部分组成，如图 7-5(a) 所示。

① 传感器。传感器主要功能是接收电缆的所有故障信息，并

把接收到的信息传给信号采集器，通常安装在电缆的引出地线上。

②　信号采集器。信号采集器由电源转换模块、8 位高速 A/D 模数转换器、串行通信控制器、单片微控制器 CPU、存储器 RAM 等组成；它的主要功能是把传感器传送过来的模拟信息进行模-数转换，转换完成后对采集信息进行存储、分析、判断，当判断是故障信息时，把此信息通过串行通信控制器发送至监测中心。

③　监测中心。监测中心是由工业控制计算机、交直流电源自动切换控制器、工业级大屏幕液晶显示器、激光打印机、声光报警控制器等组成。它的主要功能是对接收到的信息进行再分析、判断。如果是故障信息，则发出报警信号进行声光报警，同时通过显示器显示出故障信息波形及哪一根电缆出现故障。专业人员对故障波形进行分析处理，确定出故障隐患处位置。最后对相关信息进行存储、打印及远程操作。当交流供电中断时，该系统能够自动切换到直流电源工作，并能持续工作 4h 以上。

系统技术指标如下。

①　测量电缆距离：$L_{gmax} \geqslant 30km$，L_{gmin} 无测试盲区；

②　故障测距误差：绝对误差为 $0 \sim 15m$，相对误差为 $\pm 2\%$；

③　智能报警终端：$16 \times 64 = 1024$ 点；

④　记录存储容量：30000 条以上（永不丢失）；

⑤　实时采样速度：100MHz 高速 A/D 采样；

⑥　系统电源：AC 220V$\pm 10\%$加 DC 2×12V/38A・h；

⑦　系统工作环境：温度为 $-10 \sim 50℃$，湿度$\leqslant 95\%$（40℃）。

第8章 电力电缆故障探测案例

8.1 高压电缆故障探测案例

8.1.1 单相开路故障

（1）基本情况

电缆型号 ZLQ2-10-3×95；运行电压 10kV；电缆沟敷设；电缆全长 212m；运行时间 19 年。

（2）故障性质

运行跳闸故障。两端测绝缘电阻均为 $R_A = R_B = 500M\Omega$ $R_C = \infty$。导通试验结果：C 相断线。

（3）实测过程

① 采用低压脉冲法，并进行不同脉冲宽度波形的比较，如图 8-1 所示。图中 $L_X = 120m$；$L = 216m$。

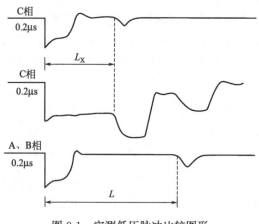

图 8-1 实测低压脉冲比较图形

② 声测定点。冲击电压：19kV。放电频率 1/3～1/4(1/s)。故障点放电状态：良好。定点位置：在 118m 处。

（4）误差计算

① 绝对误差：120－118＝2m。

② 相对误差：2/118＝1.69％。

③ 精测工程误差：0m。

8.1.2　单相泄漏性故障

（1）基本情况

电缆型号 ZLQ29-10-3×240；运行电压 10kV；直埋敷设；电缆全长 960m；运行时间 16 年。

（2）故障性质

预防性试验中发现 A 相泄漏电流太大（电压加到 26kV 时，泄漏电流已达到 400μA），测绝缘电阻 $R_A = R_B = R_C = 1000 M\Omega$。

（3）实测过程

① 击穿故障点。做 A 相直流耐压试验，在 35kV 时，泄漏电流由 800μA 迅速增大而击穿。

② 直闪法。由于电压升至 35kV 时故障点不闪络，受设备容量限制，不能再升高电压，故而改用冲闪法。

③ 冲闪法。采用 2μF 储能电容，冲击电压达 35kV，球隙闪络，出现放电不完善波形，同时球隙放电强度逐渐减弱，放电几次后不再放电。

情况分析：故障点没放电或放电不完善。由于故障电阻太大，在 35kV 电压下故障点对地不放电，泄漏也较小；球隙放电一次，电缆被充电一次，同时使电缆电位升高，亦即降低了球隙两端电压。因此，几次放电后，球隙两端电压降至不能击穿该球隙时，球隙放电就停止了。

④ 冲击故障点，使其放电良好。冲击电压为 35kV，放电频率为 1/6～1/7(1/s)，冲击放电半小时后（此时，取样电阻和测试仪不应接在测试电路里），测绝缘电阻 $R_A = 500 k\Omega$，立即采用冲闪法测试。

⑤ 在冲击电压为 21kV 时的冲闪测试波形如图 8-2 所示。图中 $L_X = 160\text{m}$。

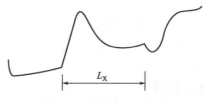

图 8-2　实测冲闪法波形

⑥ 声测定点。冲击电压 21kV，放电频率 $1/4\sim1/5(1/\text{s})$。故障点放电状态良好。定点位置在 160m 处。实际故障点是一个陈旧式充油中间接头。

（4）测试体会

① 泄漏性故障，由于故障电阻太高（MΩ 级）不易放电或放电不完善。

② 当球隙击穿的频率及强度逐渐降低时，说明故障点放电不充分，应采取措施改善放电状况。

③ 在测试过程中，故障电阻变化无常，甚至越冲击放电故障电阻越大时，这种特征的故障点多位于传统式接头部位，特别是充油电缆头。

8.1.3　高阻接地故障

（1）基本情况

电缆型号 YJV22-3×95；运行电压 10kV；电缆沟＋直埋＋架空敷设；电缆全长 670m；运行时间 3.5 年。

（2）故障性质

运行跳闸故障。测绝缘电阻 $R_A = R_B = 1000\text{MΩ}$，$R_C = 3\text{MΩ}$，相间均好。将终端三相短接共地后再测 $R'_B = 1000\text{MΩ}$，$R'_A = R'_C = 0\text{MΩ}$，因此，故障性质判断为 B 相断线，C 相高阻接地，无相间短路。

（3）实测过程

① 三相低压脉冲波形如图 8-3 所示。图中 $L_X=475m$。

② C 相冲闪波形如图 8-4 所示。图中 $L_{XC}=335.4m$。

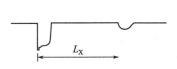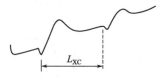

图 8-3　实测三相低压脉冲波形　　　图 8-4　C 相冲闪波形

③ 声测定点。冲击电压 19.5kV，放电频率 1/3～1/4(1/s)。B 相故障点放电良好，在 475m 处精确定点无误；C 相故障点放电不佳，没有听到放电声响，于是提高冲击电压到 26kV，在 335 处定点成功。

（4）测试体会

① 电缆线路发生跳闸故障时，由于故障瞬间的过渡过程容易造成线路其他弱点的损坏，因此一次故障可以造成一个或多个故障点，电缆故障的测试工作应全面、细致，尽快找出所有故障点。

② 根据故障性质判断结果，只有 B 相断线，而三相低压脉冲波均为开路性故障反射波形，造成这一矛盾现象的原因是：在进行故障性质判断中的导通试验时，采用了高压摇表（2500V，2500MΩ），2500V 的电压将 A、C 两相断开很小的间隙击穿——呈导通状态，则判断 A、C 两相没有断线。当采用低压脉冲法测试时（脉冲电压为 250V），由于电压低，不能击穿 A、C 相断开很小的间隙——呈开路状态。

8.1.4　多相断路故障 1

（1）基本情况

电缆型号 YJLV22-8.7/10-3×185；运行电压 3kV；直埋敷设；电缆全长 660m；运行时间 13 个月。

（2）故障性质

运行跳闸故障。两端测绝缘电阻 $R_A=800MΩ$，$R_B=R_C=1000MΩ$。导通试验结果 B、C 两相断线。

(3) 实测过程

① 低压脉冲法。B、C 相与 A 相波形如图 8-5 所示。图中 $L_X = 215m$，$L = 662.2m$。

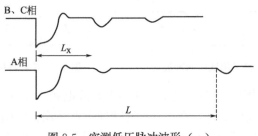

图 8-5 实测低压脉冲波形 (一)

② 声测定点。冲击电压 21kV，放电频率 $1/2 \sim 1/3(1/s)$。由于 B、C 两相断线，而且电阻太高不易放电。因此，选择受故障影响，绝缘电阻较小的 A 相进行冲击放电。最后精确定点在 214m 处的中间接头。

(4) 结果分析

A 相波形在故障部位也出现了微弱的正反射波，这并不是说 800kΩ 的高阻故障低压脉冲法也能测试，如果把它看成是高阻接地故障，根据脉冲反射原理，其反射系数约为 -0.017，显然与该处的反射波不符，它只能是接头造成的反射波。

8.1.5 多相断路故障 2

(1) 基本情况

电缆型号 ZQ2-10-3×35；运行电压 10kV；直埋敷设；电缆全长 425m；运行时间 24 年。

(2) 故障性质

运行跳闸故障。始端测绝缘电阻 $R_A = R_B = R_C = 500M\Omega$。在用摇表测绝缘电阻时，其中 C 相阻值上升很慢，A、B 两相阻值上升很快，故判断为 A、B 两相断线，立即用脉冲法测试验证。

(3) 实测过程

① 低压脉冲法波形如图 8-6 所示。图中 $L_X = 160\text{m}$，$L = 424\text{m}$。

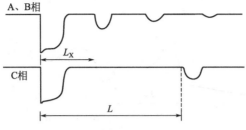

图 8-6　实测低压脉冲波形（二）

② 声测定点。冲击电压 32kV，放电频率 $1/2 \sim 1/3(1/\text{s})$。故障点放电状态良好。定点位置：在 160m 处精确定点。故障点位于保护管内，埋深 3m。

（4）测试体会

对于同一根电缆的三相，如果原绝缘电阻相同，则在断线故障状态下，测试绝缘电阻（某一定值）所需的时间，可用来估算故障距离，即：断相需时 t_X/好相需时 t＝故障距离 L_X/L。

8.1.6　多相泄漏性故障

（1）基本情况

电缆型号 ZLQ22-10-3×240；运行电压 10kV；直埋敷设；电缆全长 2000m；运行时间 7 年。

（2）故障性质

耐压试验中发现三相泄漏电流均超标。测三相绝缘电阻为：$R_A = R_B = R_C = 150\text{M}\Omega$。

（3）实测过程

① 冲击电压为 15kV 时的冲闪波形如图 8-7 所示。

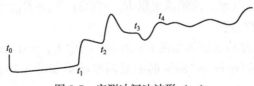

图 8-7　实测冲闪法波形（一）

② 冲击电压为 10kV 时的冲闪波形如图 8-8 所示。图中 $L_X=560$m。

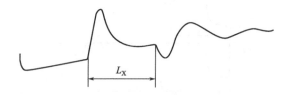

图 8-8　实测冲闪法波形（二）

③ 声测定点。冲击电压 10kV，放电频率 1/3～1/4(1/s)。故障点放电状态良好。定点位置在 560m 处定点无误。

（4）波形分析

图 8-7 的波形是一个典型的冲击电压过高，造成二次放电的波形。t_1 和 t_2 分别是故障点第一次放电和第二次放电的正突跳的前沿，t_3 和 t_4 分别是故障点第一次放电和第二次放电的第一次反射波。因此，存在如下关系：$L_X=L\int_{t_1}^{t_3}=L\int_{t_2}^{t_4}$

（5）测试体会

在进行冲闪法测试时，冲击电压不宜加的太高，否则会造成故障点的多次放电，使测试波形复杂化。

8.1.7　单相接地故障

（1）基本情况

电缆型号 YJLV22-8×185；运行电压 3kV；直埋敷设；电缆全长 660m；运行时间 15 个月。

（2）故障性质

C 相运行接地。测绝缘电阻 $R_C=70\Omega$；$R_A=R_B=1000$MΩ。

（3）实测过程

① 低压脉冲法波形如图 8-9 所示。图中 $L_X=51.2$m。

② 在冲击电压为 18kV 时的冲闪法波形如图 8-10 所示。图中 $5L_X=258$m，$L_X=51.6$m。

图 8-9　实测低压脉冲波形

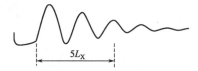

图 8-10　实测冲闪法波形

③ 声测定点。冲击电压 18kV，放电频率 1/3～1/4(1/s)。故障点放电状态良好，定点位置在 51m 处精确定点。

8.1.8　耐压试验击穿故障 1

（1）基本情况

电缆型号 ZQD22-10-3×185；运行电压 10kV；直埋＋电缆沟敷设；电缆全长 668m，运行时间 6 年。

（2）故障性质

C 相耐压试验击穿。测绝缘电阻 $R_C=1.5$MΩ；$R_A=R_B=40$MΩ。

（3）实测过程

① 在 22kV 冲击电压下的 C 相冲闪波形如图 8-11 所示。图中 $L_X=554$m，$L'=115.2$m。

② 声测定点。冲击电压 22kV，放电频率 1/3～1/4(1/s)。故障点放电状态良好，没有检测到放电声响。

（4）波形分析

图 8-11 所示的波形上出现了 t_1、t_2 两个正突跳，从理论上讲，t_1 点为故障点闪络放电脉冲的前沿，t_2 点的正脉冲应为终端反射脉冲的叠加致使二次击穿所致。因此，故障距离应取 $L_X\Big|_{t_1}^{t_3}$，而不是 $L_X\Big|_{t_2}^{t_3}$。

（5）再次判断

保持原冲击电压不变，将储能电容由 1μF 增加到 2μF，将放电频率调整到 1/6～1/7(1/s)。此时，放电状态良好，在 554m 处定点成功。

（6）测试体会

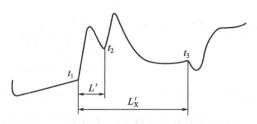

图 8-11　实测冲闪法波形

该测试波形酷似回路冲闪法波形，在非回路法中比较少见，形成该波形的主要原因是：冲击电压太高，或故障点放电不完善。增大放电能量可改善故障点的放电状态。

8.1.9　耐压试验击穿故障 2

（1）基本情况

电缆型号 ZLQ2-10-3×240；运行电压 10kV；直埋敷设；电缆全长 1440m；运行时间 5 年。

（2）故障性质

C 相试验击穿。测绝缘电阻 $R_A = R_B = R_C = 250M\Omega$。

（3）实测过程

① 直闪法波形如图 8-12 所示。图中 $L_X = 736m$。

② 冲闪法波形如图 8-13 所示。图中 $L_X = 736m$。

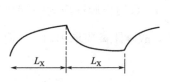

图 8-12　实测直闪法波形

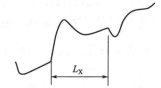

图 8-13　实测冲闪法波形

③ 声测定点。冲击电压 24kV，放电频率 1/3～1/4(1/s)。故障点放电状态良好，在 736m 处顺利定点。

（4）测试体会

① 冲闪法是将电容器储能到一定值，通过球间隙放电，向故

障电缆施加一冲击电压，最初的几次冲击，不一定能使故障点良好放电，因此常测出一些无规则的波形。此时应继续进行冲击放电，并重复采样，直至采到较为理想的波形为止。

② 直闪法是将直流高压直接加在故障电缆上，只有当故障点闪络放电时，才有电压跃变脉冲进入测试仪。因此，直闪法测试中，极少出现冲闪法前几个波形不理想的问题。

8.1.10　耐压试验击穿故障 3

（1）基本情况

电缆型号 YJLV22-8.7/10-3×185；运行电压 10kV；直埋敷设；电缆全长 1600m；运行时间 17 个月。

（2）故障性质

B 相试验击穿。测绝缘电阻 $R_B = 20MΩ$；$R_A = R_C = 80MΩ$。

（3）实测过程

① B 相冲闪法波形如图 8-14 所示。图中 $L_{X1} = 111.8m$。

② 声测定点。冲击电压 23kV，放电频率 1/3～1/4(1/s)。故障点放电状态良好，在 112m 处顺利定点。但在修复 X_1 点故障后的耐压试验中，C 相击穿。再测 C 相故障。

③ 在电缆终端 C 相进行冲闪法测试，其压缩波形如图 8-15 所示。图中 $L_{X2} = 940.3m$。

图 8-14　实测冲闪法波形（一）

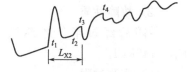

图 8-15　实测冲闪法波形（二）

④ 声测定点。冲击电压 23kV，放电频率 1/3～1/4(1/s)。故障点放电状态良好，在 940m 处准确定点。挖出故障点后，在解除试验中 C 相再次击穿。帮决定将 X_2 点断开，在始端再测 C 相。

⑤ 始端 C 相冲闪法压缩波形如图 8-16 所示。图中 $L_{X3} = 412.8m$。

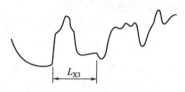

图 8-16　实测冲闪法波形（三）

⑥ 声测定点。冲击电压 23kV，放电频率 1/3～1/4(1/s)。故障点放电状态良好，在 412m 处准确定点。

（4）波形分析

图 8-15 所示的 C 相终端冲闪波形上，已显示出多点故障同时闪络击穿的叠加状态（t_2 点以后）。t_1 点为较近故障（X_2）点的闪络脉冲前沿，t_4 为较远故障（X_3）点的闪络脉冲前沿，X_2 与 X_3 点闪络脉冲先后到达始端，并在闪测仪上形成叠加波形。

（5）测试体会

高阻多点故障，可在一次冲闪测试中都闪络击穿，出现叠加冲闪波形，应注意分析与总结。

8.1.11　电缆机械损坏故障

（1）基本情况

电缆型号 YJLV22-8.7/15-3×150；运行电压 10kV；直埋敷设；电缆全长 2400m；运行时间 9 个月。

（2）故障性质

故障后经过半年才测试。测绝缘电阻 $R_B = 6k\Omega$；$R_A = R_C = 145M\Omega$。

（3）实测过程

① 首端冲闪法波形如图 8-17 所示的震荡式微弱波形。图中 $L_X = 34m$。

② 同步定点。冲击电压 25kV，放电频率 1/4～1/5(1/s)。故障点放电状态正常。在（34±10）m 范围内定点失败。情况分析：由于波形无规律，未出现理想的冲闪波，考虑到电缆比较长，故决定到末端再测。

③ 终端冲闪法波形如图 8-18 所示。图中 $L'_X=34.6\text{m}$。

④ 同步定点。冲击电压 25kV，放电频率 1/4～1/5(1/s)。故障点放电状态正常。在 36m 处准确定点。挖出故障点后，发现电缆被施工损坏，绝缘层严重破损，已露出导体，破损处充满泥浆。

（4）波形分析

图 8-17 所示的首端冲闪波形，是一种震荡式微弱波形，说明故障点虽然已击穿，但放电不完善。波形微弱的原因是：储能电容器太小（0.9μF）、故障点进水和故障距离太长衰减所致。图 8-18 所示的终端冲闪波形，虽然出现了较为理想的波形，但是仍然是一种震荡波形，这进一步说明了故障点的放电状态不理想（进水所致）。

图 8-17　实测首端冲闪法波形　　　图 8-18　实测终端冲闪法波形

（5）测试体会

使用同步定点仪进行故障点精确定位时，抗干扰能力强，精度高。本例故障点放电状态不好，使用非同步定点仪时无法定点，但使用同步定点仪时方便、灵敏、准确。

8.1.12　耐压试验击穿故障 4

（1）基本情况

电缆型号 ZQ2-10-3×150；运行电压 10kV；直埋敷设；电缆全长 601m；运行时间 31 年。

（2）故障性质

B 相试验击穿。测绝缘电阻 $R_B=16\text{k}\Omega$；$R_A=R_C=2000\text{M}\Omega$。

（3）实测过程

① 首先选用直闪法。由于试验击穿后反复耐压，破坏了故障点的闪络特性，因而直闪法测不出波形。改用冲闪法测试。

② 冲闪法波形如图 8-19 所示。图中 $L_X=600\text{m}$。

③ 波形解释。该波形提供了两条故障点位于终端的判断依据：

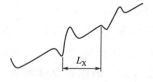

图 8-19 实测冲闪法波形

明显的负脉冲；$L_X \approx$ 全长。

④ 声测定点。冲击电压 24kV，放电频率 1/2～1/3(1/s)。故障点放电状态理想，当走近终端时，用耳朵即可直接听到终端头的放电声。

（4）测试体会

电缆试验发生击穿故障后，不应进行反复升压试验，更不能不经粗测就先进行冲击放电定点。因为，反复耐压或冲击放电的结果是使故障点形成碳化通道，故障电阻下降，所以加不上直流高压，直闪法测不出波形。

8.1.13 耐压试验击穿故障 5

（1）基本情况

电缆型号 ZQ2-3-3×120；运行电压 3kV；电缆沟＋电缆井敷设；电缆全长 866m；运行时间 24 年。

（2）故障性质

A 相试验击穿。击穿现象是当电压升到 15kV 时，因泄漏电流突然增大而击穿。

（3）实测过程

① 直闪法波形如图 8-20 所示。图中 $L_X = 360$m。

② 声测定点。冲击电压 24kV，放电频率 1/2～1/3(1/s)。故障点放电状态良好，在 360m 处的井内准确定点。故障部位是一个中间接头。

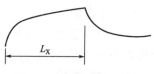

图 8-20 实测直闪法波形

（4）结果分析

① 绝缘电阻没测，不进行准确的故障性质判断，就选用直闪法测试，欠妥当。

② 一般的泄漏性故障应选用冲闪法测试，而该例却选择了直闪法，而且还顺利得到了理想的测试波形。

8.2　低压电缆故障探测案例

8.2.1　低压电缆短路故障探测

（1）基本情况

某厂 PVC 绝缘低压电缆，运行电压 380V，总长 160m。

（2）故障性质

电缆运行中发生接地故障，用兆欧表测量对地绝缘电阻为：A
相对地为 5MΩ，B 相对地为 0，C 对地为∞；用万用表测试 B 相对
地为 1Ω，确诊电缆发生了单相低阻接地故障。测量中，使两端终
端头 A、B、C 三相引线同其他设备断开，中性线未拆。

（3）实测过程

在变电站端，用低压脉冲法通过 C 相对金属护层测电缆的全
长，全长波形如图 8-21 所示，在 160m/μs 的波速度下，电缆全长
为 152m，现场没有根据实际全长调整波速。

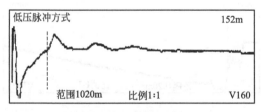

图 8-21　电缆全长波形

用低压脉冲法通过 B 相对金属护层测试，得如图 8-22 所示的
波形，把 B 相对金属护层和 C 相对金属护层的低压脉冲波形比较
后，得如图 8-23 所示的波形，在 160m/μs 的波速度下，测得故障
距离为 64m。

用 T-301 电缆测试高压信号发生器在 B 相和金属护层之间加
高压脉冲信号，把电压升到 4000V 时，故障点充分放电，得到如
图 8-24 所示的脉冲电流波形，验证了故障点在距离变电站 60 多米
地方的低压脉冲测距结果。从波形上可以看到，由于测试范围较

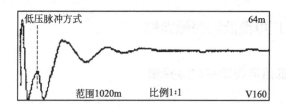

图 8-22　低压脉冲法测电缆故障波形

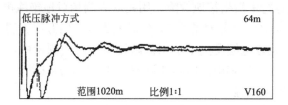

图 8-23　低压脉冲比较法测电缆故障波形

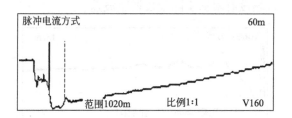

图 8-24　脉冲电流法测电缆故障波形

大，波形显示为近距离波形，同时测试时增益调节得略大，使波形不容易理解。

　　充分考虑预留后，丈量到 64m 位置处，进行精确定点。由于故障电阻很小，放电声音很弱，用听音器听不到放电声音，后改用T502 电缆故障定点仪经声磁同步法定点，通过看声音波形的方法，看到了故障点放电的幅值很小的声音波形，找到了故障点的精确位置，此时通过耳朵仍然听不到故障点放电的声音。挖出电缆后，发现电缆本体上有一个 1～1.5cm 的垂直小小洞，同围土壤干燥，判断为外力损坏造成的故障。

（4）结果分析

① 低阻故障最好先选用低压脉冲比较法测量故障距离，然后用脉冲电流法验证一下。由于低压脉冲法测试的精度较高而可靠性不如脉冲电流法，所以，当两者测得的距离差不多时，就以低压脉冲比较法测得的距离为准，否则，就以脉冲电流测得的为准。

② 由于习惯，故障定点时总喜欢用听音器的声测法定点，但在外部环境比较嘈杂、故障点在水泥地坪下或故障点放电声音很小时，通过人的耳朵很难分辨出故障点的放电声音，所以，故障定点最好选用声磁同步定点法，通过用仪器识别声磁时间差的方式，能很容易地找到故障点的精确位置。

8.2.2　低压电缆低阻并开路故障探测

（1）基本情况

某泵站和拉丝厂之间 PVC 绝缘电缆线路在运行中发生供电中断事故，该电缆电压等级 380V，长度 481m。

（2）故障性质

先在拉丝厂端测量绝缘电阻，芯线对地为：A 相 150Ω，B 相 150Ω，C 相 150Ω，零相 50Ω；在泵站端测量各相对地的绝缘电阻为：A 相 400Ω，B 相 400Ω，C 相 250Ω，零相 50Ω。进行连续性测量后得知电缆发生了开路并低阻接地故障。

（3）实测过程

根据资料，电缆线路全长为 481m，选择 170m/μm 的波速度时，用低压脉冲法在拉丝厂端测试的故障距离和在泵站测试的故障距离之和大于全长。后调整波速度为 150m/μm，用低压脉冲法测 A 相对金属护层的开路距离为 125m，波形如图 8-25 所示；在泵站端测 A 相对金属护层的开路距离为 356m，波形如图 8-26 所示，两端测量结果相加约为 481m，符合电缆总长度；后又在泵站端用 A 相对金属护层与零相对金属护层之间，用低压脉冲比较法测得开路故障距离确为 356m，波形如图 8-27 所示，最后确认故障点在距离泵站端 356m 处。

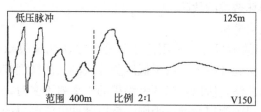

图 8-25　在拉丝厂端低压脉冲测电缆开路波形

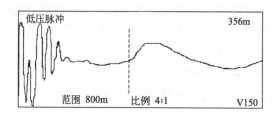

图 8-26　在泵站低压脉冲法测电缆开路波形

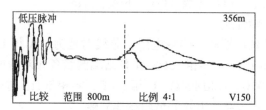

图 8-27　在泵站端测 A、零相对金属护层低压脉冲比较法测波形

　　通过电缆测试高压信号发生器向 A 相和金属护层之间施加高压脉冲，丈量到距拉丝厂 125m 的地方，发现该位置有新动土的迹象，通过耳朵直接就能听到地下传来的故障点放电的声音。于是在动土的地方挖开，找到电缆后，发现电缆被外力破坏过，线芯已烧断（此线路为拉丝厂炼铜炉提供电源，工作电流非常大）。

　　（4）结果分析

　　① 由于低压电缆对绝缘材料的要求不如高压电缆严格，所以其波速度的变化范围比较大。不过测距本身就是粗测，对测得的故障距离的精度要求不是很高，在不知道电缆全长时，可以用经验波

速值进行测试。

　　② 查找故障时，要多观察线路路径上是否有施工动土或钉过钎子等现象，这样有利于尽快地找到故障点。

8.2.3　低压电缆高阻并开路故障探测

　　(1) 基本情况

　　某小区为建筑作业供电的 PVC 绝缘电缆，电压等级 380V，沿道路直埋敷设，长度 150m，中间没有接头。运行时发生跳闸使供电中断，用兆欧表测试后确定为电缆发生故障。

　　(2) 故障性质

　　测试人员到达现场后，用万用表测试三相对零线的电阻为：A相 15kΩ，B相 50kΩ，C相 30kΩ 又进行连续性测试，发现 A 相、零相不连续。判定电缆发生了多相开路并多相高阻接地故障。

　　(3) 实测过程

　　在配电室，首先通过 B、C 相间测得电缆全长为 149.6m，如图 8-28 所示，和资料基本相符。

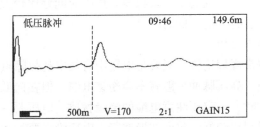

图 8-28　电缆全长波形

　　然后用低压脉冲比较法，把 A、C 相间的低压脉冲波形和 B、C 相间的低压脉冲波形比较后，得故障距离为 66.3m，如图 8-29 所示。

　　再用脉冲电流法测试，通过向 A 相和零相之间施加高压脉冲信号，故障点放电后测得故障距离为 64.6m，如图 8-30 所示。

　　根据用户资料提供的路径，携带 T-505 电缆故障定点仪到 65m 附近定点，很快就找到了声磁时间差最小的位置，确定为故

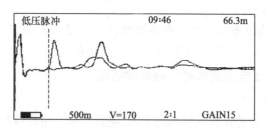

图 8-29　低压脉冲比较法测故障波形

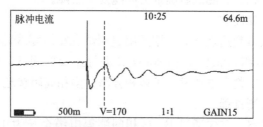

图 8-30　脉冲电流故障波形

障点的位置。由于现场土质较松软，声磁时间差比较大，刚开始时还不太相信会有如此大的时间差。

（4）结果分析

虽然按常规理论说，只要是电缆中有放电的故障点，电缆的两端正常接地，高压脉冲一般就不会伤害电缆。但在向低压电缆中施加高压脉冲时，一定要注意电缆的绝缘材质，电压要一点一点地往上加，能得到比较好的放电波形就行，电压没必要加太高。如果担心放电的声音太小，不利于定点，可以增大电容容量。

参 考 文 献

[1] 张栋国. 电缆故障分析与测试. 北京：中国电力出版社，2005.

[2] 李海帆. 电力电缆工程设计、安装、运行、检修技术实用手册. 北京：当代中国音像出版社，2004.

[3] 李宗廷. 电力电缆施工手册. 北京：中国电力出版社，2002.

[4] 江日洪. 交联聚乙烯电力电缆线路. 北京：中国电力出版社，2009.

[5] 李国征. 电力电缆线路设计施工手册. 北京：中国电力出版社，2008.

[6] 朱启林，李仁义，徐丙垠. 电力电缆故障测试方法与案例分析. 北京：机械工业出版社，2010.

化学工业出版社电气类图书推荐

书号	书 名	开本	装订	定价/元
19148	电气工程师手册(供配电)	16	平装	198
21527	实用电工速查速算手册	大32	精装	178
21727	节约用电实用技术手册	大32	精装	148
20260	实用电子及晶闸管电路速查速算手册	大32	精装	98
22597	装修电工实用技术手册	大32	平装	88
18334	实用继电保护及二次回路速查速算手册	大32	精装	98
25618	实用变频器、软启动器及PLC实用技术手册(简装版)	大32	平装	39
19705	高压电工上岗应试读本	大32	平装	49
22417	低压电工上岗应试读本	大32	平装	49
20493	电工手册——基础卷	大32	平装	58
21160	电工手册——工矿用电卷	大32	平装	68
20720	电工手册——变压器卷	大32	平装	58
20984	电工手册——电动机卷	大32	平装	88
21416	电工手册——高低压电器卷	大32	平装	88
23123	电气二次回路识图(第二版)	B5	平装	48
22018	电子制作基础与实践	16	平装	46
22213	家电维修快捷入门	16	平装	49
20377	小家电维修快捷入门	16	平装	48
19710	电机修理计算与应用	大32	平装	68
20628	电气设备故障诊断与维修手册	16	精装	88
21760	电气工程制图与识图	16	平装	49
21875	西门子S7-300PLC编程入门及工程实践	16	平装	58
18786	让单片机更好玩:零基础学用51单片机	16	平装	88
21529	水电工问答	大32	平装	38
21544	农村电工问答	大32	平装	38

书号	书　名	开本	装订	定价/元
22241	装饰装修电工问答	大32	平装	36
21387	建筑电工问答	大32	平装	36
21928	电动机修理问答	大32	平装	39
21921	低压电工问答	大32	平装	38
21700	维修电工问答	大32	平装	48
22240	高压电工问答	大32	平装	48
12313	电厂实用技术读本系列——汽轮机运行及事故处理	16	平装	58
13552	电厂实用技术读本系列——电气运行及事故处理	16	平装	58
13781	电厂实用技术读本系列——化学运行及事故处理	16	平装	58
14428	电厂实用技术读本系列——热工仪表及自动控制系统	16	平装	48
17357	电厂实用技术读本系列——锅炉运行及事故处理	16	平装	59
14807	农村电工速查速算手册	大32	平装	49
14725	电气设备倒闸操作与事故处理700问	大32	平装	48
15374	柴油发电机组实用技术技能	16	平装	78
15431	中小型变压器使用与维护手册	B5	精装	88
16590	常用电气控制电路300例(第二版)	16	平装	48
15985	电力拖动自动控制系统	16	平装	39
15777	高低压电器维修技术手册	大32	精装	98
15836	实用输配电速查速算手册	大32	精装	58
16031	实用电动机速查速算手册	大32	精装	78
16346	实用高低压电器速查速算手册	大32	精装	68
16450	实用变压器速查速算手册	大32	精装	58
16883	实用电工材料速查手册	大32	精装	78
17228	实用水泵、风机和起重机速查速算手册	大32	精装	58

书号	书　名	开本	装订	定价/元
18545	图表轻松学电工丛书——电工基本技能	16	平装	49
18200	图表轻松学电工丛书——变压器使用与维修	16	平装	48
18052	图表轻松学电工丛书——电动机使用与维修	16	平装	48
18198	图表轻松学电工丛书——低压电器使用与维护	16	平装	48
18943	电气安全技术及事故案例分析	大32	平装	58
18450	电动机控制电路识图一看就懂	16	平装	59
16151	实用电工技术问答详解（上册）	大32	平装	58
16802	实用电工技术问答详解（下册）	大32	平装	48
17469	学会电工技术就这么容易	大32	平装	29
17468	学会电工识图就这么容易	大32	平装	29
15314	维修电工操作技能手册	大32	平装	49
17706	维修电工技师手册	大32	平装	58
16804	低压电器与电气控制技术问答	大32	平装	39
20806	电机与变压器维修技术问答	大32	平装	39
19801	图解家装电工技能100例	16	平装	39
19532	图解维修电工技能100例	16	平装	48
20463	图解电工安装技能100例	16	平装	48
20970	图解水电工技能100例	16	平装	48
20024	电机绕组布线接线彩色图册(第二版)	大32	平装	68
20239	电气设备选择与计算实例	16	平装	48
21702	变压器维修技术	16	平装	49
21824	太阳能光伏发电系统及其应用(第二版)	16	平装	58
23556	怎样看懂电气图	16	平装	39
23328	电工必备数据大全	16	平装	78
23469	电工控制电路图集(精华本)	16	平装	88
24169	电子电路图集(精华本)	16	平装	88
24306	电工工长手册	16	平装	68
23324	内燃发电机组技术手册	16	平装	188

书号	书　名	开本	装订	定价/元
24795	电机绕组端面模拟彩图总集(第一分册)	大32	平装	88
24844	电机绕组端面模拟彩图总集(第二分册)	大32	平装	68
25054	电机绕组端面模拟彩图总集(第三分册)	大32	平装	68
25053	电机绕组端面模拟彩图总集(第四分册)	大32	平装	68
25894	袖珍电工技能手册	大64	精装	48
25650	电工技术600问	大32	平装	68
25674	电子制作128例	大32	平装	48

以上图书由**化学工业出版社　机械电气出版中心**出版。如要以上图书的内容简介和详细目录，或者更多的专业图书信息，请登录 www. cip. com. cn。

地址：北京市东城区青年湖南街13号 (100011)

购书咨询：010-64518888

如要出版新著，请与编辑联系。

编辑电话：010-64519265

投稿邮箱：gmr9825@163.com